住房和城乡建设部"十四五"规划教材
普通高等教育"十一五"国家级规划教材

房屋建筑学

（第三版）

Architecture Design and Structure（3rd Edition）

西安建筑科技大学等七校合编

主　编　郭　华
副主编　霍小平　万　杰
主　审　张树平　赵西平

中国建筑工业出版社

图书在版编目（CIP）数据

房屋建筑学 = Architecture Design and Structure / 郭华主编；霍小平，万杰副主编. -- 3 版. -- 北京：中国建筑工业出版社，2024. 9. --（住房和城乡建设部"十四五"规划教材）（普通高等教育"十一五"国家级规划教材）. -- ISBN 978-7-112-30091-4

Ⅰ. TU22

中国国家版本馆 CIP 数据核字第 2024EK4227 号

为了更好地支持相应课程的教学，我们向采用本书作为教材的教师提供课件和相关教学资源，有需要者可与出版社联系。
建工书院：https://edu.cabplink.com
邮箱：jckj@cabp.com.cn 电话：(010) 58337285

责任编辑：王 惠 陈 桦
责任校对：张 颖

住房和城乡建设部"十四五"规划教材
普通高等教育"十一五"国家级规划教材

房屋建筑学
（第三版）
Architecture Design and Structure（3rd Edition）

主　编　郭　华
副主编　霍小平　万　杰
主　审　张树平　赵西平

*

中国建筑工业出版社出版、发行（北京海淀三里河路 9 号）
各地新华书店、建筑书店经销
霸州市顺浩图文科技发展有限公司制版
北京圣夫亚美印刷有限公司印刷

*

开本：787 毫米×1092 毫米　1/16　印张：22½　字数：562 千字
2024 年 8 月第三版　　2024 年 8 月第一次印刷
定价：49.00 元（赠教师课件）
ISBN 978-7-112-30091-4
（43075）

版权所有　翻印必究
如有内容及印装质量问题，请与本社读者服务中心联系
电话：(010) 58337283　QQ：2885381756
（地址：北京海淀三里河路 9 号中国建筑工业出版社 604 室　邮政编码：100037）

修订版前言

本书是西安建筑科技大学、长安大学、西安交通大学、西北工业大学、西安理工大学、西安科技大学、西安工业大学等七所高校的教师合作编写的。可用作高等学校建筑学、土木工程、工程管理、室内设计等专业的教材，也可供从事建筑设计、施工及管理的人员参考。本书由西安建筑科技大学郭华担任主编，长安大学霍小平和西安建筑科技大学万杰担任副主编，西安建筑科技大学张树平、赵西平担任主审。

房屋建筑学课程是土木工程类专业的基础课，其特点是综合性强、叙述性强、实践性强和图较多。第三版教材在编写过程中着重注意了以下几个方面：

1. 在体例上仍沿用前两版教材的建筑设计和建筑构造两大篇，即民用建筑和工业建筑设计，民用建筑和工业建筑构造。

2. 为适应当前的教学和学习特点，对第二版教材内容进行了压缩，部分章节内容删减或合并。

3. 建筑物理环境基础一章中增加了建筑碳达峰碳中和的内容，让学生了解建筑学专业近些年的进展。

4. 教材附录中的课程设计题目变为两个：某办公楼建筑方案设计、某宿舍楼方案设计，可供学生在学习完本课程之后，通过课程设计消化教学内容。

本书各章编写执笔人员为：第1章、第4章、第5章、第6章、第18章为长安大学尹春；第2章、第10.1节、第10.2节、第10.3节为西安理工大学朱轶韵；第3章、第19.2节、第19.3节为西安建筑科技大学郭华；第7章、第10.4节、第11.3节、第12.2节、第14.3节、第16章为西安建筑科技大学何梅；第8章、第13.4节、第13.5节为西安建筑科技大学万杰；第9章为西安建筑科技大学闫增峰；第11.1节、第11.2节、第11.4节为西安科技大学杨文星；第12.1节、第12.3节、第14.1节、第14.2节为西安交通大学贾建东；第13.1节、第13.2节、第13.3节为西北工业大学周丽萍；第14.4节、第14.5节为西安建筑科技大学何泉；第15章为西安工业大学郑爱武；第17章为西安建筑科技大学岳鹏；第19.1节为西安建筑科技大学马乐为。本书中新增和补画的图由研究生王玉燕、王夏嫣进行绘制。

特别感谢西安建筑科技大学张树平、赵西平两位老师对整个教材的审阅！

限于我们的水平和资料等因素，本书编写难免有疏漏之处，恳请大家批评指正！

特别鸣谢：本教材在编写过程中得到了中国建筑西北设计研究院屈培青工作室及武汉重型机床集团有限公司的鼎力相助，在此教材编写组致以深深的谢意！

第一版前言

本书是西安建筑科技大学、长安大学、西安交通大学、西北工业大学、西安理工大学、西安科技大学、西安工业学院等七所高校的教师合作编写的,可用作高等院校土木工程、工程管理等专业的教材,也可作为高等教育自学考试相同专业教材,同时可供建筑设计、施工及管理技术人员参考。

本书以学生整体掌握建筑与环境系统知识、全面提高建筑设计素养为目标,构建教材知识体系,内容包括建筑设计、建筑构造两篇。建筑设计篇以建筑平面、剖面、立面设计为基本内容,新增了建筑物理环境基础和绿色建筑概念、建筑总体规划及场地环境、结构与建筑的关系等内容,而将工业建筑设计做了简化,仅编入了民用建筑未涉及的内容。建筑构造篇以基础、墙体、楼层与地层、屋顶、门与窗、变形缝构造等为基本内容,从建筑物室内外物理环境出发,新增了建筑饰面、建筑防水、建筑保温与隔热、建筑隔声等专题内容,保留了单层工业建筑典型构造,新增了钢结构厂房及特殊厂房构造的内容,并对建筑工业化做了简要介绍。

本书各章编写执笔人员为:第1章为西安建筑科技大学张树平;第2章为西安建筑科技大学闫增峰;第3章和第11章为西安理工大学朱轶韵;第4章和第9章为西安建筑科技大学赵西平;第5章、第19章、第21章、第22章为长安大学霍小平;第6章、第7章为西安建筑科技大学杜高潮;第8章、第17章为西安建筑科技大学何梅;第10章为西安建筑科技大学万杰;第12章为西安科技大学闫月梅;第13章、第14章为西安交通大学贾建东;第15章为西北工业大学周丽萍和西安建筑科技大学万杰;第16章为西安工业学院郑爱武;第18章为西安建筑科技大学岳鹏;第20章为西安建筑科技大学何泉;第23章为西安建筑科技大学郭华。

本书由西安建筑科技大学赵西平担任主编,长安大学霍小平和西安建筑科技大学万杰担任副主编,西安建筑科技大学张树平担任主审。

本书在编写中得到了广士奎教授的支持,同时得到了西安建筑科技大学李钰、张建平、徐海滨、王江丽、吴媛、冯需、苏彩云、刘元等同志的大力帮助,在此表示衷心感谢。限于我们的水平有限和资料不足,书中如有不妥之处,欢迎批评指正。

目 录

第1篇 建筑设计

第1章 绪论 ·· 2
1.1 建筑发展概况 ·· 2
1.2 建筑的构成要素与建筑方针 ·· 13
1.3 建筑的分类和分级 ·· 14
1.4 建筑设计的内容和程序 ··· 16
1.5 建筑设计的要求和依据 ··· 20
1.6 结构与建筑的关系概述 ··· 25

第2章 建筑总平面设计 ·· 26
2.1 建筑总平面设计的内容及要求 ····································· 26
2.2 建筑总平面设计的基本原理 ······································· 28

第3章 建筑平面设计 ··· 39
3.1 建筑的空间组成与平面设计的任务 ······························· 39
3.2 主要使用房间的平面设计 ·· 41
3.3 辅助使用房间的平面设计 ·· 47
3.4 交通联系空间的平面设计 ·· 52
3.5 建筑平面组合设计 ·· 57

第4章 建筑剖面设计 ··· 66
4.1 房间的剖面形状 ··· 66
4.2 建筑各部分高度的确定 ··· 70
4.3 建筑层数的确定 ··· 75
4.4 建筑空间的剖面组合与利用 ······································· 77

第5章 建筑体形和立面设计 ·· 83
5.1 建筑体形和立面设计要求 ·· 83
5.2 建筑构图原理要点 ·· 86
5.3 建筑体形设计 ··· 93
5.4 建筑立面设计 ··· 94

第6章 单层工业建筑设计 ··· 99
6.1 工业建筑概述 ··· 99
6.2 单层工业建筑平面设计 ·· 107
6.3 单层工业建筑剖面设计 ·· 111
6.4 单层工业建筑定位轴线 ·· 113
6.5 单层工业建筑排水方式 ·· 117
6.6 单层厂房立面及内部空间处理 ···································· 119

第7章 多层工业建筑设计 ·· 122
7.1 多层工业建筑概论 ·· 122
7.2 多层厂房平面设计 ·· 123
7.3 多层厂房楼梯、电梯和生活间布置 ··· 128
7.4 多层厂房层数及层高确定 ·· 131

第2篇 建筑构造

第8章 建筑构造概述 ·· 134
8.1 建筑构造的研究对象与方法 ·· 134
8.2 建筑物的组成构件 ·· 134
8.3 影响建筑构造的因素 ··· 136
8.4 建筑构造设计原则 ·· 137

第9章 建筑物理环境基础 ··· 139
9.1 建筑热环境 ··· 139
9.2 建筑光环境 ··· 144
9.3 建筑声环境 ··· 147
9.4 建筑空气质量 ·· 152
9.5 绿色建筑概述 ·· 155
9.6 建筑"碳达峰碳中和"概述 ·· 156

第10章 基础与地下室 ·· 158
10.1 基础与地基 ··· 158
10.2 基础的设计要求 ··· 159
10.3 基础的类型 ··· 160
10.4 地下室防水构造 ··· 163

第11章 墙体 ·· 166
11.1 墙体概述 ·· 166
11.2 砌体墙 ··· 169
11.3 幕墙 ·· 181
11.4 隔墙与隔断 ··· 186

第12章 楼层与地坪 ··· 188
12.1 楼地层构造 ··· 188
12.2 楼地面防水构造 ··· 196
12.3 阳台与雨篷 ··· 198

第13章 楼梯与电梯 ··· 201
13.1 楼梯的组成和尺度 ··· 201
13.2 钢筋混凝土楼梯构造 ·· 207
13.3 台阶与坡道构造 ··· 220
13.4 电梯与自动扶梯 ··· 222
13.5 无障碍设计简介 ··· 225

第14章 屋顶 ·· 229
14.1 平屋顶 ··· 230
14.2 坡屋顶 ··· 231

14.3 屋面防水构造 ……………………………………………………………………… 237
　　14.4 屋面保温构造 ……………………………………………………………………… 244
　　14.5 屋面隔热构造 ……………………………………………………………………… 250
第 15 章　门与窗 ………………………………………………………………………… 255
　　15.1 概述 ………………………………………………………………………………… 255
　　15.2 铝合金及塑钢门窗 ………………………………………………………………… 260
　　15.3 木门的构造 ………………………………………………………………………… 264
　　15.4 建筑遮阳 …………………………………………………………………………… 266
第 16 章　变形缝 ………………………………………………………………………… 268
　　16.1 伸缩缝的设置条件及要求 ………………………………………………………… 268
　　16.2 沉降缝的设置条件及要求 ………………………………………………………… 269
　　16.3 防震缝的设置条件及要求 ………………………………………………………… 270
　　16.4 变形缝处的结构处理 ……………………………………………………………… 271
　　16.5 变形缝的盖缝构造 ………………………………………………………………… 273
第 17 章　建筑饰面 ……………………………………………………………………… 278
　　17.1 概述 ………………………………………………………………………………… 278
　　17.2 墙体饰面 …………………………………………………………………………… 279
　　17.3 楼地面饰面 ………………………………………………………………………… 289
　　17.4 顶棚饰面 …………………………………………………………………………… 295
第 18 章　建筑隔声 ……………………………………………………………………… 298
　　18.1 墙体隔声构造 ……………………………………………………………………… 298
　　18.2 楼板隔声构造 ……………………………………………………………………… 301
　　18.3 顶棚吸声构造 ……………………………………………………………………… 303
　　18.4 门窗隔声构造 ……………………………………………………………………… 304
第 19 章　工业建筑构造 ………………………………………………………………… 306
　　19.1 单层工业建筑基本构造 …………………………………………………………… 306
　　19.2 单层工业建筑天窗构造 …………………………………………………………… 321
　　19.3 工业建筑的特殊构造 ……………………………………………………………… 335
附录一　某办公楼建筑课程设计任务书 ……………………………………………………… 346
附录二　某宿舍楼课程设计任务书 …………………………………………………………… 350
主要参考文献 …………………………………………………………………………………… 352

第1篇 建筑设计

第1章 绪 论

房屋建筑学是研究建筑设计和建筑构造的基本原理和方法的科学,是土木工程专业的一门必修课。对于立志从事建筑设计、施工和管理专业的学生来说,是应该掌握的。通过本课程的学习,可以全面、系统、正确地理解和认识房屋建筑工程。

从广义上讲,建筑既表示建筑工程的建造活动,同时又表示这种活动的成果——建筑物。建筑是一个统称,包括建筑物和构筑物。凡是供人们在其内部生产、生活或其他活动的房屋或场所都叫作"建筑物",如:住宅、学校、影院、工厂的车间等。而人们不直接在其内部生产、生活的工程设施,则叫作"构筑物",如:水塔、烟囱、桥梁、堤坝、囤仓等。

1.1 建筑发展概况

建筑是伴随着人类社会的发展而发展的。原始社会,人类为了避寒暑、防风雨、抵御野兽的侵袭,开始利用简单的工具,或架木为巢或洞穴而居,从此开始了建筑活动,并开始定居,许多地区已有村落的雏形出现。例如:西安的半坡村氏族聚落遗址,位于浐河东岸高地上,在此已发现密集排列的住房数十座,多呈圆形或方形平面(图1-1)。这充分说明,远在约6000年前的新石器时代,人类对房屋的建造技术已积累了一定的经验,形

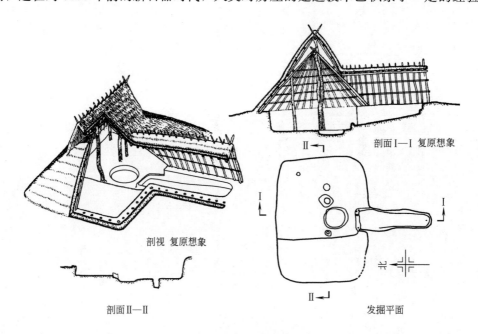

图1-1 西安半坡村遗址

成了一定的规模。在奴隶社会及以后的漫长时期内，由于国内外的历史条件、意识形态、建筑技术水平、自然条件等方面的差异，建筑发展各不相同，现分述于后。

1.1.1　国外建筑发展概况

埃及是世界上最古老的国家之一，创造了人类第一批巨大的纪念性建筑物。在公元前3000年左右，埃及人就用石材建造神庙和国王的陵墓。著名的金字塔，就是为法老（国王）修建的陵墓。其中最大的胡夫金字塔（即齐奥普斯金字塔）约建于公元前2580年。塔的外观呈正方锥形（图1-2），底边原长230m，塔原高146.59m。塔身用石灰石块干砌而成，约用230万块石料，平均每块石料重2.5t；塔的表面原为一层磨光的石灰岩贴面，今大部分已剥落；塔内有3层墓室。此塔由每批10万的奴隶轮流劳动，历时约20年建成。金字塔以其高大、沉重、稳定、简洁的形象屹立在一望无垠的沙漠上，充分体现了古代劳动人民的聪明才智。

图1-2　埃及胡夫金字塔

古希腊是欧洲文化的摇篮。古希腊建筑对欧洲建筑发展具有极大的影响。公元前5世纪，雅典在大规模建设中，除神庙外，已有剧场、议事厅等公共建筑。雅典卫城的帕提农神庙（图1-3）代表着希腊多立克柱式的最高成就。它始建于公元前447年，除屋顶为木结构外，柱子、额枋等全用白色大理石砌成。其平面是回廊式，建立在三阶台基上，屋顶为两坡屋顶，两端形成三角形山花。这种模式形成欧洲古典建筑的基本风格。古罗马建筑继承了古希腊建筑的成就，并又进一步创新。图1-4为罗马大角斗场，它建于公元72—79年。大角斗场平面为椭圆形，长轴188m，短轴156m，有60排座位，可容纳观众5万～8万人。其外墙高达48.5m，共分为4层，下层为券廊，顶层为实墙。

图1-3　帕提农神庙（黄居正拍摄）

图1-4　罗马大角斗场

欧洲的封建制度是在古罗马帝国的废墟上建立起来的。古罗马帝国灭亡后，欧洲经历了漫长的动乱时期。在古罗马建筑的发展中，形成了12—15世纪以法国为中心、以天主教堂为代表的哥特式建筑。哥特式建筑采用骨架拱肋结构，使拱顶重量大为减轻，侧向推

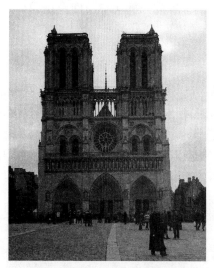

图 1-5 巴黎圣母院（黄居正拍摄）

力随之减少，这在当时是一项伟大的创举。由于采用新的结构体系，垂直直线型的拱肋几乎占据了建筑内部的所有部位，再加上拱上端和建筑细部都处理成尖形，同时采用彩色玻璃，反映了中世纪手工业水平的提高和封建教会追求神秘气氛的意图，最具代表性的建筑为巴黎圣母院（图 1-5），它建于公元 1163—1345 年，位于巴黎市中心塞纳河的西堤岛上，平面尺寸为 47m×133m，规模宏大，可容纳万人。

14 世纪，从意大利首先开始了"文艺复兴运动"，随后遍及欧洲。文艺复兴是一场思想文化领域反封建、反宗教神学的运动，标志着资本主义萌芽时期的到来。这一时期的建筑在造型上排斥象征神权至上的哥特式建筑风格，提倡复兴古罗马时期的建筑形式。随着资产阶级政治地位的上升，文艺复兴建筑广泛流行于贵族府邸、王宫、教堂等建筑中，如意大利佛罗伦萨美第奇府邸（建于 1444 年）和罗马圣彼得大教堂（图 1-6，建于 1506—1626 年）均是其代表性建筑。

图 1-6 罗马圣彼得大教堂

从 17 世纪到 19 世纪，在资产阶级取得政权的最初年代里，欧美各地先后兴起希腊复兴和罗马复兴的浪潮，所建的国会大厦、学校、图书馆等仍沿用古典建筑形式。如美国的国会大厦（图 1-7），就是罗马复兴风格的实例。从 19 世纪末到 20 世纪初，西方世界生产力急剧发展，技术进步飞速，出现了各式各样的工业建筑和银行、交易所、市场、医院、火车站、展览馆等公共建筑。由于新的建筑功能要求的复杂化与多样化，以及新材料的广泛应用，古典建筑形式已不能适应新的建筑功能，于是在欧美各国开始了探索新建筑的运动，主张革新，反对复古主义和折中主义的建筑风格。

印度的泰姬陵建于 1632—1653 年，是莫卧儿皇帝沙贾汗为了纪念自己心爱的妻子而建，是世界上保存最好的、建筑风格最美的陵墓之一，是莫卧儿帝国的主要建筑杰作，也是印度的奇迹之一（图 1-8）。除了闪亮的大理石顶外，陵墓还包括清澈见底的池塘、广阔的花园等。

图 1-7　美国国会大厦

图 1-8　印度泰姬陵

在美洲，阿兹特克人在今墨西哥城建造的纪念性建筑曾异常辉煌，后在西班牙人入侵时全部被毁。在这些纪念性建筑中，太阳金字塔是重要的代表性建筑（图 1-9）。

图 1-9　太阳金字塔

到了 20 世纪 20 年代，新建筑运动进入高潮，以"现代建筑"思潮的影响流传较广。其代表人物有德国的格罗皮乌斯和密斯·凡·德·罗，法国的勒·柯布西耶和美国的赖特等。他们的设计原则具有以下共同特点：①重视建筑的使用功能；②承认建筑具有艺术与技术的双重性；③认为建筑空间是建筑的实质，建筑设计是空间设计及其表现；④主张创造建筑新风格，反对套用历史上的建筑形式；⑤反对外加的建筑装饰，提倡建筑美应和使用功能、材料和结构相结合；⑥重视建筑的经济性。

这些主张大大推动了现代建筑事业的发展，从而出现了一大批具有时代精神的著名建筑物，如格罗皮乌斯设计的包豪斯校舍（图 1-10）。校舍采用灵活布局，按功能分区，把校舍合成整体，没有多余装饰，建筑外表新颖美观。

在建筑技术方面，西方建筑最早是以石料为主，也用砖瓦和木料。到了 19 世纪中

图 1-10 包豪斯校舍（张路峰拍摄）

期，建筑中开始使用钢铁；19 世纪末期，出现了硅酸盐水泥，人们开始使用混凝土和钢筋混凝土，并发明了电梯。20 世纪以来，铝、塑料陆续登上了建筑舞台，玻璃的品种和质量不断提高，在建筑中的用途更加广泛。随着建筑材料的发展，新结构不断涌现，如薄壳结构、折板结构、悬索结构、网架结构、筒体结构等，从而为大跨度建筑和高层建筑提供了物质技术条件。如建于芝加哥的西尔斯大厦（1970—1974 年，2009 年更名为威利斯大厦 Willis Tower），该建筑在地面以上有 110 层，总高为 443m，是当时世界上的最高建筑（图 1-11）。又如著名的悉尼歌剧院（图 1-12）、罗马小体育馆等（图 1-13）也是这一时期的优秀建筑作品。

图 1-11 威利斯大厦

图 1-12 悉尼歌剧院

图 1-13 罗马小体育馆

1.1.2 中国古建筑发展概况

中国奴隶社会经历了夏、商、周、春秋等时期的 1600 多年（公元前 2100—前 476 年）。根据在河南郑州的考古发掘，已发现商朝时期的若干住所和手工业作坊的遗址，当时已开始出现板筑墙和夯土技术。在河南安阳小屯村还发掘出商朝的宫室遗址，证明当时已有相当规模的木构架建筑，由于土和木材的综合运用，几千年前，我国就把"土木"作为建筑的代名词。根据洛阳考古发掘出西周时期的板瓦、筒瓦和脊瓦来看，在距今 3000 年的西周时期，我国人民已掌握了使用陶瓦的屋面防水技术。我国封建社会从战国到清朝,经历了2400多年,在这漫长的岁月中,中国古建筑逐步形成了自身独特的体系,并集中体现在寺庙、宫殿、佛塔、陵墓、园林建筑中。

秦始皇统一六国后,大兴土木,役使"刑徒"70余万人建宫室、筑长城、造骊山陵。集中了全国的巧匠和良材,在国都咸阳附近建造很多规模巨大的宫苑建筑。这些宫苑建筑由于模仿了战国时代各国的宫室建筑,使当时各种不同的建筑形式和不同的技术经验得到了融合和发展。史书记载阿房宫前殿"东西五百步,南北五十丈,上可以坐万人,下可以建五丈旗……"是中国古代最宏伟的宫殿建筑之一。

西汉王朝是中国历史上最强盛的朝代之一,建都长安。此时期大规模兴建宫殿,著名的有未央宫、长乐宫、建章宫、桂宫等。汉代皇宫的特点是在宫中堆山、凿池、开辟园林。考古证实,汉代已经有了斗拱的做法。制砖技术发达,有空心砖、楔形砖、企口砖。

东汉时佛教传入中国,魏晋南北朝时佛教盛行,出现了前所未有的建筑类型——寺庙和佛塔。图1-14为河南登封嵩岳寺塔,它建于北魏,约公元520—525年,是我国现存最早的密檐砖塔。该塔共15层,高37m,全部用青砖、黄泥砌成。其平面为十二边形,底层直径10.6m,内部空间直径5米多,壁体厚2.5m。塔的造型挺拔秀丽,距今已1500年,足见当时砖砌结构技术已相当成熟。

隋唐时期是中国建筑发展成熟的时期,在继承汉代建筑成就的基础上,吸收、融合了外来建筑的影响,形成了唐代完整的建筑体系。

图1-14 河南登封嵩岳寺塔

山西五台县佛光寺大殿(建于公元857年),是目前国内保存完整的唐代木结构建筑。采用庑殿式屋顶,抬梁式木构架和斗拱,是唐代建筑的范例(图1-15)。

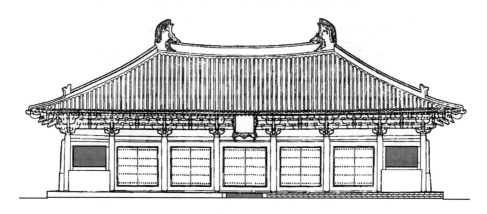

图1-15 佛光寺大殿

宋代建筑的规模比较小,屋面开始变陡,大量出现楼阁式建筑,尤以寺庙建筑中盛行。山西太原晋祠圣母殿(图1-16)建于北宋时期,是宋代建筑式样的典型。北宋时期,由李诫主持编撰了中国历史上第一部完整的建筑规范《营造法式》，内容涉及建筑设计、施工、材料、管理等各个方面。

图 1-17 为山西应县佛宫寺释迦塔（又称应县木塔），建于辽代（公元 1056 年），全木结构，平面为八角形，共 9 层，高 67.3m，底层直径 30.27m。是国内现存最古老的一座木塔，也是世界上现存的最高的纯木结构楼阁式建筑。

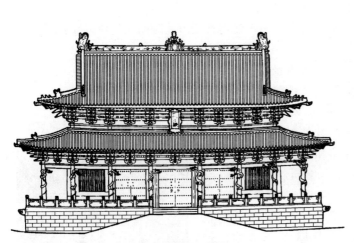
图 1-16　晋祠圣母殿

图 1-17　山西应县佛宫寺释迦塔

元代建筑基本上沿袭了宋代建筑的特点。山西芮城永乐宫三清殿（图 1-18），建于元代，是保存完好的元代建筑的典型。

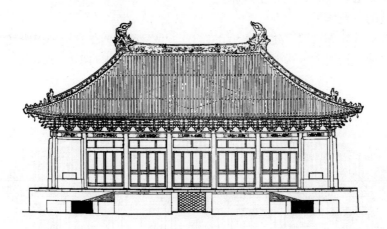
图 1-18　永乐宫三清殿

明、清两代是中国古代建筑发展的最后一个高潮，同时也是走向衰落的开始。

皇宫建筑规划严整，严格按礼制要求布局。北京故宫是完整保存下来的明清宫殿建筑群，其中的重要建筑是太和殿（图 1-19）。同时坛庙建筑发展到最高水平，北京天坛是明清坛庙建筑群，也是整个中国坛庙建筑艺术的最高峰（图 1-20）。

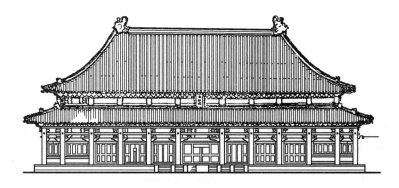

图 1-19　太和殿

明清时期是园林艺术发展的高潮，形成了皇家园林和私家园林两种不同的风格类型。皇家园林占地大，大山大水，视野开阔，建筑华丽，布局方式以总体的自由布局和部分的中轴对称布局相结合；私家园林占地小，小桥流水，林荫曲径，建筑朴素典雅，结合地形环境自由布局。明代计成所著《园冶》一书，详述了园林设计思想和具体做法，是我国古代最完备的一部园林学专著。

苏州园林的历史可上溯至公元前 6 世纪春秋时吴王的园囿，私家园林最早见于记载的是东晋（公元 4 世纪）的辟疆园，之后历代造园兴盛，名园日多。明清时期，苏州成为中国最繁华的地区之一，私家园林遍布古城内外，16—18 世纪进入全盛时期，苏州有园林 200 余处，保存尚好的有数十处，并因此使苏州素有"人间天堂"的美誉（图 1-21）。

图 1-20　天坛祈年殿

图 1-21　苏州园林

中国古代在工程技术方面，也取得了举世瞩目的光辉成就，被称为奇迹的万里长城始建于秦代以前。公元前 256 年，建设的大规模水利工程——都江堰水利工程，至今仍发挥着巨大的作用。隋代（公元 605—617 年）在河北赵县建造的全长 37 米多的单孔大型石拱桥——安济桥（图 1-22）无论是在力学原理、建筑艺术、功能与造型结合等方面，还是在建筑技术方面，都充分体现了它的合理性与成熟性，在世界桥梁史中堪称卓越典范。

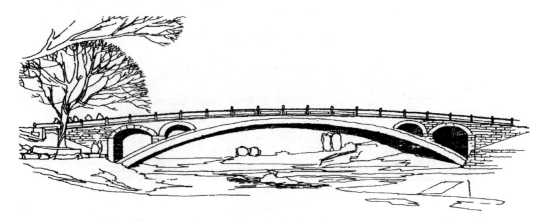

图 1-22 河北赵县安济桥

1.1.3 中国近现代建筑发展概况

1840 年鸦片战争后,中国沦为半殖民地半封建社会。处于帝国主义侵略的环境下,西方建筑文化也同时传入中国,产生了极大影响。在中华人民共和国成立前百余年间的建设中,所到之处显示了入侵国建筑文化输入的痕迹。特别是在外国租界地中的影响最为深刻,如上海、天津、广州等城市,兼容了东西方入侵国的建筑特点,如同世界建筑"展览"。至于青岛、大连、长春、哈尔滨等城市,则在当时明显形成了一些特定国家的建筑风格,成为特殊景观。

1949 年中华人民共和国成立后,随着经济的发展,建筑事业取得了巨大的成就,1959 年在北京仅用十个月时间建成了人民大会堂、民族文化宫等十大建筑,作为向共和国成立十周年的献礼。其规模之大、质量之高、速度之快,使世人惊叹,为国人之自豪。人民大会堂(图 1-23)是这一时期的代表性建筑。在随后的时期里,全国各地的住宅、公共建筑、工业建筑和城市建设的各个方面,都取得了辉煌的成就。

图 1-23 人民大会堂

1978 年以后,中国实行"改革开放"政策,推动了建筑事业的发展。通过学习与引进国外的建筑理论与建筑技术等,活跃了建筑学术思想和建筑创作活动,涌现出大量优秀建筑,建筑工业化水平不断提高和发展。

图 1-24 是上海金茂大厦（1998 年建成），共 88 层，建筑高度 420.5m，建筑面积 28.9 万 m²，是中国改革开放以来的重要建筑成就之一。金茂大厦集办公、宾馆、金融、商业、服务、观光为一体，同时集智能化、信息化于一体，使当代最先进的高新技术在大厦中得到全面体现。大厦平面布局严谨，空间组织合理，立面构思精细，结构选型合理，体现了国际建筑设计的发展潮流。其建筑文化与 20 世纪初上海外滩所建西式建筑不同，美国 SOM 事务所在大厦的设计中充分展现了中国传统文化与现代高新技术相融合，是中国古老塔式建筑的延伸和发展。

图 1-24　上海金茂大厦（图中间）

21 世纪中国经济进入快速发展期，各项建设事业蓬勃发展。尤其 2008 年奥运会成功举办，是中国建筑新的发展机遇，一系列高水平的比赛场馆矗立在中国大地上。

国家体育场（鸟巢），是由两位瑞士建筑师赫尔佐格与德梅隆设计的 2008 年北京奥运会的主场馆。设计风格改变了经典的体育场馆形式。国家体育场是具有 91000 个座位、充分利用自然通风的建筑，是大型的"生态友好型"体育场。为此，建筑师从自然界寻求灵感：体育场的外表网格纵横交错，看上去如同用枝条精心搭建的鸟巢一般。整个建筑都罩在一个开放的网格下，以获得自然通风的效果，如图 1-25 所示。

图 1-25　国家体育场（鸟巢）

国家游泳中心（水立方），是 2008 年北京奥运会的水上运动中心，采用轻质的新型材料 ETFE 膜，把建筑建造成一个高能效的温室似的环境，其围护结构造就了气泡形状的外部景观，如图 1-26 所示。这一独特的结构，能够抵抗大地震的破坏。本项设计还考虑了太阳能为游泳池水加热以及雨水的收集。

国家大剧院外壳选用表面光洁的玻璃和钛合金材料，外形看似一个椭圆壳飘浮在人工湖上。国家大剧院设有一个 2416 座的戏

图 1-26　国家游泳中心（水立方）

院，一个 2017 座的音乐厅，以及一个 1040 座的剧场。当夜幕降临，它那半透明的外壳，让过往行人隐约看到这三个空间里正在上演的剧目，体现了国家大剧院建筑的公共性本质（图 1-27）。

首都国际机场由福斯特与合伙人公司设计，建筑面积约 100 万 m^2。设计最大客流量为 5500 万人次，是当时全球客流量最大的十个机场之一。如此巨大的建筑体量，必须解决诸多复杂问题：要保证旅客必须步行的距离不得过长；帮助旅客辨识空间的各个部分；结构方面，向外伸展的机场航站楼只有 1 个屋顶，等等。建筑师们也考虑到了运营的可持续性：其环境控制系统将减少碳的排放，并且天窗顺南北方向布置，可以减少阳光照射，使整个建筑保持清凉。图 1-28 为首都国际机场航拍实景。

图 1-27　国家大剧院

图 1-28　首都国际机场

我国的高铁建设始于 2004 年的中国铁路长远规划，开通的第一条高铁是 2008 年 8 月 1 日运营的京津城际高铁，时速达到 350km。截至 2022 年底，高铁总里程达到 4.2 万 km，方便了人们的出行。与此相应，造型各异的新建高铁站遍布全国各地，图 1-29 是高铁武汉站实景。

图 1-29　高铁武汉站

除了公共建筑，在我国广袤的土地上，民居建筑也是建筑中的一朵奇葩，量大面广，种类繁多，风格迥异，建设自主性强。近年来，随着经济的发展也衍生出了更多的形式。但因它的多样性和自主性，本教材不做过多的赘述。

1.2 建筑的构成要素与建筑方针

1.2.1 建筑的构成要素

构成建筑的基本要素是建筑功能、物质技术条件、建筑形象。

第一，建筑功能。建筑功能即房屋的使用要求，它体现着建筑物的目的性。例如，建设工厂是为了生产，修建住宅是为了居住、生活和休息，建造剧院是为了文化生活的需要。因此，满足生产、居住和演出的要求，就分别是工业建筑、住宅建筑、剧院建筑的功能要求。

各类房屋的建筑功能不是一成不变的，随着科学技术的发展、经济的繁荣、物质和文化水平的提高，人们对建筑功能的要求也将日益提高。因此，在建筑设计中应充分重视使用功能的可持续性，以及建筑物在使用过程中的可改造性。

第二，物质技术条件。物质技术条件是实现建筑的手段。它包括建筑材料、结构与构造、设备、施工技术等方面的内容。建筑水平的提高，离不开物质技术条件的发展，而后者的发展，又与社会生产力的水平、科学技术的进步有关。以高层建筑在西方的发展为例，19世纪中叶以后，由于金属框架结构和蒸汽动力升降机的出现，高层建筑才有了实现的可能性。随着建筑技术的进步、建筑设备的完善、新材料的出现、新结构体系的产生，为高层建筑建设与发展奠定了物质基础。

第三，建筑形象。建筑形象是建筑体形、立面处理、室内外空间的组织、建筑色彩与材料质感、细部装修等的综合反映。建筑形象处理得当，就能产生一定的艺术效果，给人以一定的感染力和美的享受。例如我们看到的一些建筑，常常给人以庄严雄伟、朴素大方、生动活泼等不同的感觉，这就是建筑艺术形象的魅力。

建筑构成三要素彼此之间是辩证统一的关系，既相互依存，又有主次之分。第一是建筑功能，是起主导作用的因素；第二是物质技术条件，是达到目的的手段，同时技术对建筑功能具有约束和促进的作用；第三是建筑形象，是功能和技术在形象美学方面的反映，但如果充分发挥设计者的主观作用，在一定的功能和技术条件下，可以把建筑设计得更加美观。

1.2.2 建筑方针

我国建设部于1986年制定了《中国建筑技术政策》，并提出"建筑的主要任务是全面贯彻适用、安全、经济、美观的方针"。2016年2月，《中共中央　国务院关于进一步加强城市规划建设管理工作的若干意见》提出"适用、经济、绿色、美观"的新八字方针。

适用就是要符合客观条件的要求，满足建筑的使用功能，指恰当地确定建筑物的面积和体量，合理地布局，拥有必需的设施，具有良好的卫生条件和保温、隔热、隔声的环境。

经济就是要遵循建筑的内在规律，考虑建筑全生命周期的成本和效益。建筑的经济效益是指建筑造价、材料能源消耗、建设周期、投入使用后的运行和维修管理费用等综合经济效益。要防止片面强调降低造价，使建筑处于质量低、性能差、能耗高、污染重的状态。

绿色就是要按照生态文明建设的要求，倡导低碳环保节能，在建筑材料、施工方式和运行维护中都应体现。

美观就是要彰显地域特征、民族特色和时代风貌，创造经典、塑造"大美"。美观是建筑造型、室内装修、室外景观等综合艺术处理的结果。建筑艺术形式和风格应多样化，鼓励设计者进行多种探索，繁荣建筑创作。

"适用、经济、绿色、美观"这四个方面是有机统一的整体，相互促进，彼此兼容，不能割裂，不可或缺。它既是建筑工作者进行工作的指导方针，又是评价建筑优劣的基本准则，是建筑三要素的全面体现，要深入理解建筑方针的精神，并贯彻到建筑事业中去。

1.3 建筑的分类和分级

1.3.1 建筑的分类

1) 按使用性质分类

建筑物按其使用性质，通常可分为生产性建筑，即工业建筑、农业建筑；非生产性建筑，即民用建筑。

(1) 民用建筑——非生产性建筑，供人们居住和进行公共活动的建筑的总称。

① 居住建筑，供人们居住使用的建筑。如：住宅、宿舍等；

② 公共建筑，供人们进行各种公共活动的建筑。如：办公建筑、文教建筑、科研建筑、托幼建筑、医疗建筑、商业建筑、生活服务建筑、旅游建筑、观演建筑、体育建筑、展览建筑、通信建筑、园林建筑、纪念建筑、娱乐建筑等。

(2) 工业建筑——工业生产建筑

如：主要生产厂房、辅助生产厂房、动力建筑、贮藏建筑、运输建筑等。

(3) 农业建筑——农副业生产建筑

如：温室、粮仓、畜禽饲养场、农副业产品加工厂等。此外还有一些农业建筑，如农产品仓库、农机修理站等，已包括在工业建筑之中。

2) 按建筑层数和高度分类

按照《民用建筑设计统一标准》GB 50352—2019 规定：

(1) 低层或多层民用建筑：建筑高度不大于 27m 的住宅建筑、建筑高度不大于 24m 的公共建筑及建筑高度大于 24m 的单层公共建筑。

(2) 高层建筑：建筑高度大于 27m 的住宅建筑、建筑高度大于 24m 的非单层公共建筑且建筑高度不大于 100m。

(3) 超高层建筑：建筑高度大于 100m。

3) 按建筑规模和数量分类

(1) 大量性建筑：指量大面广，与人民生活、生产密切相关的建筑，如住宅、幼儿园、学校、商店、医院、中小型厂房等。这些建筑在大中小城市和乡村都是不可缺少的，修建数量很大，故称为大量性建筑。

(2) 大型性建筑：指规模宏大、耗资较多的建筑，如大型的体育馆、影剧院、火车站、航空港、展览馆、博物馆等。与大量性建筑相比，大型性建筑修建数量有限，但在一个地区、一个城市具有代表性。

4) 按建筑防火规范分类

民用建筑根据其建筑高度和层数可分为单、多层民用建筑和高层民用建筑。高层民用建筑根据其建筑高度、使用功能和楼层的建筑面积可分为一类和二类。民用建筑的分类应符合表1-1的规定。

民用建筑的分类　　　　　　　　　　　　　　　　　　　　　　　表1-1

名称	高层民用建筑		单、多层民用建筑
	一类	二类	
住宅建筑	建筑高度大于54m的住宅建筑（包括设置商业服务网点的住宅建筑）	建筑高度大于27m，但不大于54m的住宅建筑（包括设置商业服务网点的住宅建筑）	建筑高度不大于27m的住宅建筑（包括设置商业服务网点的住宅建筑）
公共建筑	1. 建筑高度大于50m的公共建筑； 2. 建筑高度24m以上部分任一楼层建筑面积大于$1000m^2$的商店、展览、电信、邮政、财贸金融建筑和其他多种功能组合的建筑； 3. 医疗建筑、重要公共建筑、独立建造的老年人照料设施； 4. 省级及以上的广播电视和防灾指挥调度建筑、网局级和省级电力调度建筑； 5. 藏书超过100万册的图书馆、书库	除一类高层公共建筑外的其他高层公共建筑	1. 建筑高度大于24m的单层公共建筑； 2. 建筑高度不大于24m的其他公共建筑

1.3.2 房屋建筑结构设计工作年限与耐火等级

1) 结构设计工作年限

房屋建筑的结构设计工作年限不应低于表1-2的规定。

房屋建筑的结构设计工作年限　　　　　　　　　　　　　　　　表1-2

类别	设计工作年限（年）
临时性建筑结构	5
普通房屋和构筑物	50
特别重要的建筑结构	100

2) 耐火等级

建筑物的耐火等级是由其组成构件的燃烧性能和耐火极限来确定。《建筑设计防火规范》GB 50016—2014（2018年版）规定，各级耐火等级建筑物构件的燃烧性能和耐火极限如表1-3所示。

不同耐火等级建筑相应构件的燃烧性能和耐火极限（h） 表 1-3

构件名称		耐火等级			
		一级	二级	三级	四级
墙	防火墙	不燃性 3.00	不燃性 3.00	不燃性 3.00	不燃性 3.00
	承重墙	不燃性 3.00	不燃性 2.50	不燃性 2.00	难燃性 0.50
	非承重外墙	不燃性 1.00	不燃性 1.00	不燃性 0.50	可燃性
	楼梯间和前室的墙 电梯井的墙 住宅建筑单元之间的墙和分户墙	不燃性 2.00	不燃性 2.00	不燃性 1.50	难燃性 0.50
	疏散走道两侧的隔墙	不燃性 1.00	不燃性 1.00	不燃性 0.50	难燃性 0.25
	房间隔墙	不燃性 0.75	不燃性 0.50	难燃性 0.50	难燃性 0.25
柱		不燃性 3.00	不燃性 2.50	不燃性 2.00	难燃性 0.50
梁		不燃性 2.00	不燃性 1.50	不燃性 1.00	难燃性 0.50
楼板		不燃性 1.50	不燃性 1.00	不燃性 0.50	可燃性
屋顶承重构件		不燃性 1.50	不燃性 1.00	可燃性 0.50	可燃性
疏散楼梯		不燃性 1.50	不燃性 1.00	不燃性 0.50	可燃性
吊顶（包括吊顶搁栅）		不燃性 0.25	难燃性 0.25	难燃性 0.15	可燃性

耐火极限是指在标准耐火试验条件下，建筑构件、配件或结构至失去承载能力、完整性或隔热性时止所用时间，用小时表示。

构件的燃烧性能可分为三类，即：不燃性、难燃性、可燃性。

不燃烧体：用非燃烧材料做成的构件。非燃烧材料是指在空气中受到火烧或高温作用时不起火、不微燃、不炭化的材料，如金属材料和无机矿物材料。

难燃烧体：用难燃烧材料做成的构件，或用燃烧材料做成而用非燃烧材料做保护层的构件。难燃烧材料是指空气中受到火烧或高温作用时难起火、难微燃、难碳化，当火源移走后燃烧或微燃立即停止的材料，如沥青混凝土、经过防火处理的木材等。

可燃烧体：用燃烧材料做成的构件。燃烧材料是指在空气中受到火烧或高温作用时立即起火或微燃，且火源移走后仍继续燃烧或微燃的材料，如木材。

1.4 建筑设计的内容和程序

1.4.1 建筑工程设计的内容

一项建筑工程从拟定计划到建成使用要经过编制工程设计任务书、选择建设用地、设计、施工、工程验收及交付使用等几个阶段。设计工作是其中重要环节，具有较强的政策性、技术性和综合性。

建筑工程设计主要包括建筑设计、结构设计和设备设计等几个方面的内容。

1）建筑设计

建筑设计是在总体规划的前提下，根据设计任务书的要求，综合考虑基地环境、使用功能、结构施工、材料设备、建筑经济及艺术等问题，着重解决建筑物内部各种使用功能和使用空间的合理安排，建筑物与周围环境、外部条件的协调配合，内部和外部的艺术效果，细部的构造方案等，创作出既符合科学性又具有艺术性的生活和生产环境。

建筑设计在整个工程设计中是主导和先行专业，除考虑上述要求以外，还应考虑建筑与结构及各种设备等相关技术的综合协调，使建筑物做到适用、经济、绿色、美观。

建筑设计包括总体设计和单体设计两方面，一般由建筑师完成。

2）结构设计

结构设计主要是结合建筑设计选择切实可行的结构方案，进行结构计算及构件设计，完成全部结构施工图设计等。一般是结构工程师完成。

3）设备设计

设备设计主要包括给水排水、电器照明、通信、采暖、空调通风、动力等方面的设计，由有关的设备工程师配合建筑设计来完成。

各专业设计既有分工，又密切配合，形成一个设计团队。汇总各专业设计的图纸、计算书、说明书及预算书，就算完成了一个建筑工程的设计文件，作为建筑工程施工的依据。

1.4.2　建筑设计的程序

建筑设计通常按初步设计和施工图设计两个阶段进行。大型建筑工程，在初步设计之前应进行方案设计。小型建筑工程，可用方案设计代替初步设计文件。对于技术复杂的大型工程，可增加技术设计阶段。

下面就各设计阶段的设计内容和要求加以说明。

1）设计前的准备工作

建筑设计是一项复杂而细致的工作，涉及的学科较多，同时也受到各种客观条件的制约。为了保证设计质量，设计前必须做好充分准备，包括熟悉设计任务书、收集设计基础资料、调查研究等几方面的工作。

（1）熟悉设计任务书

任务书的内容包括：拟建项目的要求、建筑面积、房间组成和面积分配；有关建设投资方面的问题；建设基地的范围，周围建筑、道路、环境和地形图；供电、给水排水、采暖和空调设备方面的要求，以及水源、电源等各种工程管网的接用许可文件；设计期限和项目建设进程要求等。

（2）收集设计基础资料

开始设计之前要搞清楚与工程设计有关的基本条件，掌握必要和足够的基础资料。

① 定额指标——国家和所在地区有关本设计项目的定额指标及标准。

② 气象资料——所在地的气温、湿度、日照、降雨量、积雪厚度、风向、风速以及土壤冻结深度等。

③ 地形、地质、水文资料——基地地形及标高，土壤种类及承载力，地下水位、水质及地震设防烈度等。

④ 设备管线资料——基地地下的给水、排水、供热、煤气、通信等管线布置，以及基地地上架空供电线路等。

（3）调查研究

主要应调研的内容有：

① 使用要求——通过调查访问掌握使用单位对拟建建筑物的使用要求，调查同类建筑物的使用情况，进行分析、研究、总结。

② 当地建筑传统经验和生活习惯——作为设计时的参考借鉴，以取得在习惯上和风格上的协调一致。

③ 建材供应和结构施工等技术条件——了解所在地区建筑材料供应的品种、规格、价格，新型建材选用的可能性，可能选择的结构方案，当地施工力量和起重运输设备条件。

④ 基地踏勘——根据当地城市建设部门所划定的建筑控制线做现场踏勘，了解基地和周围环境的现状，如方位、原有建筑、道路、绿化等，考虑拟建建筑物的位置与总平面图的可能方案。

2）初步设计阶段

（1）任务与要求

初步设计是供建设单位选择方案，主管部门审批项目的文件，也是技术设计和施工图设计的依据。

初步设计的主要任务是提出设计方案。即根据设计任务书的要求和收集到的基础资料，结合基地环境，综合考虑技术经济条件和建筑艺术的要求，对建筑总体布置、空间组合进行可能与合理的安排，提出两个或多个方案供建设单位选择。在选定的方案基础上，进一步充分完善，综合成为较理想的方案，并绘制成初步设计文件，供主管部门审批。

初步设计文件的深度应满足确定设计方案的比选需要，确定概算总投资，确定土地征用范围，可以作为主要设备和材料的订货依据，以确定工程造价、编制施工图设计以及进行施工准备。

（2）初步设计的图纸和文件

① 设计总说明：设计指导思想及主要依据，设计意图及方案特点，建筑结构方案及构造特点，建筑材料及装修标准，主要技术经济指标以及结构、设备等系统的说明。

② 建筑总平面图：比例1∶500、1∶1000，应表示用地范围，建筑物位置、大小、层数及设计标高、道路及绿化布置，标注指北针或风玫瑰图等。当地形复杂时，应表示粗略的竖向设计意图。

③ 各层平面图、剖面图、立面图：比例1∶100、1∶200，应表示建筑物各主要控制尺寸，如总尺寸、开间、进深、层高等，同时应表示标高、门窗位置、室内固定设备及有特殊要求的厅、室的具体布置、立面处理、结构方案及材料选用等。

④ 工程概算书：建筑物投资估算，主要材料用量及单位消耗量。
⑤ 大型民用建筑及其他重要工程，根据需要可绘制透视图、鸟瞰图或制作模型。

3）技术设计阶段

初步设计经建设单位同意和主管部门批准后，对于大型复杂项目需要进行技术设计。技术设计是初步设计的深化阶段，主要任务是在初步设计的基础上协调解决各工种之间的技术问题，经批准后的技术设计图纸和说明书即为编制施工图、主要材料设备订货及工程拨款的依据文件。

技术设计的图纸和文件与初步设计大致相同，但更详细。具体内容包括整个建筑物和各个局部的具体做法，各部分确切的尺寸关系，内外装修的设计，结构方案的计算和具体内容、各种构造和用料的确定，各种设备系统的设计和计算，各技术工种之间矛盾的合理解决，设计预算的编制等。这些工作都是在有关各技术工种共同协商之下进行的，并应相互确认。

对于不太复杂的工程，技术设计阶段可以省略，而把这个阶段的一部分工作纳入初步设计阶段，称为"扩大初步设计"，另一部分工作则留待施工图设计阶段进行。

4）施工图设计阶段

（1）任务与要求

施工图设计是建筑设计的最后阶段，是提交施工单位进行施工的设计文件，必须根据上级主管部门审批同意的初步设计（或技术设计）进行施工图设计。

施工图设计的主要任务是满足施工要求，即在初步设计或技术设计的基础上，综合建筑、结构、设备各工种，相互交底、确认核对，深入了解材料供应、施工技术、设备等条件，把满足工程施工的各项具体要求反映在图纸中，做到整套图纸齐全统一，准确无误。

（2）施工图设计的图纸和文件

施工图设计的内容包括建筑、结构、水电、电信、采暖、空调通风、消防等工种的设计图纸、工程说明书，结构及设备计算书和预算书。

① 设计说明书：包括施工图设计依据、设计规模、面积、标高定位、用料说明等。

② 建筑总平面图：比例 1：500、1：1000、1：2000。应标明建筑用地范围，建筑物及室外工程（道路、围墙、大门、挡土墙等）位置，尺寸、标高、建筑小品、绿化美化设施的布置，并附必要的说明及详图，技术经济指标，地形及工程复杂时应绘制竖向设计图。

③ 建筑物各层平面图、立面图、剖面图：比例 1：50、1：100、1：200。除表达初步设计或技术设计内容以外，还应详细标出门窗洞口、墙段尺寸及必要的细部尺寸、详图索引。

④ 建筑构造详图：建筑构造详图包括平面节点、檐口、墙身、门窗、室内装修、立面装修等详图。应详细表示各部分构件关系、材料尺寸及做法、必要的文字说明。根据节点需要，比例可分别选用 1：20、1：10、1：5、1：2、1：1 等。

⑤ 各工种相应配套的施工图纸，如基础平面图、结构布置图，水、暖、电平面图及系统图等。

⑥ 工程预算书。

1.5 建筑设计的要求和依据

1.5.1 建筑设计的要求

1) 满足建筑功能要求

满足建筑物的功能要求、为人们的生活和生产活动创造良好的环境，是建筑设计的首要任务。例如设计学校，首先要考虑满足教学活动的需要，教室设置应分班合理，采光通风良好。同时还要合理安排教师备课、办公、储藏和厕所等房间，并配置良好的体育场和室外活动场地等。

2) 采用合理的技术措施

应正确选用建筑材料，并根据建筑空间组合的特点选择合理的结构、施工方案，使房屋坚固耐久、建造方便。例如近年来，我国设计建造的一些覆盖面积较大的体育馆，由于屋顶采用钢网架空间结构和整体提升的施工方法，既节省了建筑物的用钢量，也缩短了工期。

3) 良好的经济效果

建造房屋是一个复杂的物质生产过程，需要大量人力、物力和资金，在房屋的设计和建造中，要因地制宜、就地取材，尽量做到节省劳动力、节约建筑材料和资金。设计和建造房屋要有周密的计划和核算，重视经济规律，讲究经济效益。房屋设计的使用要求和技术措施，要和相应的造价、建筑标准统一起来。

4) 考虑建筑美观要求

建筑物是社会的物质和文化财富，它在满足使用要求的同时，还需要考虑人们对建筑物在美观方面的要求，考虑建筑物所赋予人们在精神上的感受。我国建筑设计要努力创造具有时代精神的建筑空间组合与建筑形象。历史上创造的具有时代印记和特色的各种建筑形象，往往是一个国家、一个民族文化传统宝库中的重要组成部分。

5) 符合总体规划要求

单体建筑是总体规划中的组成部分，单体建筑应符合总体规划提出的要求。建筑物的设计，还要充分考虑和周围环境的关系，例如原有建筑的状况、道路的走向、基地面积大小以及绿化等方面和拟建建筑物的关系。新设计的单体建筑，应使所在基地形成协调的室外空间组合、良好的室外环境。

1.5.2 建筑设计的依据

1) 使用功能

(1) 人体尺寸和人体活动所需的空间尺度

建筑物中家具、设备的尺寸，踏步、窗台、栏杆的高度，门洞、走廊、楼梯的宽度和高度，以及各类房间的高度和面积大小，都和人体尺寸及人体活动所需的空间尺度直接或间接相关，因此人体尺寸和人体活动所需的空间尺度，是确定建筑空间的基本依据之一。人体尺寸和人体活动所需的空间尺度如图 1-30 所示。

近年来在建筑设计中日益重视人体工程学的运用，人体工程学是运用人体计测、生理

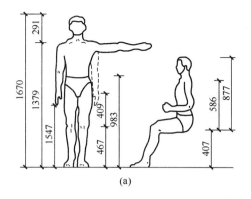

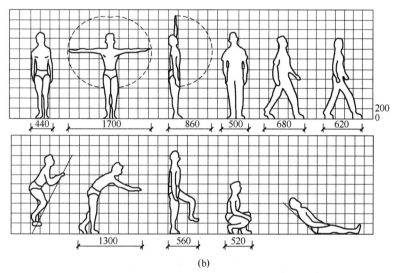

图 1-30 人体尺寸和人体活动所需要的空间尺度（mm）
(a) 人体尺寸；(b) 人体活动所需要的空间尺度

心理计测和生物力学等研究方法，综合地进行人体结构、功能、心理等问题的研究，用以解决人与物、人与外界环境之间的协调关系并提高效能。建筑设计中运用人体工程学，以人的生理、心理需要为研究中心，使空间范围的确定具有定量计测的科学依据。

(2) 家具、设备的尺寸和使用它们的必要空间

家具、设备尺寸，以及人们在使用家具和设备时必要的活动空间，是确定房间内部使用面积的重要依据。建筑中的常用家具如图 1-31 所示。

2) 自然条件

(1) 气象条件

建设地区的温度、湿度、日照、雨雪、风向、风速等是建筑设计的重要依据，对建筑设计有较大的影响。例如：炎热地区应考虑隔热、通风、遮阳，建筑处理较为开敞；寒冷地区应考虑防寒保温，建筑处理较为封闭；雨量较大的地区要特别注意对屋顶形式、屋面排水方案的选择以及屋面防水构造的处理；在确定建筑物间距及朝向时，应考虑当地日照情况及主导风向等因素。风速是在高层建筑、电视塔等设计中进行结构布置和建筑体形设

图 1-31　民用建筑中常用的家具尺寸（mm）

计考虑的重要因素。

图 1-32 为我国部分城市的风向频率玫瑰图，即风玫瑰图。风玫瑰图上的风向是指由外吹向地区中心，比如由北吹向中心的风称为北风。风玫瑰图是依据该地区多年来统计的各个方向吹风的平均日数的百分数按比例绘制而成，一般用 16 个罗盘方位表示。

（2）地形、水文地质及地震烈度

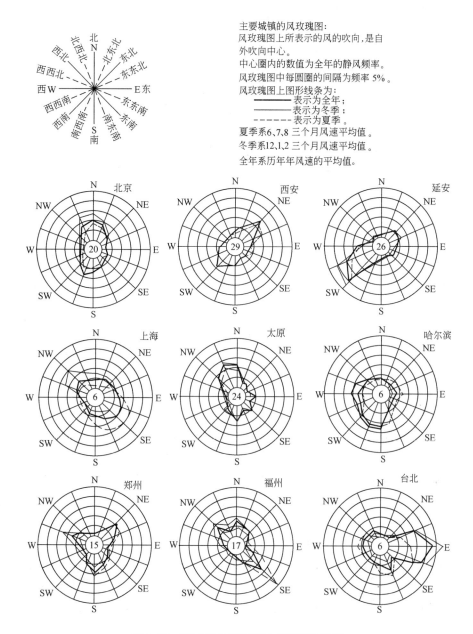

图 1-32 我国部分城市的风向频率玫瑰图

基地地形、地质构造、土壤特性和地基承载力的大小，对建筑物的平面组合、结构布置、建筑构造处理和建筑体形都有明显的影响。坡度陡的地形，常使房屋结合地形采用错层、吊层或依山就势等较为自由的组合方式。复杂的地质条件，要求基础采用相应的结构与构造处理。

水文条件是指地下水位的高低及地下水的性质，直接影响到建筑物基础及地下室。一般应根据地下水位的高低及地下水性质确定是否在该地区建造房屋或采用相应的防水和防腐蚀措施。

地震烈度表示当发生地震时，地面及建筑物遭受破坏的程度。烈度在 6 度以下时，地震对建筑物影响较小；9度以上地区，地震破坏力很大，一般应尽量避免在此类地区建造房屋。因此，按《建筑抗震设计标准》GB/T 50011—2010（2024年版）及《中国地震烈度区划图》的规定，地震烈度为6度、7度、8度、9度地区均需进行抗震设计。

3）建筑设计标准、规范、规程

建筑"标准""规范""规程"等是以建筑科学技术和建筑实践经验的综合成果为基础，由国家有关部门批准后颁发为"国家标准"在全国执行，对于统一建筑技术经济要求、提高建筑科学管理水平、保证建筑工程质量、推进建筑科学技术进步等都起着重要的作用，是必须遵守的准则和依据，体现着国家的现行政策和经济技术水平。

建筑设计必须根据设计项目的性质、内容，依据有关的建筑标准、规范完成设计工作。常用的标准、规范有：

《民用建筑设计统一标准》GB 50352—2019

《房屋建筑制图统一标准》GB/T 50001—2017

《建筑模数协调标准》GB/T 50002—2013

《厂房建筑模数协调标准》GB/T 50006—2010

《住宅设计规范》GB 50096—2011

《建筑设计防火规范》GB 50016—2014（2018年版）

4）建筑模数

为了建筑设计、构配件生产以及施工等方面的尺寸协调，从而提高建筑工业化的水平，降低造价并提高房屋设计和建造的质量和速度，建筑设计应遵守建筑统一模数制。

建筑模数是选定的标准尺度单位，作为建筑物、建筑构配件、建筑制品以及有关设备尺寸相互间协调的基础。

(1) 基本模数

建筑模数协调标准采取的基本模数的数值为100mm，其符号为M，即1M＝100mm。整个建筑物或其中的一部分以及建筑组合件的模数化尺寸，应是基本模数的倍数。

(2) 扩大模数

扩大模数是基本模数的整数倍。扩大模数的基数为2M、3M、6M、9M、12M……其相应尺寸为200mm、300mm、600mm、900mm、1200mm……。

(3) 分模数

分模数是基本模数除以整数。分模数的基数为M/10、M/5、M/2，其相应的数值分别为10mm、20mm、50mm。

(4) 模数适用范围

① 基本模数主要用于门窗洞口、建筑物的层高、构配件断面尺寸。

② 扩大模数主要用于建筑物的开间、进深、柱距、跨度，建筑物高度、层高、构配件尺寸和门窗洞口尺寸。

③ 分模数主要用于缝宽、构造节点、构配件断面尺寸。

5）建筑工业化的要求

工业化使建筑生产方式发生根本性改变，是用现代工业生产方式来建造房屋，用机械化手段生产建筑定型产品。

1.6 结构与建筑的关系概述

建筑设计与结构设计是整个建筑设计过程中的两个最重要的环节，对整个建筑物的外观效果、结构稳定起着至关重要的作用，而二者之间又存在着相互协调、互相制约的关系。任何一个建筑设计方案，都会对具体的结构设计产生影响，而有限的结构设计技术水平又制约着建筑设计。因此，在做建筑设计的过程中，建筑师应具备一定的结构方面的基础，能与结构设计适当结合，相互调协，使二者相统一，才能创作出真正优秀的建筑设计作品。

然而，许多建筑设计师，在建筑设计中，过分强调创作的美观、新颖、标新立异，强调创作的最大自由度，这样的建筑设计往往会给结构设计带来很大的困难。作为建筑物，其本身必须承受起巨大的恒载和活载、风荷载、地震力、扭矩力等。如果建筑设计人员在进行平面设计和竖向设计构思时，不依据基本的结构技术原理和有关结构的受力特征，不征询结构设计师的意见，往往会使结构工程师不能有效地选择合理的结构体系，导致结构的不稳定等问题。由此可见建筑设计和结构设计相互配合的重要性，它对整个建筑物的经济性、合理性、适用性和艺术性都具有十分关键的作用。

可以这样说，材料和结构是建造建筑物所必需的物质基础，因此，建筑设计应依据建筑的规模及功能特点，采用相应的结构形式。为了充分发挥材料的力学性能，使结构经济合理，在建筑设计时，必须考虑结构布置的特点及其相应的规范要求，把艺术性、适用性和科学性结合起来。在工业与民用建筑设计中，按照不同的方式，可以将结构体系分为不同的类型。例如按照施工工艺分，可以分为现场建造（如现浇式钢筋混凝土结构）、预制装配（如装配式钢筋混凝土结构）、"现场建造—预制装配"相结合等几种类型。又如按照主要承重材料分，可以分为土结构、木结构、石砌体结构、砖砌体结构、钢筋混凝土结构和钢结构等。再如按照承重方式的不同，将结构体系大致分为以下三种类型（表1-4）。

按照承重方式的不同对结构体系的分类 表1-4

结构体系名称	具 体 结 构 形 式
墙体承重体系	生土（墙）建筑； 砌体结构
骨架承重体系	木构架结构； 框架结构、框架—剪力墙结构、剪力墙结构、筒体结构、框架—筒体结构、板柱结构； 钢（框架）结构； 拱结构、刚架结构、桁架结构、排架结构、悬挑结构
空间结构体系	网架结构、折板结构、薄壳结构、悬索结构、帐篷薄膜结构、充气薄膜结构

第 2 章 建筑总平面设计

一幢建筑物或一个建筑群不是孤立存在的，必然是处于一个特定的环境中。它在基地上的位置、朝向、体形的大小和形状、出入口的布置及建筑造型等都必然受到总体规划和基地条件的制约。建筑总平面设计是建筑设计工作的一个重要组成部分，在确定建设项目、进行用地选择后，就必须在已确定的用地范围内合理经济地进行建筑总平面设计。

2.1 建筑总平面设计的内容及要求

2.1.1 建筑总平面设计的内容

一所学校、一所医院或一个工厂等的兴建，往往包括若干幢建筑物、构筑物以及道路等工程设施的建设，设计时如何把这些内容合理地组织在已确定的用地范围内，就要进行建筑总平面设计。建筑总平面设计是根据一个建筑群的组成内容和使用功能要求，结合用地条件和有关技术要求，综合研究建筑物、构筑物以及各项设施互相之间的平面和空间关系，合理处理建筑布置、交通运输、管线综合、绿化布置等问题，充分利用地形、节约用地，使该建筑群的组成内容和各项设施组成为统一的有机整体。如果是一幢建筑物，也要研究建筑总平面设计问题，要合理处理一幢建筑物与地形、朝向、道路、绿化、相邻建筑物和周围环境等的相互关系，才能使得建筑物布置合理。

建筑总平面设计的内容一般包括以下几个方面：
1）合理地进行用地范围内的建筑物、构筑物及其他工程设施相互间的平面布置；
2）结合地形，合理进行用地范围内的竖向布置；
3）合理组织用地范围内交通运输线路的布置；
4）为协调室外管线敷设而进行的管线综合布置；
5）绿化布置与环境保护。

不同类型的建筑总平面设计与设计对象的性质、规模、使用功能和当地条件（如地形、地质、气象、水文、周围环境以及城市规划的要求）有极为密切的关系；与建筑总平面设计中应处理好的局部与整体、生产与生活、建设与自然、设计与施工、近期与远期等关系也存在着有机联系。因此，在进行建筑总平面设计时应善于运用科学的观点和方法，分析和解决设计过程中出现的各种问题，力求实现经济实用的建筑总平面设计。

2.1.2 建筑总平面设计的基本要求

建筑总平面设计一般应满足以下基本要求：
1）使用的合理性
合理的功能关系、良好的日照、通风和方便的交通联系是建筑总平面设计要满足的基本要求之一。

2) 技术的安全性

建筑总平面设计除了在满足正常情况下的使用要求外，还应当考虑某些有可能发生的灾害情况，如火灾、地震和空袭等。必须按照有关规定采取相应措施，以防止灾害的发生、蔓延，减小其危害程度。

3) 建设的经济性

建筑总平面设计要考虑与国民经济发展水平及当地经济发展水平相适应，力求发挥建设投资的最大经济效益；并尽量多保留一些绿化用地和发展空间，使场地的生态环境和建设发展具有可持续性。

4) 环境的整体性

任何建筑都处于一定的环境中，并与环境保持着某种联系。建筑总平面设计只有从整体关系出发，使人工环境与自然环境相协调、基地环境与周围环境相协调，才有可能创造出便利、舒适、优美的空间环境。

2.1.3 城市规划对建筑总平面设计的要求

城市规划对于建筑总平面的设计要求，尤其是布局形态的确定，起着决定性的作用。一般包括以下内容：

1) 对用地性质的控制

总体规划对规划区域中各块用地的用地性质有明确限定，规定了它的适用范围，决定了用地内适建、不适建、有条件可建的建筑类型。对于某一具体建设项目来说，如果总平面设计中需做基址选择的工作，那么对用地性质的要求就十分关键，它限定了这一项目只能在某一允许的区域内选择其基地地块。对于先取得了用地、再进行开发的这一类场地设计，用地性质的要求也是很重要的，它限定了该地块只能做一定性质的使用，而不能随意开发建设，比如在居住用地之中则不能建设工业项目。

2) 对用地范围、建筑范围的控制

规划对用地范围的控制多是由用地红线与道路红线共同来完成的。另外，限定河流等用地的蓝线以及限定城市公共绿化用地的绿线，也可限定用地的边界。红线所限定的用地范围也就是用地的权属范围，除了某些特殊内容——比如公益建筑物或构筑物，经规划主管部门批准可突出红线建造之外，一般情况下场地不允许超越红线布置。

(1) 道路红线是城市道路（含居住区级道路）用地的边界线，一般由城市规划行政主管部门在用地条件图中标明。

(2) 用地红线是各类建设工程项目用地使用权属范围的边界线。

(3) 建筑控制线是规划行政主管部门在道路红线、建设用地边界内，另行划定的地面以上建（构）筑物主体不得超出的界线。一般都会从道路红线后退一定距离，用来安排广场、绿化及地下管线等设施。

(4) 城市绿化线是指在城市规划建设中确定的各种城市绿地的边界线。

3) 对用地强度的控制

规划中对基地使用强度的控制是通过容积率、建筑密度、绿地率等指标来实现的。通过对容积率、建筑密度的最大值和绿地率的最小值的限定,可将基地的使用强度控制在一个合适的范围之内。

（1）容积率是指在一定用地及计容范围内,建筑面积总和与用地面积的比值。

（2）建筑密度是指在一定用地范围内,建筑物基底面积总和与总用地面积的比率（％）。它表明了场地内土地被建筑占用的比例,即建筑物的密集程度,从而反映了土地的使用效率。

（3）绿地率是指在一定用地范围内,各类绿地总面积占该用地总面积的比率（％）。

4）建筑形态

建筑形态的控制是为保证城市整体的综合环境质量,创造地域特色、文化特质、和谐统一的城市面貌而确定的,主要针对文物保护地段、城市重点区段、风貌街区及特色街道附近的场地,并根据用地功能特征、区位条件及环境景观状况等因素,提出不同的限制要求。如：对城市广场周围的场地,侧重于空间尺度和建筑体形、体量的协调控制；对风貌街区内的场地,则重点控制建筑体量、艺术风格与色彩的和谐统一等。常见的建筑形态控制内容有：建筑形体、艺术风格、群体组合、空间尺度、建筑色彩、装饰构件等。

除了上述几个方面的要求之外,规划中对建筑高度、交通出入口的方位、建筑主要朝向、主入口方位等方面的要求,在建筑总平面设计中也应同时予以满足。

5）相关规范的要求

与建筑总平面设计相关的各项设计规范是设计前提条件的另一部分,主要表现在对一些具体的功能和技术问题的要求。《民用建筑设计统一标准》GB 50352—2019 中有对于场地内建筑物的布局、建筑物与相邻场地的边界线的关系、建筑突出物与红线的关系、基地内的道路设置、道路对外出入口的位置、绿化、管线的布置、场地竖向设计等方面的具体的规定；《建筑设计防火规范》GB 50016—2014（2018 年版）中对场地内的消防车道、建筑物的防火间距等消防问题有比较严格的要求。

2.2　建筑总平面设计的基本原理

从建筑总平面布置看,设计时应考虑的主要因素是：使用功能要求；建设地区的条件要求；建筑的组合安排；道路交通和绿化布置等。

2.2.1　使用功能要求

建设项目因性质、规模的不同,使用功能也不同,由于地区的不同,自然条件、生活条件等差异,对建设项目也提出不同功能要求。因此,设计布置时应根据建设项目的性质、规模、组成内容、建设地区、建设单位的具体情况,进行使用功能的分析,在满足使用功能的基础上进行设计。如图 2-1 是中学的功能分析图,各功能区之间保持一定的联系,又有相对的独立性,如运动区设在教学楼的端部,运动场远离教学楼,避免了对教学区的干扰（图 2-2）。

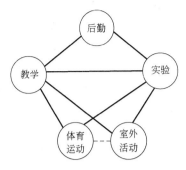

图 2-1　中学功能分析图

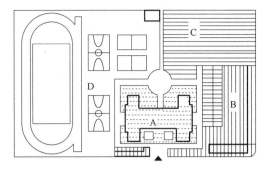

图 2-2　北京某中学功能分区示意
A—教学区；B—实验区；C—后勤区；D—运动区

2.2.2　建设地区的条件要求

建设地区的用地条件、环境条件等，对建筑总平面设计中的功能划分、交通组织、建筑物的组合安排等影响很大，设计时应认真考虑。

1) 用地条件

用地的地形、地质、地下水位、风向、不良地质因素等直接影响建筑的总平面布置，要因地制宜、因势利导，化不利为有利，采取利用、改造等办法加以处理。一些不合要求的用地，应根据建设项目的需要和施工技术条件，采取相应措施进行适当的改造，如挖高补低、分层筑台、排洪抗涝、降低地下水位、提高土壤承载能力等，充分发挥用地的作用。

2) 环境条件

任何一幢建筑物都必须处于具体的环境中，因此周围的环境状况必然影响着建筑的布局。在建筑总平面设计时，要深入了解场地的环境状况，处理好与周围环境的关系，以达到整体环境的和谐有序。

赖特设计的流水别墅是建筑与环境完美结合的典范作品（图 2-3）。它的成功在于建筑与环境的浑然一体，分不出是先有山林、溪水，后有别墅；还是先有别墅，后有溪水、山林。

(1) 建筑场地的外部环境条件

建筑场地的外部环境条件包括场地的区域位置状况、场地周围的道路交通状况、市政条件、相邻场地的环境状况及场地附近所具有的一些城市特殊元素。这些建设现状是用地条件的重要组成部分，对建筑总平面设计起着制约作用，设计时应充分重视。

相邻场地的环境状况直接影响建筑总平面设计，场地能否与环境形成良好的协调关系，关键在于处理好与周围邻近场地的关系。一般情况下，在总平面设计时，宜采用与相邻场

图 2-3　流水别墅

地的布局模式、基本形态以及场地各要素的具体形式相同的处理办法。场地周围的道路交通状况、市政条件，是影响场地分区、场地出入口设置和建筑物主要朝向的重要因素。场地周边存在的一些比较特殊的城市元素对建筑总平面设计有特定的影响，如城市广场、公共绿地、人文景观等，这些因素在设计时应加以借鉴和利用，使场地与这些元素形成统一融合的关系。如西安钟鼓楼广场位于西安古城中心，在国家重点文物保护单位钟楼和鼓楼之间（图 2-4）。为了突出两座古楼的形象，将大型商场设于地下，地上主体是大面积的绿化广场，这样既保证了通视效果，也提高了市中心的环境质量。

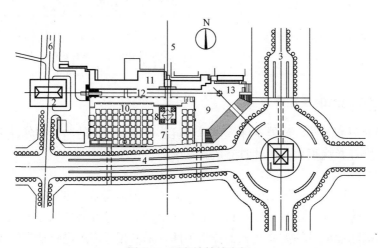

图 2-4　西安钟鼓楼广场

1—钟楼；2—鼓楼；3—北大街；4—西大街；5—社会路；6—北院门街；7—绿化广场；
8—塔泉；9—下沉广场；10—王朝柱列；11—商业楼；12—下沉街；13—时光雕塑

（2）建筑场地的内部环境条件

建筑场地的内部环境条件包括场地原有的建筑物、原有的公共服务、基础设施以及场地中的文物古迹的状况等。这些原有的建筑场地的内部环境条件，如果具有一定规模、状况较好，或者具有一定历史价值，应尽量采用保留、保护、利用或与新建建筑相结合的办法，达到与整体环境的和谐依存。

清华大学图书馆的设计是将已有建筑及环境特征作为新建筑的创作基础，建筑风格着眼于历史文脉的继承和总体的谐调，平面上形成对大礼堂的围合，体量高度控制在低于大礼堂 5m 左右，突出大礼堂，将新馆、老馆及大礼堂构成了一个整体和谐的环境（图 2-5）。

2.2.3　建筑的组合安排

建筑总平面的功能分区，应综合考虑建筑的布置要求。建筑的组合安排应处理得当，使建筑总平面布置更为完善合理。建筑的组合安排，涉及建筑体形、建筑朝向、建筑间距、布置方式、空间组合以及与所在地段的地形、道路、管线的协调配合等。

1) 建筑体形与用地的关系

建筑的体形是由建筑的功能、用地条件、环境关系等来决定的。建筑物的体形要与用地条件密切配合，应根据所在地段的地形、面积大小、土壤承载能力以及原有设施和池沼

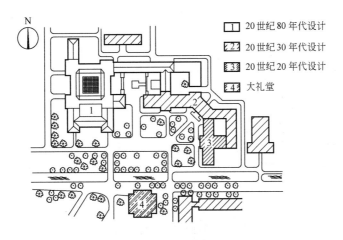

图 2-5 清华大学图书馆

河湖、绿化树木分布等情况,采用不同体形的建筑设计。如考虑用地形状决定建筑平面的各部尺寸,根据土壤承载能力决定建筑的层数,有地下室的建筑物宜布置在地下水位较低的地方。再根据用地的大小,可采取分散、集中或分散与集中相结合的布置。在布置建筑时既要满足建筑本身的功能要求,又要充分发挥土地的作用,使建筑群与环境成为有机整体。如图 2-6、图 2-7 是建筑布置与地形关系示例。

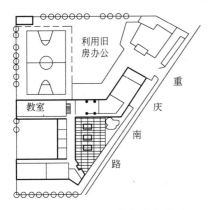

图 2-6 上海重庆南路中学

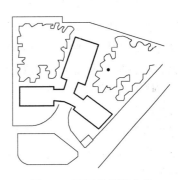

图 2-7 天津贵州路中学

2) 建筑朝向

建筑朝向是指一幢建筑的位向。影响朝向的主要因素是日照和通风。从日照情况看,南北向的建筑是我国大部分地区都广泛采用的,这是因为我国夏季南向太阳高度角大、冬季太阳高度角小的原因,如图 2-8 (a) 所示。北方寒冷地区主要用房应避免北向;东西向的建筑,在温带和热带、亚热带地区是不适宜的,但对于北纬 45°以北的亚寒带、寒带地区,主要争取冬季有大量日照,可以采用;东南向的建筑在北纬 40°一带,冬季要求大量日照的建筑可以采用,但西北面不宜布置主要居室;西南向的建筑,西南一面,夏季午后很热,东北一面日照又不多,较少采用。

从自然通风看,我国大部分地区地处北温带,南北气候差异较大,在长江中下游及华南地区,夏季持续时间长,而且湿度较大,必须重视自然通风,在场地布置时,建筑主体

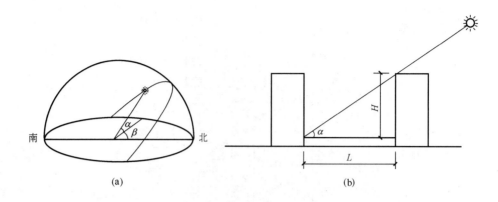

图 2-8 日照和建筑物的间距
(a) 太阳高度角和方位角；(b) 建筑物的日照间距示意
α—太阳高度角；β—太阳方位角；H 是前排房屋檐口和后排房屋底层窗台的高差

应朝向当地夏季主导风向布置，以获得"穿堂风"；在冬季寒冷地区则存在防寒、保温和防风沙侵袭的要求；在淮河—秦岭以北地区，建筑朝向应避开冬季主导风向。一般可借助当地风玫瑰图所示的主导风向来考虑建筑的朝向。但由于所在地段的地形条件、环境条件和建筑组群布置，地区风向会产生改变，形成基地特定的小气候。比如地区的常年主导风向是整体的风向特征，基地内的通风路线会在地形、树木、周围环境中的建筑物高度、密度、位置、街道走向等因素的影响下有较大的改变，形成基地特定的风路。这些因地区、地形、地物的不同所形成局部地方风，在布置建筑朝向时亦应考虑。

建筑的朝向也与总平面布置道路有关，在东西向的道路上，沿街布置南北向的建筑是比较理想的，但是在南北向的道路上，沿街布置建筑就成东西向了。为了避免东西向建筑，在布置建筑时要详加考虑。

3) 建筑间距

在建筑组群布置中，若建筑间距过大，就会浪费土地，还要增加道路及管线长度；若建筑间距过小，又会影响日照，阻碍空气流通，不能满足防火等要求。因此，应恰当地考虑建筑间距。

影响建筑间距的主要因素，同样是日照和通风。从对日照的要求出发，希望位于前面的建筑不遮挡位于后面建筑的日照。图 2-8 (b) 为建筑物的日照间距示意。冬季需要日照的地区，可根据冬至日太阳方位角 β 和高度角 α 求得前幢建筑的投影长度，作为建筑日照间距 L 的依据。日照间距还因建筑组群的布置方式及所在地区的纬度而有不同。根据不同的纬度，越往南，则日照间距越偏小，越往北，则日照间距越偏大。实际工程中以建筑高度 H 来计算日照间距，不同朝向的日照间距 L 为 $1.1\sim1.5H$。

在高耸构筑物（如水塔、烟囱等）周围，布置使用人数较多的建筑时，从防火、防震、防爆、安全等方面可参照有关规定处理，要留有一定的安全隔离地带。

4) 布置方式

(1) 单体建筑在场地中的布局

在总平面设计中，如果要求在基地里安排一栋主体建筑（包括部分辅助用房），如高层写字楼、旅馆、商业建筑或综合体建筑，一般先根据建筑自身的要求或设计意图，结合用地条件来确定建筑物在基地中的位置，通常的布置方式有以下几种：

① 以建筑自身为核心，布置在场地中部。建筑安排在场地的主要位置或中央，四周留出空间布置庭院绿化、交通集散地等，形成以建筑物为核心、空间包围建筑的关系。这种布置形成明确的主从关系，优点是整体秩序较简明，主体建筑突出，视觉形象好，各部分用地区域大体相当、关系均衡，且相对独立，互不干扰，有利于节约用地。缺点是建筑形象单一，缺乏层次变化，与周围关系较为单调。如某国际会展中心（图2-9）是建筑位于场地中央的布置方式。

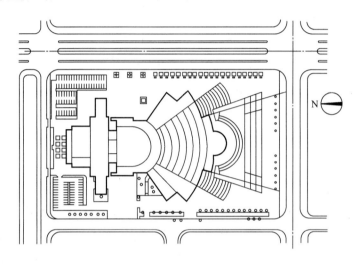

图 2-9 某国际会展中心

② 建筑布置在场地边侧或一角。建筑物占地规模与总用地规模相适当的情况下，将建筑物布置在场地中偏向某一侧的位置上，使剩余用地相对集中，便于安排场地内应布置的其他内容。如某大厦（图2-10）是超高层综合建筑，在紧张的用地中，建筑退红线后偏边侧布置，留出与城市道路邻接的用地来组织各种出入口空间。

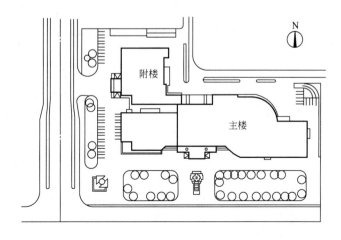

图 2-10 某大厦总平面图

在有的场地中，建筑虽是主要功能，但其占地较小，而与之配套的室外活动场地占地相对较大。为使该场地布局合理，常将建筑物安排在场地一侧或一隅。例如中小学校的教学用房与操场用地相关，建筑物常常偏于基地一侧布置（图2-11）。

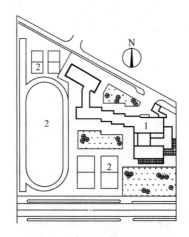

图2-11　某小学总平面图
1—教学楼；2—运动场

（2）建筑群体在场地中的布局

在做建筑总平面设计时，有时要求在一个场地上同时安排若干建筑物，如居住小区、大学校园、商业建筑群等，多由数幢功能相关的单体组成，设计时需协调各建筑单体或不同体部之间以及建筑与空间环境之间的关系，达到场地中建筑群体空间的整体统一。

建筑群体在场地中的布局有以下两种基本方式：

① 以空间为核心，建筑围合空间。在场地整体空间组织中，对于几幢性质相近、功能相当的建筑，常以空间为核心、建筑围合空间的方式进行布局，即以建筑形体为界面，围合成封闭的内部空间（图2-12）。

② 建筑与空间相互穿插。将建筑与其他内容分散布置，形成建筑与空间的相互穿插，即在开阔的空间中布置建筑，形成空间对建筑的包围，建筑融于环境中，建筑物与其他内容结合更为紧密、具体，场地的空间构成层次更丰富（图2-13）。

5）建筑群体的艺术处理

对建筑形态及其空间形态的艺术处理是创造优美环境的重要手段。建筑环境中各部分的差异，反映了多样性和变化；各部分之间的联系，反映了和谐与秩序。只有既有变化、又有秩序，才能形成有机统一的整体。在建筑总平面设计时，要合理运用建筑构图的基本原理，使各组成部分既有多样性，又有和谐与秩序，于变化中求统一，统一中求变化，从而组合为一个有机整体。

（1）统一的手法

如利用轴线、向心、对位等手法，将总平面中各设计要素之间形成相互依存、相互制约的关系，依次建立明确的秩序性，如图2-14所示。或采取重复与渐变的方式，即相近形象有秩序地排列，形成统一格局（图2-15）。

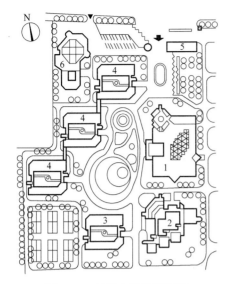

图 2-12　兰州大学总平面图
1—图书馆；2—讲堂群；3—教学楼；
4—系馆；5—行政楼；6—会堂、俱乐部

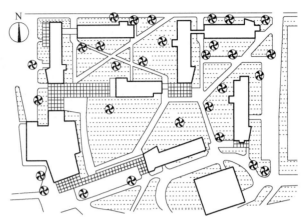

图 2-13　哈佛大学研究生中心总平面图

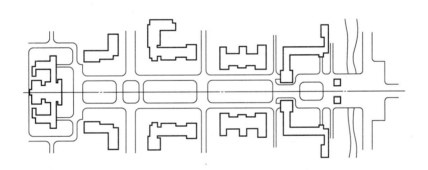

图 2-14　浙江大学中轴对称的校园空间

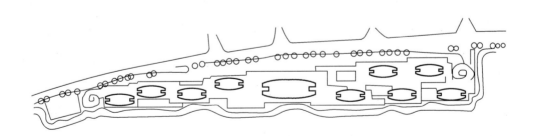

图 2-15　广州珠江帆影建筑群方案

(2) 对比的手法

对比的手法是建筑群体空间组合的另一个重要的构图方法，通过对比可以打破单调、沉闷和呆板的感觉，突出主体建筑空间而使群体富于变化（图 2-16）。

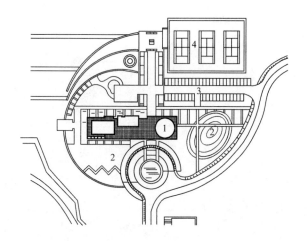

图 2-16 韩国中央传播管理所济州分所
1—主楼；2—广场；3—停车场；4—运动场

2.2.4 道路交通和绿化布置

在总平面设计中，道路交通和绿化布置是总体布置的重要部分之一，它直接影响着场地的各地块的使用功能，也影响着场地中各项内容的位置安排。

1) 道路交通

(1) 道路布置的基本要求

① 满足使用功能的要求；

② 建立完整的道路系统；

③ 明确道路性质、区分道路功能；

④ 考虑环境和景观的要求。

(2) 场地道路的组织

场地道路组织应根据场地的地形状况、现状条件、周围交通情况以及交通功能要求等综合考虑。

场地道路系统根据不同的交通组织方式可分为三种基本形式：人车分流的道路系统、人车混行的道路系统、人车部分分流的道路系统。图 2-17 所示为某居住区组团的道路系统示意图。

(3) 场地停车系统的组织

停车场按照在场地中的存在形式可分为三种类型：地面停车场、组合式停车场（将停车场与建筑等其他内容组合综合考虑）、多层停车场。

地面停车场可采用集中或分散的布置方式。集中式停车场适用于停车量不是很大的情况。分散式停车场虽然使场地布置复杂了，但适应性强，在停车数量较多，或基地条件较为特殊时适用。

确定停车场在场地中的位置要考虑它与场地出入口、建筑物及建筑入口的关系，其位置原则上应靠近主体建筑，以方便使用并减少车流往返。

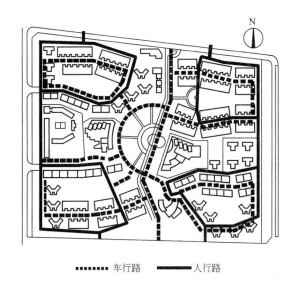

┄┄┄┄ 车行路　　━━━━ 人行路

图 2-17　某居住区组团的道路系统示意图

2）绿化布置

(1) 绿地的基本形式

从形态的基本特征看，场地中的绿地可归结为三种基本类型：第一种是边缘性的绿地，如一些边角用地、道路的两侧边缘等形式的绿地；第二种是小面积的独立绿地，指一些小规模的绿化景观用地；第三种是具有一定规模的集中绿地。绿地的规模越大，其中可组织的内容越丰富多样，生态和景观效果也越明显。如在居住类场地中，中心绿地常常作为布局组织的核心。在设计中，如果场地条件允许，这三种形式往往结合起来运用，共同构成场地的整体绿地系统如图 2-18 宁波慈城小学总平面图中的绿地示意。

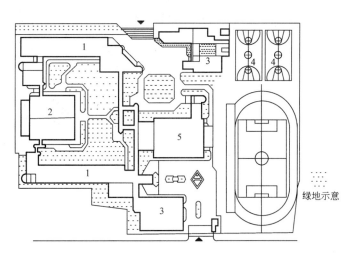

绿地示意

图 2-18　宁波慈城小学总平面图中的绿地示意
1—教学楼；2—会堂；3—综合楼；4—运动场；5—舞蹈、风雨操场

(2) 绿地的组织

确定绿地在场地中的位置和形式时，既要考虑自身的用地要求，又要考虑与其他用地

之间的相互平衡。同时，绿地指标应符合当地城市规划部门的有关规定。图 2-19 为西安曲江中学总平面图，图中除绿地外，还有建筑、道路、活动、运动等其他用地。

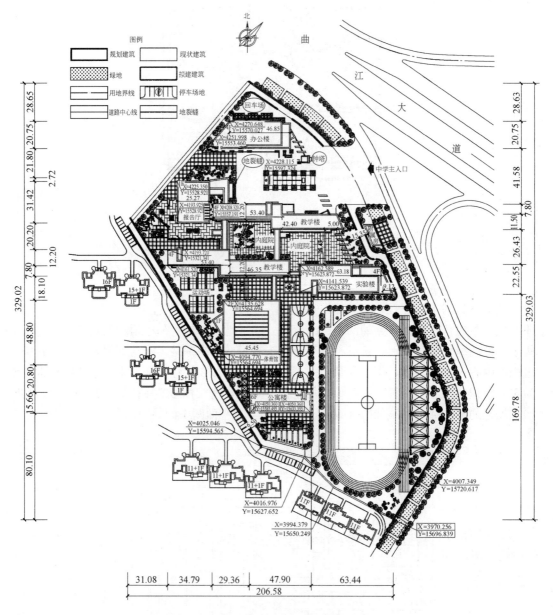

图 2-19　西安曲江中学总平面图（m）

第 3 章　建筑平面设计

3.1　建筑的空间组成与平面设计的任务

一幢建筑物通常是由若干个体部有机组合起来的三维立体空间，但在进行建筑设计时，往往是平面设计、剖面设计和立面设计分头进行，并采用相应的图纸来表达。

建筑的平面、剖面、立面设计三者是紧密联系而又互相制约的。一般首先进行平面设计，因为建筑平面集中反映各组成部分的功能特征和相互关系、建筑与周围环境的关系。另外，建筑平面还不同程度地反映了建筑的造型艺术构思及结构布置特征等。在此基础上，再进行剖面设计及立面设计，同时要兼顾剖面、立面设计可能对平面设计带来的影响。

3.1.1　建筑的空间组成

民用建筑的类型很多，各类建筑的使用性质和空间组成也不尽相同，其房间数量可以少到几间，多到数十甚至数百间，但总的来说，无非是由各种使用房间和交通联系空间组成，而使用房间又分为主要使用房间和辅助使用房间。

主要使用房间通常指在建筑中起主导作用，同时决定建筑物性质的房间。这类房间往往数量多或空间大，如住宅中的起居室、卧室；教学建筑中的教室、办公室；影剧院的观众厅就分别是上述建筑的主要使用房间。

辅助使用房间与主要使用房间相比，在使用上则属于服务性、附属性、次要的部分，如公共建筑中的卫生间、储藏室、开水间；住宅中的厨房、厕所等。

交通联系空间则是用以联系各个房间、各个楼层以及室内外过渡的空间，如走廊、楼梯和门厅等。

图 3-1 给出了某中学教学楼平面空间组成示意，图 3-2 为西安曲江中学教学楼标准层平面施工图。

图 3-1　某中学教学楼平面空间组成示意（徒手方案）
1—主要使用房间；2—辅助使用房间；3—交通联系空间

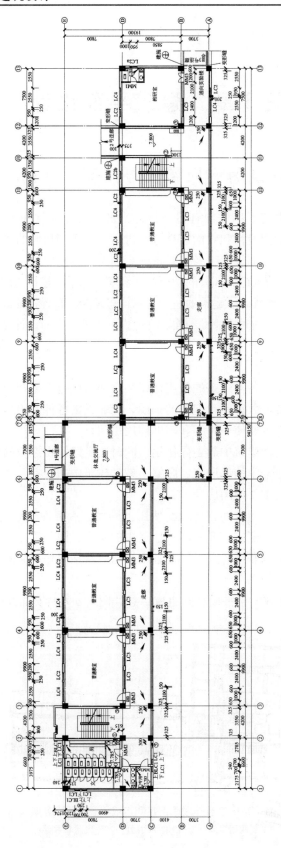

图 3-2 西安曲江中学教学楼标准层平面施工图（mm）

3.1.2 建筑平面设计的任务

首先在进行总体功能分析的基础上,确定建筑出入口的位置以及建筑平面形状。

其次分析建筑内部功能关系、流线组织,安排建筑各组成部分的平面位置,选择和确定建筑平面组合形式。

最后确定各部分房间的平面形状、面积大小和尺寸等。

为了方便学习,通常从研究单个房间平面设计开始,再研究交通联系部分平面设计,最后讲解建筑平面组合设计。

3.2 主要使用房间的平面设计

各类建筑主要使用房间的使用功能和面积大小虽然千差万别,但其设计的原理和方法却是基本一致的,主要包括房间面积的确定,平面形状的选择,尺寸的确定,门的设置、窗的布置等。

3.2.1 房间面积的确定

为了理解房间面积的确定问题,让我们先来分析一下房间面积是怎样组成的。以图3-6所示中学教室的布置为例,其使用面积由以下三个部分组成:

1) 家具和设备所占的面积;
2) 使用家具设备及活动所需面积;
3) 房间内部的交通面积。

上述三部分面积一旦分别确定,房间面积也就随之确定。

影响房间面积大小的因素主要有以下几个方面:

1) 房间用途、使用特点及其要求;
2) 房间容纳人数的多少;
3) 家具设备的品种、规格、数量及布置方式;
4) 室内交通情况和活动特点;
5) 采光通风要求;
6) 结构合理性以及建筑模数要求等。

在实际设计工作中,各类建筑主要使用房间的面积指标,均在国家或政府颁布的相关建筑法规中一一给出,供设计人员参考和直接采用,据此由房间容纳人数和面积定额算得房间的总面积。表3-1是部分民用建筑房间面积定额参数指标。

部分民用建筑房间面积定额参数指标　　　　　表 3-1

建筑类型	房间名称	面积定额(m^2/人)	备注
中小学	普通教室	1.36~1.39	小学取下限
办公楼	一般办公室	6.0	不包括走道
铁路客站	普通候车室	1.1	
图书馆	普通阅览室	1.8~2.5	4~6座双面阅览桌

有些建筑个别房间面积指标在相关法规中未作规定，使用人数也不固定，如展览室、营业厅等，这就需要设计人员根据设计任务书的要求，对同类型且规模相近的建筑进行必要的调研，在有充分依据的前提下，经过比较分析合理确定其面积大小。

3.2.2 房间平面形状的选择

民用建筑的房间平面形状可以是矩形（图 3-3a）、方形、圆形和其他等多种形状，在设计中，应从使用要求、平面组合、结构形式与结构布置、经济条件、建筑造型等多方面进行综合考虑，选择合适的平面形状。实际工程中，矩形房间平面在民用建筑中采用最多，其原因在于矩形平面具有更多的优点：

1）便于家具设备布置，面积利用率高，使用灵活性大；
2）结构布置简单，施工方便；
3）便于平面组合。

在某些特殊情况下，采用非矩形平面往往具有较好的功能适应性，或易于形成极有个性的建筑造型，下述几种情况就是很好的例子。

1）房间有较高视听要求时，如钟形、扇形、六边形、圆形观众厅（图 3-3b、c、d、e）；
2）为适应特殊地形，或为了改变朝向防止西晒房间出现时；
3）建筑特殊部位在平面组合需要时，房间可做成非矩形房间。

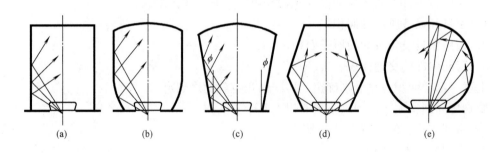

图 3-3 观众厅平面形状
(a) 矩形；(b) 钟形；(c) 扇形；(d) 六边形；(e) 圆形

3.2.3 房间尺寸的确定

房间尺寸通常是指房间的面宽和进深，而面宽往往可由一个或多个开间组成。在房间面积相同情况下面宽和进深有多种组合，因此要使房间尺寸合适，应根据以下几方面要求来综合考虑：

1）满足家具设备布置和人体活动的要求

住宅建筑卧室的平面尺寸应考虑床（卧室中最重要的家具）的大小、与其他家具的关系以及设法提高床布置的灵活性。主要卧室由于有使用上的特殊性，要求床能够双向布置，因此开间尺寸应保证床在横向布置后，剩余的墙面还能开设一个门，常取 3.3m 以上，进深方向应考虑竖向两张床，或者横竖两张床中间加床头柜或衣柜，常取 4.5m 左右。小卧室则必须保证竖放一张单人床后还能开设一扇门，故开间尺寸通常取 2.4～

3.0m，见图 3-4。

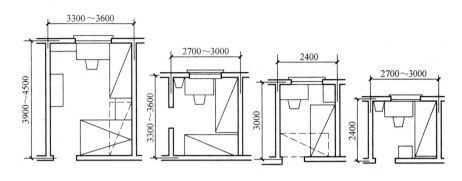

图 3-4　卧室的开间和进深（mm）

医院病房的开间进深尺寸主要是满足病床的布置和医护活动的要求，3～4 人病房开间尺寸常取 3.3～3.6m，6～8 人病房开间尺寸常取 5.7～6.0m，见图 3-5。

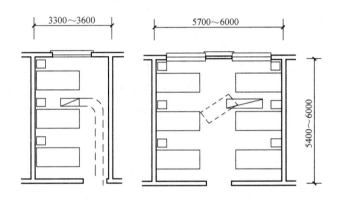

图 3-5　病房的开间和进深（mm）

2）满足视听要求

有的房间如教室、会堂、观众厅等的平面尺寸，除了要满足家具设备布置及人体活动要求以外，还应保证良好的视听条件。为使前两排靠边座位不致太偏，最后排座位不致太远，必须根据水平视角、视距、垂直视角的要求，认真研究座位的布置排列，确定出适合的房间平面尺寸。

下面以中学教室的视听要求来做一简要说明。

(1) 为防止第一排座位离黑板面太近，垂直视角太大，造成学生视力近视，因此第一排座位到黑板的距离必须大于等于 2.0m，以保证垂直视角不大于 45°。

(2) 为防止最后一排座位离黑板面太远影响学生的视觉和听觉，最后一排至黑板面的距离不宜大于 8.5m。

(3) 为避免学生过于斜视而影响视力，水平视角（前排边座与黑板远端的水平夹角）应大于等于 30°。

按照以上原则，并结合家具布置、学生活动、建筑模数要求等，中学教室的平面尺寸常取 7.2m×9.3m、8.1m×8.1m，见图 3-6。

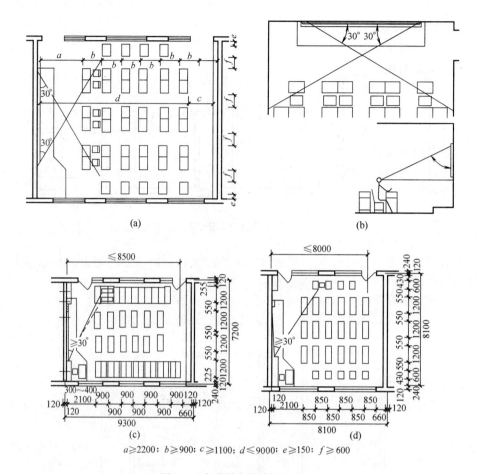

$a \geqslant 2200$；$b \geqslant 900$；$c \leqslant 1100$；$d \leqslant 9000$；$e \geqslant 150$；$f \geqslant 600$

图 3-6　中学教室的布置（mm）
(a) 平面布置要求；(b) 视角要求；(c)、(d) 常见的教室布置

3）良好的天然采光

为保证房间的采光要求，一般单侧采光时进深不大于窗上口至地面距离的 2 倍，双侧采光时进深尺寸可比单侧采光增加 1 倍（图 3-7）。

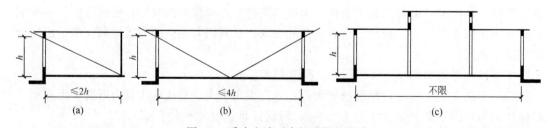

图 3-7　采光方式对房间进深的影响
(a) 单侧采光；(b) 双侧采光；(c) 混合采光

4）经济合理的结构布置

一般民用建筑常采用墙体承重的梁板式结构或框架结构体系，要求梁板构件符合经济跨度要求。据此，较经济的开间尺寸以不大于 4.00m 为宜，而钢筋混凝土梁的经济跨度为 9.00m 以下。

5）符合建筑模数协调统一标准的要求

为了提高建筑工业化水平，要求房间的开间和进深采用统一适当的模数尺寸。按照建筑模数协调标准的规定，房间的开间进深尺寸一般以 300mm 为模数。

3.2.4 房间中门的设置

房间的门是供出入和交通联系用的，也兼作采光和通风。设计内容包括其大小、数量、位置及开启方式。

门的设计合理与否，将直接影响家具布置的灵活性、房间面积的有效利用、室内的交通组织及安全疏散、房间的通风和采光、建筑的外观与经济性等。

1）门的大小和数量

在平面设计中，门的大小实质是指门的宽度，它取决于人体尺寸、人流股数以及家具设备的大小等。

使用面积较小的房间（教学建筑面积不大于 $75m^2$）通常只设一樘门，对于像剧场、电影院、礼堂、体育馆的观众厅或多功能厅，为了保证安全疏散，门的数量应按《建筑设计防火规范》GB 50016—2014（2018 年版）有关规定指标进行计算确定且不少于 2 个，每樘门的净宽度不应小于 900mm。

2）门的位置和开启方式

确定门的位置和开启方式应遵循如下原则：

(1) 应便于家具设备的布置和充分利用室内面积。如图 3-8 所示（b）优于（a）。

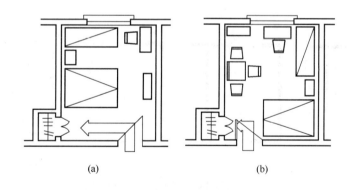

图 3-8 门的位置和开启方式

(2) 应方便交通，利于疏散

对于多开间房间如教室、会议室等，为了便于组织内部交通和有利于人流疏散，常将门设置于两端；对于像观众厅等超大房间，为了便于疏散，常将门与室内走道结合起来设计（图 3-9）。

(3) 应便于平面组合

对于有疏散要求的影剧院、候车室、体育馆、商店的营业大厅等房间，为安全起见，房间门必须向外开启，且应防止门扇相互碰撞，如图 3-10 所示，(a)、(b)、(c) 不正确，(d) 正确。

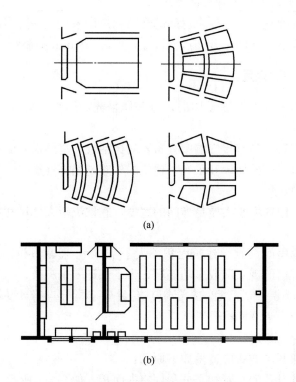

图 3-9 门与走道位置关系
(a) 观众厅；(b) 教室

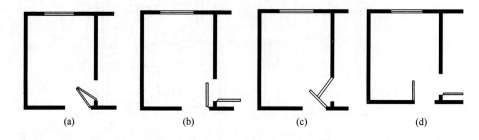

图 3-10 房间两个门靠近时的开启方式

3.2.5 房间中窗的布置

窗在建筑中的主要作用是采光通风，也是围护结构的一部分。窗的设计内容包括其面积、数量、形状、位置及开启方式等。这些都直接影响采光、通风、立面造型、建筑节能和经济性等。

1) 窗的面积

窗的面积取决于房间的用途对环境明亮程度的要求，设计时根据房间的用途由有关建筑设计规范查得采光等级及相应的窗地面积比指标，计算出窗的面积。表 3-2 给出民用建筑部分房间窗地面积比指标，可供设计时参考。

民用建筑部分房间窗地面积比指标		表 3-2
序号	房间名称	窗地面积比
1	设计室、绘图室	≥1/4
2	实验室、办公室、会议室、阶梯教室	≥1/5
3	复印室、档案室、厨房	≥1/6
4	卫生间、楼梯间、走道	≥1/10

从建筑节能与节约造价角度来看，窗户面积亦不能过大，因为窗户是建筑保温与隔热的薄弱环节，它不仅在冬季散热多，而且窗缝隙会有冷风渗透。在实践中，为了建筑美观而加大窗户面积的情况也是经常存在的。设计中应具体问题具体对待，切忌生搬硬套。

2) 窗的位置

窗的位置应考虑采光、通风、室内家具布置和建筑立面效果等要求（图 3-11）。

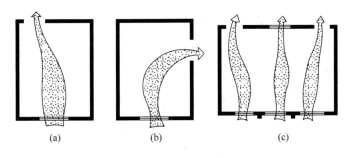

图 3-11 窗的位置图
(a) 通风良好；(b) 通风较差；(c) 教室设高窗通风

3.3 辅助使用房间的平面设计

辅助使用房间平面设计的原理和方法与主要使用房间的基本相同。但由于这类房间内大多布置有给排水管道和设备，因此，设计时受到的限制较多，需合理布置。

民用建筑中的厕所、盥洗室、浴室，通称为卫生间，是最常见的辅助使用房间，其特点是用水频繁，平面设计应满足以下要求：

1) 在满足设备布置及人体活动要求前提下，力求布置紧凑，以节约面积；
2) 公共建筑的卫生间，使用人数较多，应有足够的天然采光和自然通风；住宅、旅馆客房的卫生间，仅供少数人使用，允许间接采光或无采光，但必须设有通风换气设施；
3) 为了节省上下水管道，卫生间宜左右相邻，上下对应；
4) 位置既要相对隐蔽，又要便于到达；
5) 要妥善处理防水排水问题；
6) 满足无障碍设计要求。

3.3.1 厕所

厕所的设计方法步骤是：首先了解各种设备及人体活动的基本尺度；其次根据使用人数和参考指标确定设备数量；最后确定房间的尺寸，如图 3-12 所示。

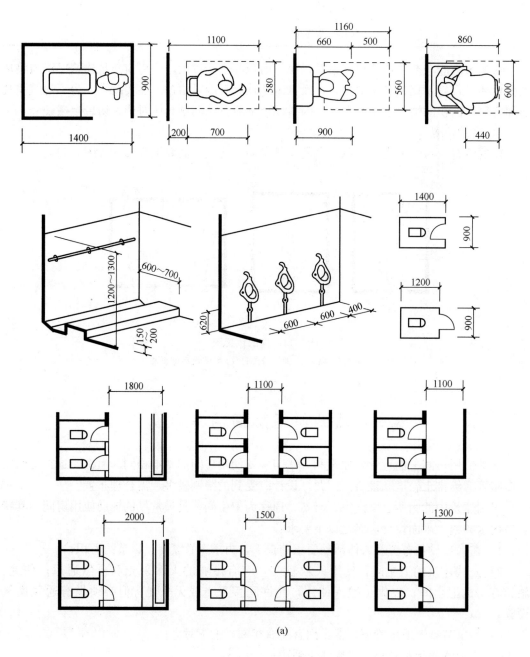

(a)

图 3-12 厕所平面设计图（一）（mm）
(a) 厕所单间及组合所需尺寸

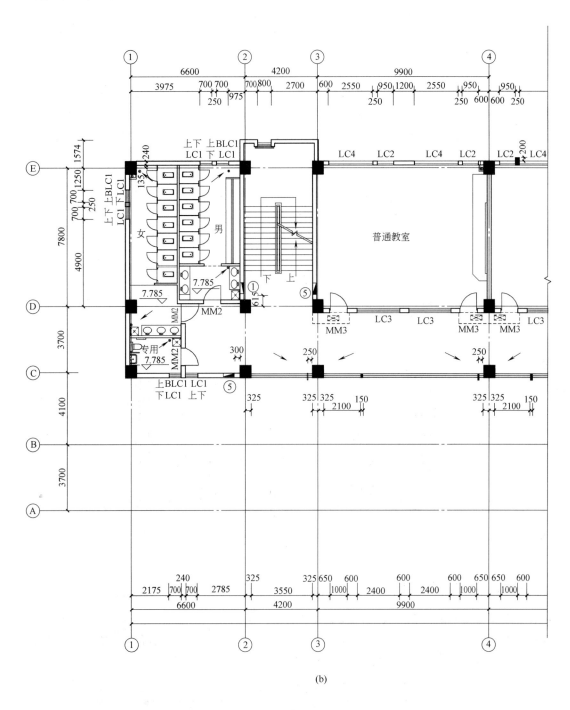

图 3-12 厕所平面设计图（二）（mm）
(b) 西安曲江中学厕所平面图示意

1）卫生设备的数量

卫生设备的数量主要取决于使用对象、使用人数和使用特点。部分民用建筑厕所设备可供使用的人数参考指标如表 3-3 所示。

部分民用建筑厕所设备可供使用的人数参考指标　　　　表 3-3

建筑类型	男小便器（人/个）	男大便器（人/个）	女大便器（人/个）	洗手盆或龙头（人/个）	男女比例	备注
宿舍	20	20	12	12		男女比例按实际使用情况
小学	20	40	20	90	1:1	1000mm 长大便槽折合一个大便器
中学	25	50	25	90	1:1	1000mm 长大便槽折合一个大便器
火车站	80	80	50	150	2:1	
办公楼	30	40	20	40	3:1～5:1	
影剧院	40～50	100	50	150	1:1	
托幼		5～10	5～10	2～5	1:1	

2) 厕所的布置

厕所的布置分为有前室和无前室两种。有前室的厕所隐蔽，走廊卫生条件较好，常用于公共建筑中（图 3-12b、图 3-13）。前室内常设有洗手槽及污水池，其深度应不小于 1.5～2.0m。

当男女厕所蹲位数较少时，可将两者组合在一个开间内，此布置缺点是女厕所通风采光不好。为了改善这种状况，常在男女厕所隔墙上设高窗。

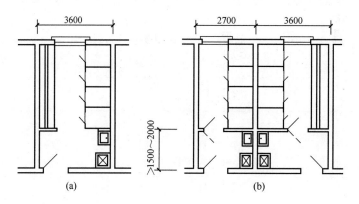

图 3-13　厕所的布置（mm）

3.3.2　浴室、盥洗室

浴室和盥洗室的主要设备有洗脸盆或洗脸槽、污水池、淋浴器或浴盆等，公共浴室还设有更衣室，配有挂衣钩、衣柜、坐凳等。设计时可根据使用人数确定卫生器具的数量（表 3-4），同时结合设备布置及人体活动所需尺寸进行房间布置。

浴室、盥洗室设备参考指标　　　　表 3-4

建筑类型	男浴器（人/个）	女浴器（人/个）	洗脸盆或龙头（人/个）	备注
旅馆	40	8	15	男女比例按设计
托幼	每班 2 个		每班 2～8 个	
宿舍			12	一个脸盆折合 600mm 盥洗槽

图 3-14、图 3-15 给出了盥洗室、浴室的卫生器具及其组合尺寸。

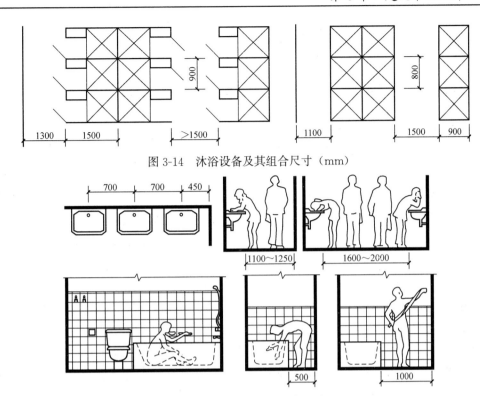

图 3-14 沐浴设备及其组合尺寸（mm）

图 3-15 洗脸盆、浴盆及其组合尺寸（mm）

3.3.3 厨房

限于篇幅，这里主要讲住宅、公寓内各户使用的专用厨房。厨房设备主要有灶台、案台、水池、储藏设施及排烟装置等。

厨房设计应满足以下要求：

1) 良好的天然采光和通风条件；
2) 尽量利用有限空间布置足够的储藏设备，如壁龛、吊柜等；
3) 地面、墙面应考虑防水、排水，便于清洁；
4) 室内布置应符合操作程序，并保证必要的操作空间。

厨房的布置方式有单排、双排、L 形、U 形等几种。从使用效果来看，L 形与 U 形较为理想，避免了频繁转身和路径过长的缺陷（图 3-16）。

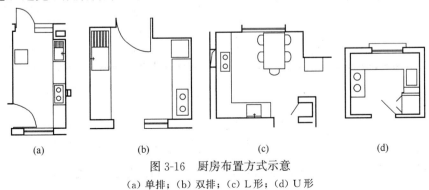

图 3-16 厨房布置方式示意
(a) 单排；(b) 双排；(c) L 形；(d) U 形

3.4 交通联系空间的平面设计

交通联系空间包括水平交通联系空间的走廊，垂直交通联系空间的楼梯、电梯、坡道，交通枢纽空间的门厅等。

交通联系空间的设计应注意以下几点：
1) 适当的高度、宽度和形式，并注意空间形象的美化和简洁；
2) 交通线路简捷明确、联系方便、人流通畅；
3) 良好的采光、通风和照明条件；
4) 平时人流通畅，紧急情况下疏散迅速、安全；
5) 在满足使用要求的前提下，应尽可能节约面积，提高建筑物的面积利用率。

3.4.1 走廊

走廊又称为过道、走道，主要用来联系同层内各个房间，有时兼有其他功能。

走廊平面设计内容包括：确定走廊宽度，限定走廊长度。

1) 走廊的宽度主要根据人流通行、安全疏散、空间感受来综合确定。

现以图 3-17 为例说明走廊宽度的确定方法。专供人行的走廊宽度是根据人流股数并结合门的开启方向综合确定。

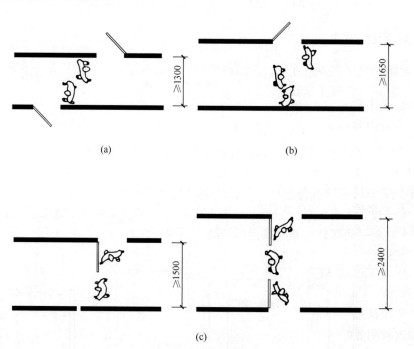

图 3-17 走廊的宽度（mm）
(a) 两人通过；(b) 三人通过；(c) 门开向走廊时对走廊宽度的影响

走廊最小宽度不小于 1.10m，且要符合安全疏散的有关规定（表 3-5）。

楼梯、门、走廊宽度指标（m/百人） 表3-5

层数	耐火等级		
	一、二级	三级	四级
一、二层	0.65	0.75	1.00
三层	0.75	1.00	—
≥四层	1.00	1.25	—

2）考虑到采光、通风、防火、疏散和观感等要求，应力求减小走廊的长度，使平面布置紧凑合理。例如尽端开窗；利用楼梯间、门厅或走廊两侧房间设高窗；当走廊过长时，在走廊端部设大房间或辅助楼梯，也可在中部适当部位设开敞空间或玻璃隔断，还可以采用内外走廊相结合的方式来解决走廊的采光和通风问题（图3-18）。

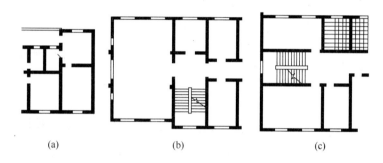

图3-18 减小走廊长度措施示意

3.4.2 楼梯

楼梯是楼房中常用的垂直交通联系设施和防火疏散的重要通道。

楼梯的设计内容包括：根据使用要求选择合适的形式和恰当的位置，根据人流通行情况及防火疏散要求综合确定楼梯的宽度及数量。

1）楼梯的形式

楼梯形式的选择，主要以建筑性质、使用要求和空间造型为依据。楼梯的形式分单跑直楼梯、双跑直楼梯、曲尺楼梯、双分转角楼梯、双跑平行楼梯、三跑楼梯、双分平行楼梯、弧形楼梯、交叉楼梯、剪刀楼梯、螺旋楼梯等（图3-19）。

2）楼梯的平面位置

楼梯的平面位置依其性质的重要程度而有所不同。

民用建筑楼梯按其使用性质可分为主要楼梯、辅助楼梯、疏散楼梯等。

（1）主要楼梯常布置在门厅内，用以丰富门厅空间造型且具有明显的导向性；也可布置在门厅附近较明显的位置，如图3-20（a）、（b）所示。

（2）辅助楼梯常布置在建筑物次要入口附近如图3-20（c）、（d）所示，起着分担一部分人流疏散的作用。

（3）疏散楼梯常位于建筑物端部，并采用开敞式。

除此之外楼梯的位置还应符合防火规范的要求。

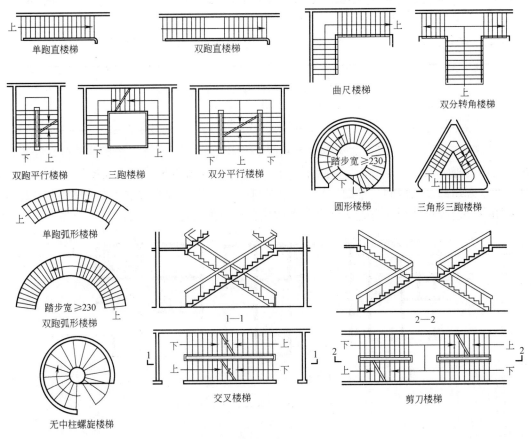

图 3-19 楼梯形式示意（mm）

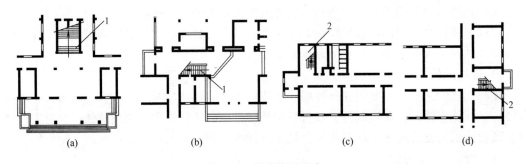

图 3-20 楼梯位置示意
1—主要楼梯；2—辅助楼梯

3）楼梯的宽度

楼梯的宽度主要根据使用性质、使用人数和防火疏散要求来确定。一般按每股人流宽度 0.55m 来确定。

所有楼梯梯段宽度的总和应按照防火规范规定的最小宽度进行校核（表 3-5）。疏散楼梯最小宽度不小于 1100mm。

4）楼梯的数量

楼梯的数量应根据使用人数及防火规范要求来确定，一般一幢公共建筑至少应设两部楼梯；对于使用人数少、总建筑面积较小且层数为2、3层的建筑，在符合表3-6的要求时，也可只设一部楼梯。此外，必须满足关于走廊内房间门至楼梯间最大距离限制（表3-7、图3-21）。

一幢公共建筑设置一个楼梯的条件　　　　　　　　　　　　　　表3-6

耐火等级	层数	每层最大建筑面积(m²)	人数
一、二级	3层	200	第2层和第3层人数之和不超过50人
三级	3层	200	第2层和第3层人数之和不超过25人
四级	2层	200	第2层人数不超过15人

单、多层公共建筑房间门至外部出口或封闭楼梯间的最大距离（m）　表3-7

名称	位于两个外部出口或楼梯间之间的房间(l_1)			位于袋形走廊两侧或尽端的房间(l_2)		
	耐火等级			耐火等级		
	一、二级	三级	四级	一、二级	三级	四级
托儿所、幼儿园	25	20	15	20	15	10
医院、疗养院	35	30	25	20	15	10
学校	35	30	25	22	20	10
其他民用建筑	40	35	25	22	20	15

注：1. 敞开式外廊建筑的房间门至外部出口或楼梯间的最大距离可按本表增加5m。
　　2. 设自动喷水灭火系统的建筑物，其最大疏散距离可按本表规定增加25%。
　　3. 直通疏散走道的房间疏散门至最近敞开楼梯间的直线距离，当房间位于两个楼梯之间时，应按本表的规定减少5m；当房间位于袋形走道两侧或尽端时，应按本表的规定减少2m。

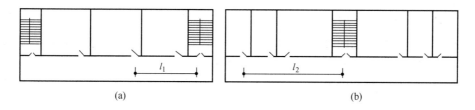

图 3-21　疏散距离示意
(a) 位于两个楼梯之间的房间；(b) 袋形走廊尽端房间

3.4.3　电梯

随着城镇多层及高层建筑的发展，电梯已成为不可缺少的垂直交通设施。高层建筑的垂直交通则以电梯为主，以楼梯为辅，其他有特殊功能要求的多层建筑，如大型宾馆、百货商店、医院等，除设置楼梯外，还需设置电梯，以满足垂直交通的需要。

电梯按其使用性质可分为客梯、货梯、客货两用电梯及杂物电梯等类型。

确定电梯的位置及布置方式时，应考虑以下要求：

1) 应布置在人流集中的地方，如门厅、出入口等；
2) 电梯前面应设足够面积的候梯厅，以免造成拥挤和堵塞；
3) 高层建筑在设置电梯的同时，还应配置楼梯，以保证在电梯不能正常运行时使用；
4) 需将楼梯和电梯临近布置，以便灵活使用，并有利于安全疏散；
5) 电梯井道无天然采光要求；电梯等候厅由于人流集中，最好有天然采光及自然通风。

电梯的布置方式一般有单面布置和双面布置（图 3-22）。

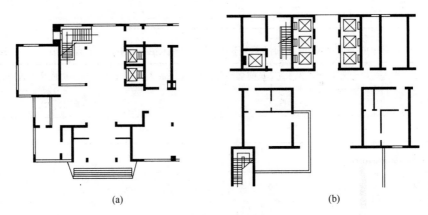

图 3-22 电梯的布置方式
(a) 单面布置；(b) 双面布置

3.4.4 门厅

门厅作为交通枢纽，其主要作用是接纳人流，分配人流，以及室内外空间过渡等。

门厅设计的要求如下：

1) 位置明显突出，一般结合建筑主要出入口，面向主干道，便于人流出入；
2) 有明确的导向性，同时交通流线简洁明确，减少干扰、拥挤堵塞和人流交叉。因此，门厅与走廊、主要楼梯应有直接便捷的联系；
3) 入口处应设宽敞的雨篷或门廊等，供出入人流停留。对于大型公共建筑，门廊还应便于汽车到达；
4) 应设宽敞的大门以便出入；
5) 应对顶棚、地面、墙面进行重点装饰处理，同时处理好天然采光和人工照明问题。

门厅的面积大小应根据建筑的使用性质、规模及质量等因素来确定，设计时也可参考有关面积定额指标。

门厅的布置方式依其在建筑平面中的位置可分为对称式与非对称式两种。对称式布置常将楼梯布置在建筑平面的主轴线上或对称布置于主轴线两侧，易于形成严肃庄重的效果（图 3-23）。非对称式布置则比较灵活，富于变化（图 3-24）。

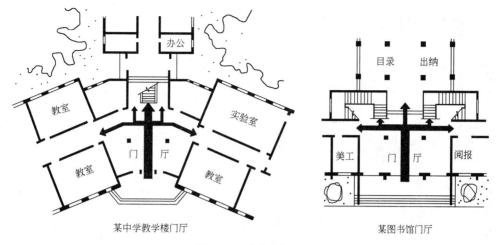

图 3-23 对称式门厅

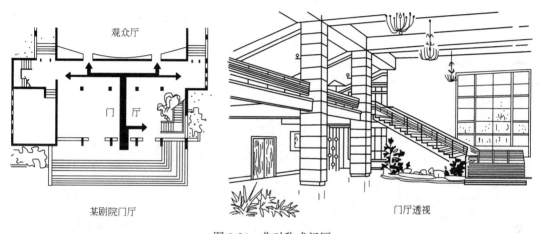

图 3-24 非对称式门厅

3.5 建筑平面组合设计

建筑平面组合就是要巧妙运用设计技巧，将各个性质不同、面积不同、形状不同的单个房间，通过交通联系空间组织起来，使其成为一幢使用方便、结构合理、造型优美、造价适宜、与环境协调的建筑物。

3.5.1 影响平面组合设计的因素

1) 使用功能

建筑的使用功能是建筑存在的主要目的，它集中表现在合理的功能分区、恰当的主次关系、简捷而明确的交通流线几个方面。

(1) 功能分区

功能分区主要体现在建筑场地和建筑单体设计中。建筑物的功能分区常常通过"内与

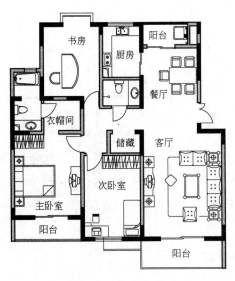

图 3-25 住宅户型

外""动与静""净与污"的分区来实现。如图 3-25 所示住宅户型，将私密性强，对安静程度要求较高的卧室布置在最里端，将对外联系密切、活动性强的起居室布置在户门附近，并通过卫生间、储藏室将两者分隔开来，使用方便，互不干扰；同时，又将容易产生油烟、噪声和生活垃圾的厨房，通过餐厅和走道与洁净要求相对较高的起居室、卧室相分隔，净污分区明确。又如西安曲江中学餐厅平面设计（图 3-26），厨房操作间、库房、洗碗间与师生就餐空间分区明确；教职工就餐与学生就餐区域流线清晰，互不干扰。再如曲江中学教学楼平面设计（图 3-27），把对外联系密切、人员构成相对复杂的行政办公用房布置在学校前区，以减少对教学区可能形成的干扰，减少安全隐患；把易形成声音干扰的音乐教室布置在教学楼 4 层，既方便学生使用，又减弱了噪声对普通教室的影响；教学楼卫生间布置在教学楼的端头，以楼梯间与教室分隔，消减气味污染，完成净污分区。

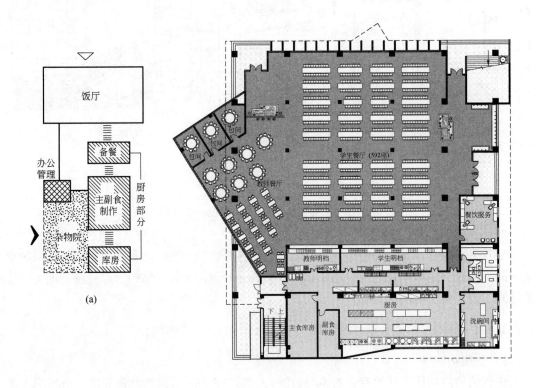

图 3-26 西安曲江中学餐厅平面设计
(a) 餐厅功能分析图；(b) 餐厅平面图

(2) 主次关系

如前所述，组成建筑物的各个房间，按其使用性质和重要性，可分为主要使用房间和辅助使用房间，因此在建筑平面组合设计中，空间就存在主次关系。通常，主要的使用房间构成建筑设计主体，应尽量布置在景观朝向较好、交通联系便捷、采光通风良好的位置，如图 3-25 住宅户型，卧室、起居室均布置在南向，拥有较好的日照，且具有良好的采光和通风，提高了室内舒适度。图 3-27 中，作为教学楼最主要使用空间的教室，均采用南北向布置，具有稳定的采光和良好的通风；而为教学服务的行政办公用房则采用东西向布置，平行于校外城市道路，对教学区构成隔声屏障。

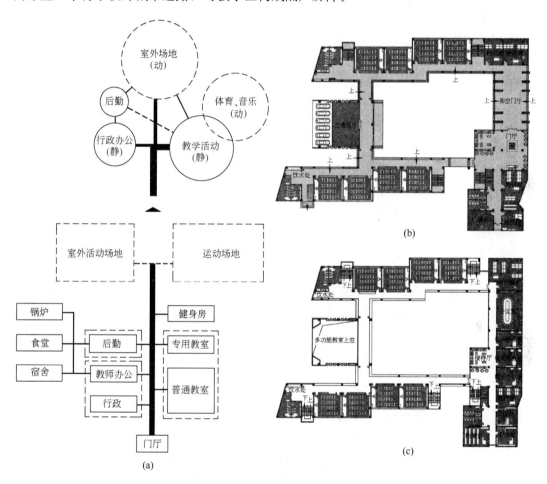

图 3-27 西安曲江中学教学楼平面设计
(a) 中小学功能分析图；(b) 西安曲江中学一层平面；(c) 西安曲江中学三层平面

(3) 交通流线

在民用建筑设计中存在着多种交通流线，可归纳为人流与人流、人流与货流、人流与车流、车流与车流几大类。在建筑平面组合中，要保证各种流线简捷、通畅，不迂回，不逆行，避免相互交叉和干扰。图 3-28 是某汽车客运站流线示意，进站人流与出站人流完全分开，旅客进站与行包进站互不干扰，旅客从购票到进站线路清晰，通行便捷。

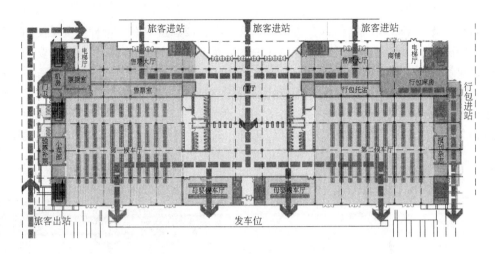

图 3-28　某汽车客运站流线示意

2）结构类型

建筑结构形式和材料选择是完成建筑设计的技术手段之一，在很大程度上影响着建筑的平面组合。建筑平面组合在满足使用功能要求的前提下，还应有利于选择经济合理的结构方案。

民用建筑中，砌体结构（图 3-29）多采用砖墙承重，其造价低，平面规整，但空间尺寸及形状受限制，抗震性能差，近年来使用量在逐渐减少。框架结构以柱子作支撑，空间划分灵活，平面形式多变，适应性强，在公共建筑设计中大量使用。图 3-30 是采用框架结构的某长途客运站运务中心底层平面，空间布局不受墙体限制，大小房间穿插组合，布置灵活，设计手段运用自如。剪力墙结构、筒体结构等，因其抗震性能较好，多用于高层建筑。大跨度空间结构，造型新颖活泼，多用于体育场馆、航空港、大型观演类建筑等（图 3-31）。

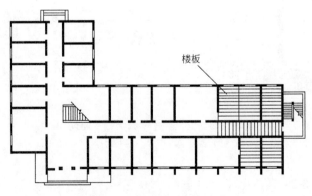

图 3-29　砌体结构布置方式

3）设备管线

民用建筑中的设备管线主要包括给水排水、供暖通风以及电气照明等专业的设备管线，保证满足使用要求的同时，还应力求使各种设备管线集中布置，上下对齐，以利于施

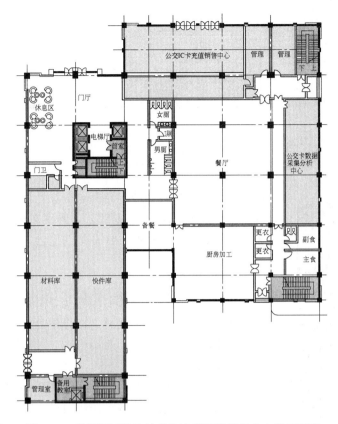

图 3-30 采用框架结构的某长途客运站运务中心底层平面

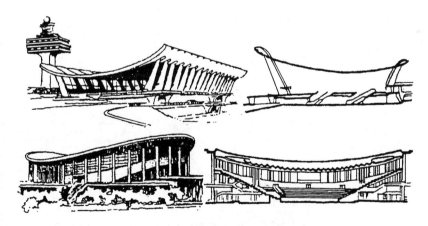

图 3-31 大跨度空间结构

工和节约管线（图 3-32）。

4) 建筑造型

建筑平面组合除受到使用功能、结构类型、设备管线的影响外，还受建筑造型的影响。建筑造型一般是建筑内部空间的直接反映，同时，建筑体形及其外部特征又会反过来影响建筑平面布局及平面形状。如芝加哥威利斯大厦（图 3-33），由九个框筒并列构成束

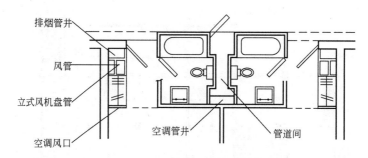

图 3-32 旅馆卫生间管线布置

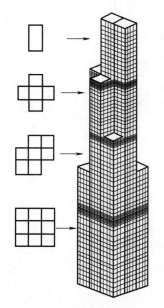

图 3-33 芝加哥威利斯大厦

筒结构，平面形式简单，空间划分灵活度大，较好地满足了办公空间的使用要求；造型上，分别在第 50 层、第 68 层、第 91 层减掉两个筒体，形成高空退台，造型新颖挺拔，个性突出。

3.5.2 平面组合形式

建筑的平面组合形式就是指经平面组合后使用房间及交通联系空间所形成的平面布局格式。可归纳为以下几种：

1) 走廊式组合

走廊式组合的特征是房间沿走廊一侧或两侧并列布置，房间门直接开向走廊，各个房间通过走廊来联系。

走廊式组合的优点是：使用空间与交通联系空间分工明确，房间独立性强，各房间便于获得天然采光和自然通风，结构简单，施工方便。

根据房间与走廊的位置关系，走廊式组合又可分为内廊式与外廊式两种（图 3-34）。

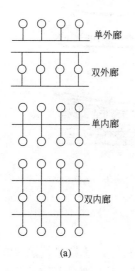

(a)

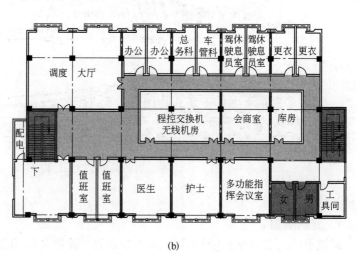

(b)

图 3-34 走廊式组合
(a) 走廊式组合示意；(b) 双内廊组合实例

(1) 内廊式组合，走廊两侧均布置房间，平面紧凑，节约用地，外墙长度较短，对建筑节能有利，但往往一侧房间的朝向较差，且走廊采光通风不好。内廊式组合又可分为单内廊（图 3-29）和双内廊（图 3-34）。当采用双内廊时，位于两个内廊中间的房间，往往采光和通风条件都很差，使用时应慎重。

(2) 外廊式组合，仅在走廊一侧布置房间，其特点与内廊式组合正好相反。其中北外廊（即走廊布置于北侧）房间日照条件好，多用于居住建筑、中小学设计中，但开敞的北外廊冬季易受寒风侵袭，遇雨雪天气会影响通行安全。南向外廊可起遮阳作用，运用到学校建筑设计中，可防止教室出现眩光（图 3-27）。

2) 套间式组合

套间式组合的特征是房间与房间之间相互穿套，无需通过走廊来联系。其特点是平面布置紧凑，面积利用率高，房间之间联系便捷；缺点是各房间使用灵活性、独立性受到限制，相互干扰较大。展览类建筑常常会按照展品的历史年代，或展品的分类次序，运用套间式组合布置展厅，用以加强展厅的顺序性、连续性。图 3-35 是某博物馆平面图，各个展厅以串联的形式依次展开，按照展览路线，人流的方向基本保持一致，不逆行，不交叉，不会遗漏，流线清晰，空间层次丰富。

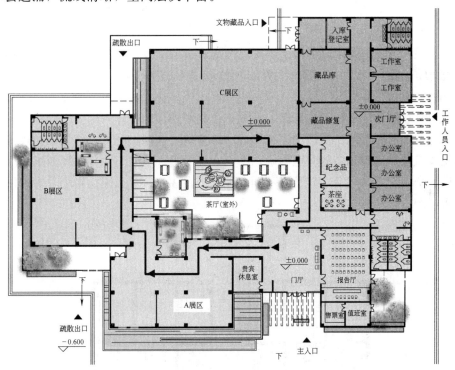

图 3-35　某博物馆平面图

3) 大厅式组合

大厅式组合是以主体空间大厅为中心，环绕布置其他辅助房间。这种组合形式的特点是主体空间体量突出，主次分明，辅助房间与大厅相比，尺寸相差悬殊。

大厅式平面组合依据视听功能要求，又可分为两大类：

(1) 有视听要求的大厅，如影剧院、体育馆等。大厅基本上是封闭的，采用人工照明和机械通风；厅内无柱子，对视线无遮挡，只能形成单层大厅；大厅常采用大跨度的空间结构，辅助房间布置在大厅周围（图 3-36）。

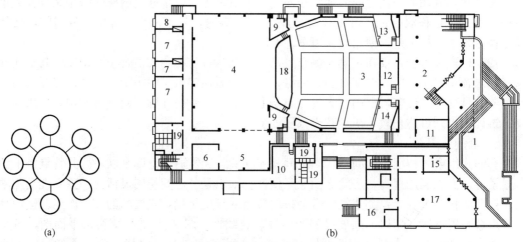

图 3-36　有视听要求的大厅式组合
(a) 大厅式组合示意；(b) 大厅式组合实例
1—平台；2—前厅；3—池座；4—主台；5—侧台；6—道具；7—化妆；8—配电；9—耳光；10—贵宾室；11—值班室；12—放映室；13—声控室；14—光控室；15—售票室；16—办公室；17—商店；18—乐池；19—卫生间

(2) 无视听需要的大厅，常指专供人流散集或进行商业活动的大厅，如火车站、航空港、大型商场、食堂等。这类建筑大厅内部允许设柱子，因此可形成多层大厅（图 3-28）。

4）单元式组合

将关系密切的各种房间组合起来，形成一个相对独立的整体，称为组合单元。将一种或多种单元按地形和环境特征组合起来形成一幢建筑，这种组合方式称为单元式组合。

单元式组合的优点是功能分区明确，平面布局紧凑，单元与单元之间相对独立，互不干扰。且各个单元布局灵活，能适应不同的地形。在住宅、幼儿园、中小学等民用建筑中大量运用（图 3-37）。

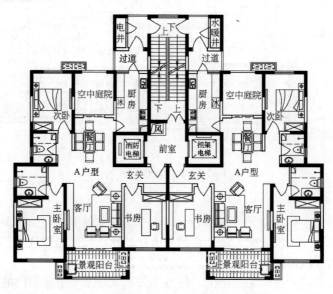

图 3-37　单元式住宅

5) 混合式组合

某些民用建筑，由于功能关系复杂，往往不能局限于某一种组合形式，而必须采用多种组合形式，也称混合式组合，常用于大型宾馆、俱乐部、图书馆、城市综合体等民用建筑（图 3-38）。

应当指出，平面组合形式以一定的功能需要为前提，组合时必须深入分析各类建筑的功能特点，结合实际，灵活运用。

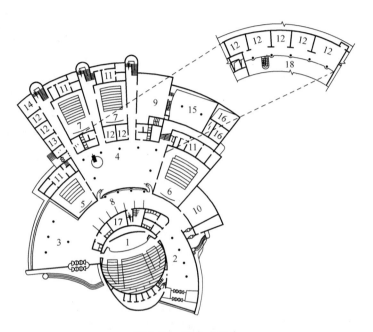

图 3-38 混合式组合

1—260 座观众厅；2—休息厅；3—接待大厅；4—中庭；5—40 座观众厅；6—80 座观众厅；
7—60 座观众厅；8—图片展廊；9—餐厅；10—多功能厅；11—放映厅；12—洽谈室；
13—办公室；14—总机室；15—厨房上空；16—小餐厅上空；17—化妆室；18—中庭上空

第4章 建筑剖面设计

建筑剖面设计主要是确定建筑物在垂直方向上的空间组合关系，重点解决建筑物各部分应有的高度、建筑层数、建筑空间的组合和利用，以及建筑剖面中的结构和构造关系等问题。

通常，对于一些剖面形状比较简单、房间高度尺寸变化不大的建筑物，剖面设计是在平面设计完成的基础上进行，如大多数住宅、普通教学楼、办公楼等。但对于那些空间形状比较复杂、房间高度尺寸相差较大、或者有夹层及共享空间的建筑物，就必须先通过剖面设计分析空间的竖向特性，再确定平面设计方案，以解决空间的功能性和艺术性问题，如：体育馆、影剧院、部分旅馆等。因此，建筑剖面设计是建筑设计完成过程中必不可少的重要环节。它与建筑平面设计相互联系、相互作用，限定了建筑物各个组成部分的三维空间尺寸，并对建筑物的造型及立面设计起到制约作用。

4.1 房间的剖面形状

房间的剖面形状可分为矩形和非矩形两类。矩形剖面形式简单、规整，有利于竖向空间组合，体型简洁而完整，结构形式简单，施工方便，在普通民用建筑中使用广泛。非矩形剖面常用于有特殊要求的房间，或由独特的结构形式而形成。

房间的剖面形状的确定主要取决于以下几方面的因素。

4.1.1 房间的使用要求

在民用建筑中，绝大多数建筑的房间在功能上对其剖面形状并无特殊要求，如卧室和起居室、教室、写字间、客房等，因此其剖面形状多采用矩形。这样既能满足使用要求，又能发挥矩形剖面的优势。对于有特殊功能（如视线、音质等）要求的房间，就需要根据使用特点合理选择剖面形状。

1) 视线要求

有视线要求的房间主要指影剧院的观众厅、体育馆的比赛大厅、教学楼的阶梯教室等。这类房间除平面形状、大小要满足一定的视距、视角要求外，地面还应设计起坡，以保证能够舒适而无遮挡地看清对象，获得良好的视觉效果。

地面升起坡度的大小与设计视点的选择、视线升高值（即后排与前排的视线升高差）、座位排列方式（即前排与后排对位或错位排列）、排距等因素有关。

设计视点是指按设计要求所能看到的极限位置，并以此作为视线设计的主要依据。各类建筑由于功能不同，观看的对象不同，对设计视点的选择也会有所差异。如电影院的设计视点通常选在银幕底边的中点处，这样可以保证观众看清银幕的全部；教室的设计视点通常选在黑板底边的中点处，距地面大约1100mm的位置；体育馆的设计视点一般选在篮球场边线或边线上空 300～500mm 处。设计视点选择是否合理，是衡量视觉质量好坏的重要标准，也直接影响地面升起坡度的大小以及建筑的经济性。图 4-1 反映了电影院和体育馆设计视点与地面坡度的关系。从图中可以看出，设计视点越低，视觉范围就越大，但房间的地面起坡也随之加大；设计视点越高，视觉范围就越小，地面起坡也相对平缓。

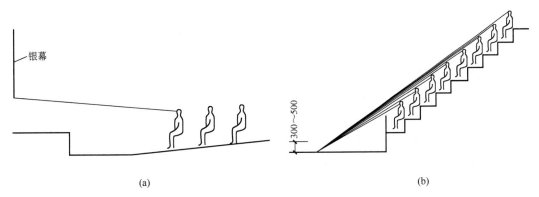

图 4-1 设计视点与地面升起坡度的关系（mm）
(a) 电影院地面起坡；(b) 体育馆地面起坡

视线升高值的确定与人眼到头顶的高度和视觉标准有关，一般取 120mm；当座位排列方式采用对位排列时取 120mm，此时可保证视线无遮挡（图 4-2a），被称为无障碍视线设计。当座位排列方式采用错位排列时，隔排取 120mm，此时会出现部分视线遮挡（图 4-2b），被称为允许部分遮挡设计。显然，座位错位排列比对位排列的视觉标准要低。但是，由于错位排列法可以明显降低地面升起坡度，设计较为经济，故而使用范围依然很广泛。

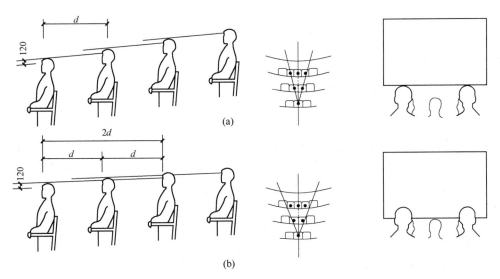

图 4-2 视觉标准与地面升起坡度的关系

此外，地面升起坡度与排距也有着直接关系。排距大则坡度缓，排距小则坡度陡。目前影剧院的座位排列分为长排法和短排法两种。长排法的排距取 1000～1100mm，短排法的排距取 800～900mm，当设计标准较高时，座位的排距也会随之加大。学校阶梯教室或报告厅的排距通常取 850~1000mm，桌椅的排放方式不同，排距也会有差异。

图 4-3 为中学阶梯教室的地面升高剖面。排距取 900mm，其中图（a）为对位排列，视线逐排升高 120mm，地面起坡较大；图（b）为错位排列，视线每两排升高 120mm，地面起坡较小。通常当地面坡度大于 1∶8 时（或放宽至 1∶6），就应做阶梯，走道坡度大于 1∶10 时，应做防滑处理。

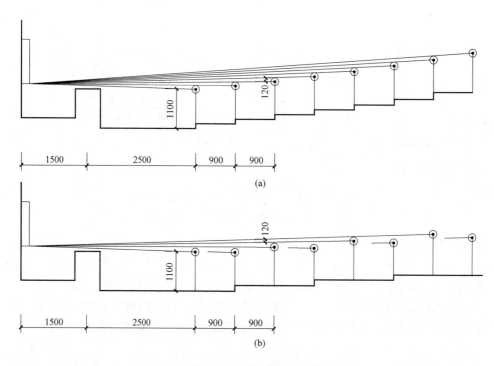

图 4-3　中学阶梯教室的地面升高剖面（mm）
(a) 对位排列，每排升高 120mm；(b) 错位排列，每两排升高 120mm

2）音质要求

在影剧院、会堂等建筑中，主要的观演大厅由于对音质要求都很高，故而需要比较特殊的剖面形状。为了保证室内声场分布均匀，避免出现声音空白区、回声及声音聚焦等现象，在剖面设计中就要特别注意顶棚、墙面、地面的处理。一方面，为了有效地利用声能，加强各处的直达声，大厅的地面需要逐渐升高，这与厅堂视线设计的要求恰好相吻合，所以按照视线要求设计的地面一般也能满足声学要求。另一方面，顶棚的高度和形状是保证厅堂音质效果的又一个重要因素。为保证大厅的各个座位都能获得均匀的反射声，并加强声压不足的部位，就需要根据声音反射的基本原理对厅堂的顶棚形状进行分析和设计。一般情况下，凸面可以使声音扩散，声场分布较均匀；凹曲面和拱顶都易产生声音聚焦，声场分布不均匀，设计时应尽量避免。

图 4-4 为观众厅的几种剖面形状示意。其中图（a）顶棚为凹曲面，声音反射不均匀，出现声音聚焦；图（b）为平顶棚，仅适用于容量小的观众厅；图（c）台口降低，顶棚向舞台面倾斜，声场分布较均匀；图（d）采用波浪式顶棚，反射声能均匀分布到观众厅的各个座位，适用于容量较大的观众厅。

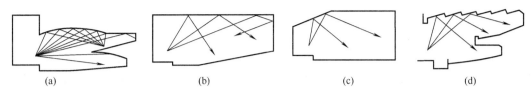

图 4-4 观众厅的几种剖面形状示意
(a) 凹曲面顶棚；(b) 平顶棚；(c) 台口降低；(d) 波浪式顶棚

4.1.2 建筑结构、材料及施工要求

房间的剖面形状除了应满足使用要求外，还必须考虑建筑的结构形式、材料选择和施工因素的影响。矩形的剖面形状，形式规整而简洁，可采用简单的梁板式结构布置，施工方便，适用于大量性民用建筑。即便房间有特殊要求，在能够满足使用要求的前提下，也应首先考虑采用矩形剖面形状。

特殊的结构形式往往能为建筑创造独特的室内空间，这一点在大跨建筑中显现得尤为突出。

4.1.3 室内采光和通风要求

一般房间由于进深不大，侧窗已经能满足室内采光和通风等卫生要求，剖面形式比较单一，多以矩形为主。但当房间进深较大，侧窗已无法满足上述要求时，就需要设置各种形式的天窗，从而也就形成各种不同的剖面形状。

也有一些房间，虽然进深不大，但在功能上却有特殊要求，如展览类建筑中的展厅或陈列室。这类用房在设计时，如果利用形式多样的天窗采光，既能避免光线直接照射到展品或陈列品上、消除眩光，又能保证室内照度均匀、光线稳定而柔和，同时还可以留出足够的墙面以便布置展品或陈列品。图 4-5 反映了不同的采光方式对房间剖面形状的影响。

对于厨房一类的房间，由于在操作过程中会散发出大量蒸汽、油烟，故可以通过设置通风天窗来加速有害气体的排出。图 4-6 为设置顶部排气窗的厨房剖面形状。

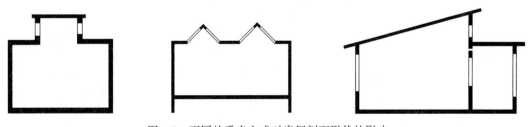

图 4-5 不同的采光方式对房间剖面形状的影响

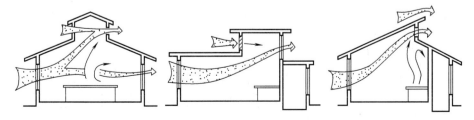

图 4-6 设置顶部排气窗的厨房剖面形状

4.2 建筑各部分高度的确定

建筑各部分高度主要指房间净高与层高及其他高度。其他高度包括：窗台高度、室内外地面高差、门厅高度和建筑高度等。

4.2.1 净高与层高

房间的净高是指楼地面到结构层（梁、板）底面或顶棚下表面之间的垂直距离，其数值反映了房间的高度。层高是指该层楼地面到上一层楼面之间的距离。由图4-7可见房间净高与层高的相互关系。

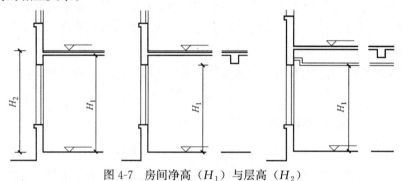

图 4-7 房间净高（H_1）与层高（H_2）

通常情况下，房间的高度是由房间的使用性质及家具设备的使用要求、室内的采光和通风要求、结构层高度及顶棚构造方式的要求、建筑经济性要求、室内空间比例要求等几个方面因素决定的。

1) 房间使用性质及家具设备的使用要求

房间的主要用途决定了房间的使用性质和人在其中的活动特征。首先，房间的净高与人体活动尺度有很大关系。为保证人的正常活动，一般情况下，室内净高应保证人在举手时不触及到顶棚，也就是不应低于2200mm（图4-8）。地下室、储藏室、局部夹层、走道及房间的最低处的净高不应小于2000mm。

其次，房间内的家具设备以及人们使用家具设备所需要的空间大小，也直接影响房间的净高和层高（图4-9）。如学生宿舍设有双层床时，净高不应小于3000mm，层高一般取

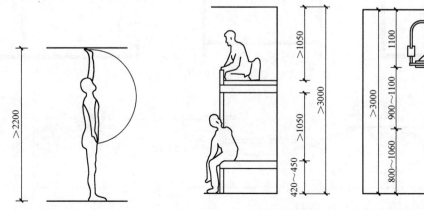

图 4-8 房间最小净高度（mm） 　　图 4-9 家具设备及使用活动对房间高度的影响（mm）

3300mm 左右；医院手术室的净高应考虑到手术台、无影灯以及手术操作所必需的空间，而无影灯的装置高度一般为 3000～3200mm，因此，手术室的净高不应小于 3000mm。

此外，不同类型的房间由于人数的不同以及人在其中活动特点的差异，也要求有不同的房间净高和层高。如住宅中的卧室和起居室，因使用人数较少，面积不大，净高要求一般不应小于 2400mm，层高在 2800mm 左右；中学的普通教室，由于使用人数较多，面积较大，净高也相应加大，要求不应小于 3100mm，层高在 3600～3900mm；而同样面积的中学舞蹈教室，由于人在其中活动的幅度较大，虽然使用人数较少（一般不超过 20 人），但净高却要求不应小于 4500mm，层高达到 4800～5100mm。

2）室内的采光和通风要求

房间的高度应有利于天然采光和自然通风，以保证房间必要的卫生条件。从建筑平面设计原理中可知，房间的进深与窗口上沿的高度关系密切。

潮湿和炎热地区的建筑，常需要利用空气的气压差来组织室内穿堂风。如在内墙上开设高窗，或在门上设置亮子时，房间的高度就应高一些。

在公共建筑中，一些容纳人数较多的房间还必须考虑房间正常的气容量，以满足卫生要求。如中小学教室每个学生气容量为 3～5m³/人，电影院为 4～5m³/人。设计时应根据房间的容纳人数、面积大小以及气容量标准，确定出符合卫生要求的房间高度。

图 4-10 为西安曲江中学教学楼剖面图。

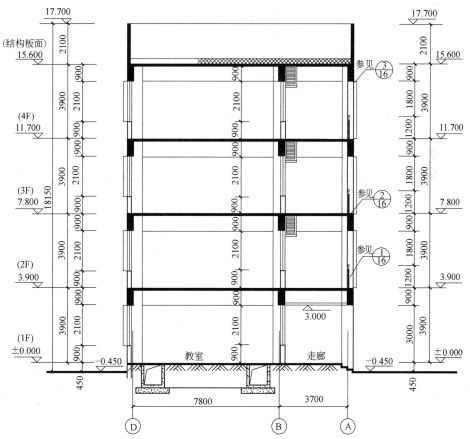

图 4-10 西安曲江中学教学楼剖面图（mm）

注：层高 3900；室内外高差 450；窗台高 900；走廊栏杆扶手高 1200；建筑高度 17700＋450

3) 结构层高度及顶棚构造方式的要求

结构层高度是指楼板（屋面板）、梁以及各种屋架所占高度。在满足房间高度要求的前提下，结构层高度对建筑物的层高尺寸影响较大。结构层越高，层高越大，结构层高度小，则层高相应也小。由图 4-11 可见，一般开间进深较小的房间，如住宅中的卧室、起居室等，多采用板式结构，板直接搁置在墙上，结构层所占高度较小（图 4-11a）；而开间进深较大的房间，如教室、餐厅、商店等，多采用梁板式结构、板搁置在梁上，梁支承在墙上或柱上，结构层高度较大（图 4-11b）；一些大跨建筑，如体育馆等，多采用屋架、薄腹梁、空间网架以及悬索等结构形式，结构层高度则更大（图 4-11c）。

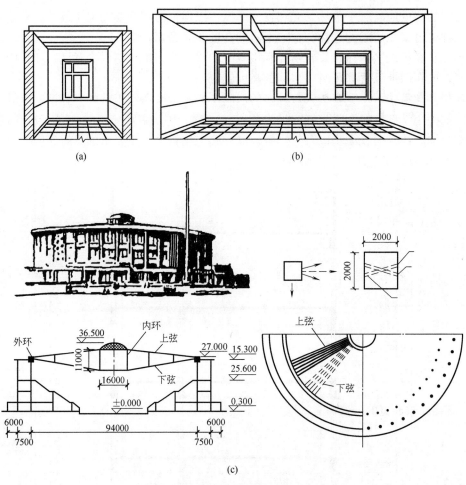

图 4-11 结构层高度对层高的影响（mm）
(a) 板式结构；(b) 梁板式结构；(c) 北京工人体育馆——悬索结构

当房间的顶棚采用吊顶构造时，层高也应适当加高，以满足房间净高的要求。如图 4-12 所示，对于有空调要求的房间，通常需要在顶棚内设置水平风管，确定层高时必须考虑风管设备的尺寸及必要的检修空间。

4) 建筑经济性要求

层高是影响建筑造价的一个重要因素。在满足使用要求和卫生要求的前提下，合理地

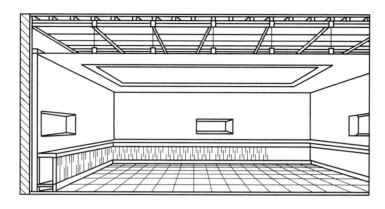

图 4-12 恒温实验室在吊顶上方设置水平风管

选择房间高度、适当降低层高,可以相应地减少房屋的楼间距,节约用地,减轻房屋自重,改善结构受力状况,节约材料。寒冷地区以及有空调要求的建筑,降低层高,可减少空调费用、节约能源。实践表明,普通砖砌体结构的建筑物,层高每降低 100mm,可节省投资约 1%。

5) 室内空间比例要求

在确定房间高度时,既要考虑房间的高宽比例,又要注意选择恰当的尺度,给人以正常的空间感。

房间的比例和尺度不同,人在其中的感受也各异。通常高而窄的空间易使人产生兴奋、激昂、向上的情绪,且具有严肃感,但尺度过大又会使人感到不够亲切;宽而低的空间使人感到宁静、开阔、亲切,但尺度过小又会使人产生压抑、沉闷的感觉。

建筑的使用性质不同,对空间比例尺度的要求也不同。住宅建筑要求空间具有小巧、亲切、安静的气氛;纪念性建筑则要求有高大的空间,以创造出严肃、庄重的气氛;大型公共建筑的休息厅、门厅应开阔而明朗。例如北京中国国家博物馆运用高而窄的比例处理门廊空间,从而获得了庄严、雄伟的效果(图 4-13)。又如北京饭店大宴会厅矮而宽的空间使人感到亲切而开阔(图 4-14)。

图 4-13 高而窄的空间

图 4-14 矮而宽的空间

设计时,相同的房间高度,可以利用以下手法来获得不同的空间效果。

(1) 利用窗户及其他细部的不同处理来调节空间的比例感。从图 4-15 可以看出细而高的窗户,强调了竖向线条,加大了房间的视觉高度;宽而长的窗户则强调了横向线条,压低了房间的视觉高度。德国萨尔布吕根画廊的门厅宽而低矮，但由于在设计时利用了侧面落地窗，将室外景致引入室内，增大视野，从视觉上改变了原有的空间比例（图 4-16）。

（2）运用高低对比的手法，通过将次要空间的顶棚降低，衬托出主要空间的高大。例如北京火车站中央大厅（图 4-17），就是用两侧低矮的夹层空间衬托出大厅高大的空间。

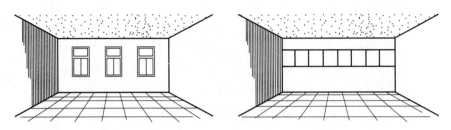

图 4-15 不同形式的窗户产生不同的房间视觉高度

图 4-16 用落地窗改变原有的空间比例

图 4-17 用低矮空间衬托主要空间的高大

4.2.2 其他高度

1) 窗台高度

主要根据室内使用要求、人体尺度、家具设备尺寸，以及通风要求来确定。如图 4-18 所示，在民用建筑中，一般的生活、学习、工作用房，窗台高度常取 900～1000mm，以保证书桌上有充足的光线（图 4-10）。一些有特殊要求的房间，如展览类建筑中的展厅、陈列室等，往往需要沿墙布置陈列品，为了消除和减少眩光，窗台到陈列品的距离也应满足≥14°保护角的要求，因此窗台高度常提高到距地面 2500mm 以上。卫生间、浴室当需要考虑私密性要求时，窗台高度通常会提高到 1800mm 左右。托儿所、幼儿园的窗台，考虑到儿童的身高和家具尺寸，高度常采用 600～700mm。医院儿童病房的窗台高度也较一般民用建筑的窗台低一些。除此以外，公共建筑中的某些房间，如餐厅、休息厅等，为扩大视野、丰富室内空间，常常降低窗台高度，甚至采用落地窗。

2) 室内外地面高差

为了防止室外雨水流入室内，并防止墙身受潮，一般民用建筑的室内外地面应设高差，其数值不应低于 150mm，通常取 450mm（图 4-10）。高差过大，室内外联系不便，建筑造价提高；高差过小，不利于建筑的防水防潮。位于山地和坡地的建筑物，应结合地形的起伏变化和室外道路布置等因素，综合确定室内地坪标高。一些大型公共建筑或纪念性建筑，也常常借助于加大室内外高差的设计手法，通过设置大台阶、高基座以创造出庄

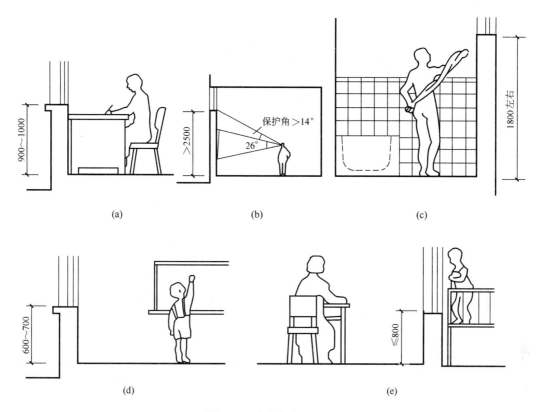

图 4-18 窗台高度（mm）

(a) 一般民用建筑；(b) 展览馆陈列馆；(c) 卫生间；(d) 托儿所、幼儿园；(e) 医院儿童病房

严、肃穆、雄伟的气氛。

建筑设计中，一般取底层室内地坪相对标高为±0.000。建筑其他部位及室外设计地坪的标高均以此为标准，高于底层地坪为正值，低于底层地坪为负值。

3）门厅高度

门厅高度一般与一层高度相同，因门厅处面积较大，故常产生压抑感，通常用下列四种办法解决：整体抬高一层高度；一、二层做成通高；将门厅单独拉出来做；降低门厅处地坪高度。

4）建筑高度

平屋顶建筑高度指室外设计地坪到女儿墙顶点或檐口顶点的距离，坡屋顶建筑高度应分别计算檐口及屋脊高度，檐口高度指室外设计地坪至屋面檐口或坡屋面最低点的距离，屋脊高度指室外设计地坪至屋脊的距离。当同一座建筑物有多种屋面形式或多个室外设计地坪时，建筑高度应分别计算后取其中最大值。该尺寸是建筑防火设计、概预算、建筑施工等的重要依据（图 4-10）。

4.3 建筑层数的确定

影响房屋层数的因素很多，概括起来有以下几方面：

1) 使用要求

房屋用途不同、使用对象不同，对层数的要求就会有差异。如在幼儿园设计中，考虑到幼儿的生理特点、活动特征以及必要的安全性，建筑层数不应超过3层。小学、中学的教学楼层数应分别控制在4层、5层以内，如西安曲江中学的教学楼的层数为4层（图4-10）。影剧院、体育馆、车站等建筑，由于聚集的人数多，疏散时人流集中，为了疏散安全，也应以单层或低层为主。住宅、写字楼等大量性建筑的使用人数不多，可以采用多层或高层的形式，并利用电梯解决垂直交通问题。

2) 基地环境和城市规划要求

确定房屋的层数不能脱离一定的基地条件和环境要素。在相同建筑面积的条件下，基地面积小，建筑层数就会增加。而位于城市街道两侧、广场周围、风景园林区的建筑，还必须重视建筑与环境的关系，做到与周围建筑物、道路、绿化的协调一致，并符合城市总体规划的要求。如位于西安大雁塔附近的建筑，为了避免对大雁塔可能产生的不利影响，就必须严格控制建筑体量，建筑层数以低层或多层为主。

3) 建筑结构、材料和施工要求

建筑结构形式和材料也是决定房屋层数的基本因素。如砌体结构，墙体多采用砖或砌块，自重大、整体性差，下部墙体厚度随层数的增加而增加，故建筑层数一般控制在6层以内，常用于住宅、宿舍、普通办公楼、中小学教学楼等大量性建筑。框架结构、剪力墙结构、框架-剪力墙结构、筒体结构等，由于抗水平荷载的能力增强，故可用于宾馆、高层写字楼、高层住宅等多层或高层建筑（图4-19）。而网架结构、薄壳结构、悬索结构等空间结构体系，则常用于体育馆、影剧院等单层或低层大跨建筑。

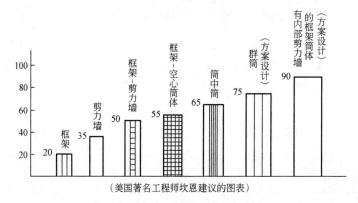

（美国著名工程师坎恩建议的图表）

图4-19　各种结构体系的适应层数

此外，建筑的施工条件、起重设备以及施工方法等，对确定建筑层数也有影响。如滑模施工，由于是利用一套提升设备使模板随着浇筑的混凝土不断向上滑升，直至完成全部钢筋混凝土工程，因此，适用于多层或高层钢筋混凝土结构的建筑，且层数越多越经济。

4) 建筑防火要求

按照《建筑设计防火规范》GB 50016—2014（2018年版）的规定，建筑的层数应根据建筑的性质和耐火等级来确定。耐火等级为一、二级的建筑，层数原则上不受限制；耐火等级为三级的建筑，层数不应超过5层；耐火等级为四级的建筑，层数不应超过2层（表4-1）。

不同耐火等级建筑的允许建筑高度或层数、防火分区最大允许建筑面积　　表 4-1

名称	耐火等级	允许建筑高度或层数	防火分区的最大允许建筑面积（m²）	备注
高层民用建筑	一、二级	按本规范第 5.1.1 条规定	1500	对于体育馆、剧场的观众厅,防火分区的最大允许建筑面积可适当增加
单、多层民用建筑	一、二级	按本规范第 5.1.1 条规定	2500	
	三级	5 层	1200	—
	四级	2 层	600	—
地下或半地下建筑(室)	一级	—	500	设备用房的防火分区最大允许建筑面积不应大于 1000m²

注：摘自《建筑设计防火规范》GB 50016—2014（2018 年版）。

5）建筑经济性要求

建筑造价与建筑层数关系密切。以砖砌体结构的住宅为例，在建筑面积相同，墙身截面尺寸不变的情况下，造价随着层数的增加而降低，但达到 6 层以上时，由于墙身截面尺寸的变化，造价又会随着层数的增加而显著上升（图 4-20）。

此外，在建筑群体组合中，个体建筑的层数越多，用地越经济。如图 4-21 所示，一栋 5 层的建筑和 5 栋单层建筑相比较，在保证日照间距的条件下，前者的用地面积约为后者的 1/2，且道路和室外管线设置也相应减少。但同时也应注意，建筑层数的增多也会随着结构形式的变化和公共设施（如电梯）的增加，提高单位面积造价，所以确定建筑层数必须综合考虑以上几个方面的因素。

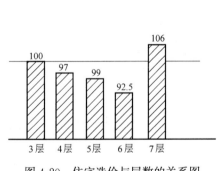

图 4-20　住宅造价与层数的关系图

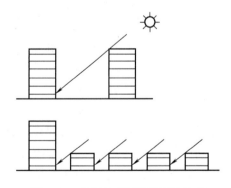

图 4-21　单层与多层建筑用地比较

4.4　建筑空间的剖面组合与利用

建筑空间组合就是要根据建筑内部的使用要求，结合基地环境等条件，通过分析建筑在水平方向和垂直方向上的相互关系，将大小、高低各不相同，形状各异的空间组合起来，使之成为使用方便、结构合理、体型简洁而美观的有机整体。因此在掌握建筑平面组合设计的基础上，本节将重点叙述建筑空间的剖面组合与利用问题。

4.4.1 建筑空间的剖面组合原则

1) 根据建筑的功能和使用要求，分析建筑空间的剖面组合关系

在剖面设计中，不同用途的房间有着不同的位置要求。一般情况下，对外联系密切、人员出入频繁、室内有较重设备的房间应位于建筑的底层或下部；而那些对外联系较少、人员出入不多、要求安静或有隔离要求、室内无大型设备的房间，可以放在建筑的上部。如在高等学校综合科研楼设计中，就常把接待室和有大型设备的实验室放在底层；把人数多、人流量较大的综合教室放在建筑的下部；而使用人数较少、相对安静的研究室、研究生教室、普通办公室等用房，则位于建筑的上部。

2) 根据房屋各部分的高度，分析建筑空间的剖面组合关系

如前所述，不同功能的房间有不同的高度要求，而建筑则是集多种用途的房间为一体的综合体。在建筑的剖面组合设计中，需要在功能分析的基础上，将有不同高度要求的大小空间进行归类整合，按照建筑空间的剖面组合规律，使建筑的各个部分在垂直方向上取得协调统一。

4.4.2 建筑空间的剖面组合规律

1) 高度相同或相近的小空间组合

在建筑设计中，常常把高度相同或相近、使用性质相似、功能关系密切的房间组合在同一层上，在满足室内功能要求的前提下，通过调整部分房间的高度，统一各层的楼地面标高，以利于结构布置和施工。以住宅设计为例，虽然规范中规定卧室和起居室的最小净高度为 2.4m，厨房和卫生间的最小净高度为 2.2m，但在一般情况下，设计时却统一选择 2.8m 的层高，这样既有利于结构布置，也简化了构造和施工方案。

2) 大小、高低相差悬殊的空间组合

(1) 以大空间为主体的空间组合

有的建筑虽然有多个空间，但其中主要空间的面积和高度远大于其他空间，如影剧院、体育馆等。在空间组合中应以大空间为中心，在其周围布置小空间，或充分利用看台下的结构空间，将小空间布置在大厅看台下面。这种组合方式应注意处理好辅助空间的采光、通风、交通疏散等问题。例如日本东京代代木体育馆的游泳馆，就是以比赛大厅为中心将运动员休息室、更衣室、设备用房以及其他辅助空间布置在看台下，并向周边延伸，不仅充分利用了空间，还丰富了造型（图 4-22）。

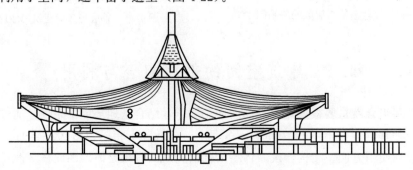

图 4-22 大空间为主体的空间组合

（2）以小空间为主体的空间组合

某些类型的建筑，虽然以小空间为主，但根据功能需要，其中也还应布置有少量的大空间，如教学楼中的阶梯教室、办公楼中的报告厅、商住楼中的营业厅等。这类建筑的空间组合应以小空间为主体，将大空间依附于主体建筑一侧，从而不受层高与结构的限制；或将大小空间上下叠合，分别将大空间布置在顶层或一层、二层（图4-23）。

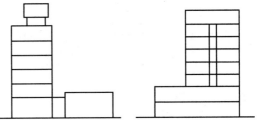

图4-23 小空间为主体的空间组合

（3）综合性空间组合

某些综合性建筑为了满足多种功能的需要，常常由若干个大小、高低、形状各不相同的空间构成。如文化馆建筑中的电影院、餐厅、健身房等空间，与其他阅览室、办公室等空间的差异较大；又如图书馆建筑中的阅览室、书库、办公室等用房，在空间要求上也各不相同。对于这一类复杂空间的组合，必须综合运用多种组合形式，才能满足功能及艺术性的要求。图4-24是某大学教学楼剖面设计，方案采用集中式布置，一侧入口门厅与办公空间组合在一起，有利于结构的简化。

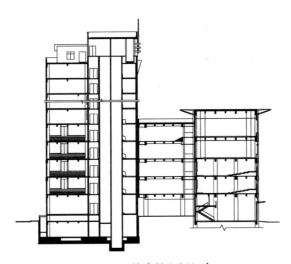

图4-24 综合性空间组合

3）错层式空间组合

当建筑内部出现高差，或由于地形变化使建筑中部分楼地面出现高低错落现象时，可采用错层的处理方式使空间取得和谐统一。

（1）以踏步解决错层高差

在某些建筑中，虽然各种用房的高差并不大，但为了节约空间，降低造价，可分别将相同高度的房间集中起来，采用不同的层高，并用踏步来解决两部分空间的高差。如学校的教室和办公室，由于容纳人数不同，使用性质各异，教室的高度应比办公室大些，空间组合中就常采用这种方式。

此外，在建筑设计中也可以利用踏步，降低或抬高某些空间的地面高度，有意创造

图 4-25 以踏步解决错层高差

错层高差，达到丰富室内空间的目的（图 4-25）。

(2) 以楼梯解决错层高差

当建筑物的两部分空间高差较大，或由于地形起伏变化，造成房屋几部分楼地面高低错落时，可以利用楼梯间来解决错层高差。即通过调整楼梯梯段的踏步数量，使楼梯平台与错层楼地面标高一致。这种方法既能够较好地结合地形，又能够灵活地解决建筑中较大的错层高差。如图 4-26 所示的教学楼设计，就是将楼梯和踏步结合起来，解决教室与办公室之间的错层高差问题。

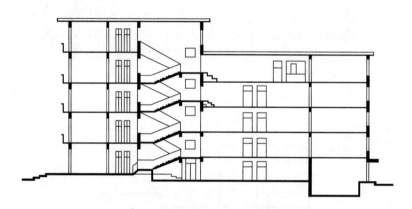

图 4-26 以楼梯解决错层高差

(3) 以室外台阶解决错层高差

图 4-27 为垂直等高线布置的住宅建筑，各单元垂直高差相错一层，均由室外台阶到达楼梯间。这种错层做法能够较好地适应地形变化，与室外空间联系紧密。

图 4-27 以室外台阶解决错层高差

4) 退台式空间组合

退台式空间组合的特点是使建筑由下至上内收，形成退台，从而为人们提供了进行室外活动及绿化布置的露天平台。图 4-28 是西安索菲特酒店，这种形式可以使每层均获得室外活动空间，同时也丰富了建筑造型。

图 4-28 退台式空间组合

4.4.3 建筑空间的利用

建筑空间的利用涉及建筑的平面及剖面设计。充分利用室内空间不仅可以增加使用面积、节约投资，而且还可以改善室内空间比例、丰富室内空间的艺术效果。利用室内空间的处理手法很多，归纳起来有以下几种：

1) 夹层空间的利用

一些公共建筑，基于功能要求，内部空间的大小很不一致，如体育馆的比赛大厅、影剧院的观众厅、候机楼的候机大厅等，空间高度都很大，而与此相联系的其他辅助用房空间高度却较小，因此，就常采用在大空间中设夹层的方法来组合大小空间，既提高了大厅的利用率，又改善了室内空间的艺术效果。图 4-29 是某小区会所在门厅休息区设置夹层，增设茶座空间，动中取静，同时又使门厅的空间层次更加丰富。

2) 房间上部空间的利用

房间上部空间主要指除了人们日常活动和家具布置以外的空间。住宅中常利用房间上部空间设置搁板、吊柜作为储藏空间。

3) 结构空间的利用

在建筑中，建筑结构构件往往会占去许多室内空

图 4-29 门厅夹层空间利用

间。如果能够结合建筑结构形式及特点，对结构构件的间隙加以利用，就能争取到更多的室内空间。如墙体厚度较大时，利用墙体空间可以设置壁龛、窗台柜、暖气槽等；利用坡

屋顶的山尖部分，可以设置阁楼。

4) 走道及楼梯空间的利用

一般民用建筑楼梯间的底层休息平台下，至少有半层的高度，如果采用降低平台下地面标高和增加第一梯段高度的方法，就可以加大平台下的净高度，用以布置储藏间、辅助用房以及出入口。

民用建筑的走道面积和宽度一般都较小，但却与其他房间的高度相同，空间浪费较大。设计时，可以利用走道上部的多余空间布置设备管道及照明线路，这样处理充分利用了空间，使走道的空间比例和尺度更加协调。住宅的户内走道上空可布置储藏间，户内楼梯下还可以布置家具。

第 5 章 建筑体形和立面设计

建筑体形和立面设计着重研究建筑物的体量大小、体形组合、立面及细部处理等。设计原则是在满足使用功能的前提下，运用构图原理创造简洁明快、美观大方的建筑形象。

建筑体形和立面设计是整个建筑设计的重要组成部分，反映内部空间的特征，但不等同于内部空间设计完成后的简单加工处理。实际上，它应和建筑平面、剖面设计同时进行，并贯穿整个设计的始终。在方案设计一开始时，就应在功能、物质技术条件等的制约下按照美学原则，考虑建筑体形及立面的雏形。随着设计不断深入，在平面、剖面设计的基础上对建筑体形从总体到细部反复进行推敲，使之达到形式与内容的统一，这是建筑体形和立面设计的主要方法。

每一幢建筑物都具有自己独特的形象，但建筑形象还要受到不同地域的自然条件、社会条件、不同民族的生活习惯和历史文化传统等因素的影响，建筑体形不可避免地要反映出特定的历史时期、特定的民族和地域特征。只有全面考虑上述因素、运用建筑造型的构图原理、精心塑造建筑体形和立面，才能创造出时代感强烈、民族风情浓郁、地域性明显，并具有感染力的建筑形象。

5.1 建筑体形和立面设计要求

1) 反映建筑的性格特征

建筑物的使用功能在建筑外部形象上的表露就是建筑性格特征。建筑外部形象若能较充分地反映其内部功能所决定的内部空间特征，就具备了强烈的可识别性。建筑的外部形象设计应尽量反映室内空间的要求，并充分表现建筑物的不同性格特征，达到形式与内容的辩证统一。因此，由于建筑使用功能上的差别，室内空间和组合特点的差异，必然导致不同的体形及立面特征。

例如：住宅建筑，由于内部空间小、人流出入较少的特性，立面上常以小巧的窗户、成组排列的阳台、凹廊等反映出住宅建筑性格特征（图 5-1）。大片玻璃的陈列橱窗和接近人流的明显入口，显示出商业建筑的性格特征（图 5-2）。而剧院建筑则以巨大而封闭的观众厅、舞台和宽敞明亮的门厅、休息厅等三大部分的体量变化显示出其明朗、轻快、活泼的性格特征（图 5-3）。建筑设计也可以运用象征手法来突出建筑的性格特征。图 5-4

图 5-1 住宅

为纽约肯尼迪机场 TWA 候机楼建筑，设计者使其外部形象表现为一只展翅欲飞的大鸟形象，这种造型虽然不是出自功能需求，但对表现航空港建筑的性格却十分贴切。又如澳大利亚的悉尼歌剧院，建造在风光旖旎的悉尼班尼朗岛上，由于它的三组白色的尖拱形屋顶的覆盖，整个剧院像一艘迎风扬帆破浪前进的帆船（图 1-12）。它背弃了"形式因循功能"的准则，结构不合理，造价惊人，形式与内容不一致，但它充满浪漫色彩，富有诗意，是班尼郎岛这个特定环境下的杰出建筑艺术品。还可以运用标识或符号来表明建筑的类型，如医疗建筑上突出的红十字（图 5-5）。

图 5-2　商店

图 5-3　剧院

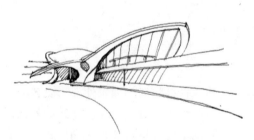

图 5-4　纽约肯尼迪机场 TWA 候机楼

图 5-5　医院

2）考虑物质技术条件的特点

建筑不同于一般的艺术品，它要运用大量的建筑材料、并通过一定的结构施工技术等手段才能建成。因此，建筑体形及立面设计必然在很大程度上受到物质技术条件的制约，并反映出结构、材料和施工的特点。

一般中小型民用建筑多采用混合结构，由于受到墙体承重及梁板经济跨度的局限，室内空间小，层数不多，开窗面积受到限制。这类建筑的立面处理可通过外墙的色彩、质感、水平与垂直线条及门窗的合理组织等来表现混合结构建筑简洁、朴素、稳重的外观特征（图 5-6）。

在钢筋混凝土框架结构中，由于墙体仅起围护作用，给空间处理赋予了较大的灵活性。它的立面开窗较自由，既可形成大面积独立窗，也可形成带形窗，甚至底层可以全部取消窗间墙而形成完全通透的形式。框架结构建筑具有简洁、明快、轻巧的外观形象（图 5-7）。

图 5-6　混合结构建筑

图 5-7　框架结构建筑

现代新结构、新材料、新技术的发展，给建筑外形设计提供了更大的灵活性和多样性。特别是各种空间结构的大量运用，更加丰富了建筑物的外观形象，使建筑造型呈现出千姿百态（图 1-25、图 5-8）。

3）适应环境和建筑群体规划要求

建筑本身处于一定的环境之中，是构成该处景观的重要因素。因此，建筑体形设计不能脱离环境而孤立进行，必须与周围环境协调一致。位于自然环境中的建筑要因地制宜，结合地形起伏变化使建筑高低错落、层次分明、并与环境融为一体。在这一方面赖特设计的流水别墅堪称典范，如图 2-3 所示。

图 5-8　空间结构建筑

位于城市街道和广场的建筑物，一般由于用地紧张，受城市规划约束较多，建筑体形和立面设计要密切结合城市道路、基地环境、周围原有建筑的风格及城市规划部门的要求等。

4）符合形式美的规律

建筑体形和立面设计中的美学原则，是指建筑构图的一些基本规律。例如均衡与稳定，主从与重点，对比与微差，比例与尺度，韵律与节奏等。这些有关体形和立面设计的美学基本原则，不仅适用于单体建筑的外部，而且同样适用于建筑内部空间处理和建筑总体布局。

5）掌握建筑标准、考虑经济条件

建筑物从总体规划、建筑空间组合、材料选择、结构形式、施工组织，到维修管理等都包含着经济因素。建筑体形设计也应严格掌握质量标准，尽量节约资金。对于大量性民用建筑、大型公共建筑或国家重点工程等不同项目，应根据它们的规模、重要程度和地区特点等分别在建筑用材、结构类型、内外装修等方面加以区别对待，防止滥用高级材料，造成不必要的浪费。同时，也要防止片面强调节约，盲目追求低标准，造成使用功能不合理，影响建筑形象和增加建筑物的经常维修管理费用。

应当指出，建筑体形美观与否并不是以投资的多少为决定因素。事实上只要充分发挥设计者的主观能动性，在一定的经济条件下，巧妙地运用物质技术手段和构图法则，努力创新，完全可以设计出适用、经济、绿色、美观的建筑物。

5.2 建筑构图原理要点

建筑艺术必须遵守造型艺术中形式美的规律。不同时代、不同国家和地区、不同民族，尽管建筑形式千差万别、人们的审美观不完全相同，但形式美的规律是被人们普遍承认的客观规律。

统一与变化，即"统一中求变化""变化中求统一"是形式美的根本法则，广泛适用于包括建筑在内的一切艺术，具有普遍性和概括性。

任何一幢建筑物本身都是由若干部分组成的，客观上存在着统一与变化的因素。如一幢教学楼，分别由功能要求不同的教室、办公室等组成；旅馆建筑分别由客房、餐厅、休息厅等组成。由于功能要求不同，各房间高低、形状、大小、结构处理等，也不尽相同，门窗、墙柱、阳台、屋顶、雨篷等各部分在形式、材料、色彩、质地等方面就各不相同。这些不同的功能组成和不同的外形因素，构成了建筑外表的多样化。同时它们彼此之间也有必然的内在联系，如性质不同的房间在门窗处理、层高、开间及装修方面往往采取统一的处理方式，这些都为建筑体形设计的整体统一性提供了客观的基础。因此，任何建筑无论总体和单体、平面和空间、体形和细部等都存在着统一与变化的因素。

在体形和立面设计中如何充分利用这些相同与变化的因素，处理好它们之间的关系，做到统一与变化，使之完美地结合，是非常重要的。建筑体形缺乏多样性和变化，就显得"单调""呆板"，反之，缺乏和谐的整体统一感，会显得"杂乱""繁琐"。为取得多样统一的艺术效果，通常采用以下几种基本手法：

1）以简单的几何形体求统一

任何简单的、容易被人们识别的几何体都具有一种必然的统一性，如圆柱体、圆锥体、长方体、正方体、球体等。这些形体也常常用于建筑上（图5-9）。由于它们的形状简单、明确肯定，自然能取得统一。如我国古代的天坛，园林建筑中的亭、台及某些现代建筑（图5-10）均以简单的几何形体获得高度统一、稳定的艺术效果。

图 5-9 建筑的基本形体

图 5-10 简单几何形体的建筑

2）主从分明，重点突出

复杂体量的建筑，常常有主体部分和从属部分之分，在造型设计中如果不加区别，建筑则必然会显得平淡、松散，缺乏统一中的变化。相反，恰当地处理好主体与从属，重点与一般的关系，使建筑形成主从分明，以从衬主，就可以加强建筑的表现力，取得完整统一的效果。

(1) 运用对称手法处理突出主体

从古至今，对称手法在建筑中运用较为普遍，通常可以采取突出中央入口（图 5-11）、突出中央体量（图 5-12）、突出中央塔楼（图 5-13）及突出两个端部（图 5-14）等手法。尤其是在纪念性建筑和大型办公建筑中常采用这种手法。

图 5-11　突出中央入口

图 5-12　突出中央体量

图 5-13　突出中央塔楼

图 5-14　突出两个端部

(2) 以低衬高突出主体

在建筑体形设计中，可以充分利用建筑高低不同，有意识地强调较高体部，使之形成重点，而其他部分则明显处于从属地位。这种利用体量对比形成的以低衬高，以高控制整体的处理手法是取得完整统一的有效措施。荷兰建筑师杜道克设计的希尔福森市政厅，以低矮的两翼依附于转角处的高塔，形成明显的主从关系，取得了完整统一的优美形象（图 5-15）。近代机场建筑中也常常以较高体量的瞭望塔与低而平的候机大厅的对比，取得主从分明、完整统一的效果（图 5-16）。

(3) 利用形象变化突出主体

一般来说，曲的部分要比直的部分更加引人注目，更易激发人们的兴趣。在建筑造型上运用圆形、折线等比较复杂的轮廓线都可取得突出主体、控制全局的效果，如图 1-8、图 5-17 所示。

图 5-15　荷兰希尔福森市政厅

图 5-16 敦煌机场航站楼

图 5-17 上海龙柏饭店

3）均衡与稳定

一幢建筑物，由于各体量的大小、材料的质感、色彩及虚实变化不同，常表现出不同的轻重感。一般来说，体量大的、实的，粗糙的及色彩暗的部分，感觉上较重；相反，体量小的、通透的，光洁和色彩浅的部分，感觉上较轻。研究均衡与稳定，就是要使建筑形象获得稳定与平衡的感觉。

均衡主要是研究建筑物各部分前后左右之间的轻重平衡感。在建筑构图中，均衡可以用力学的杠杆原理来加以描述。如图 5-18 中的支点（建筑入口）表示均衡中心。根据均衡中心的位置不同，又可分为对称的均衡与不对称的均衡。

对称的建筑是绝对均衡的。它以中轴线为中心，并加以重点强调，取得完整统一的效果，给人以端庄、雄伟、严肃的感觉，常用于纪念性建筑或者其他需要表现庄严、隆重的公共建筑。如毛主席纪念堂、人民大会堂、北京电报大楼等都是通过对称均衡的形式体现出不同建筑的特性，获得明显的完整统一。图 5-19 为对称均衡示意，图 5-20 为对称均衡实例。

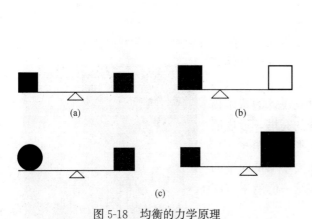

图 5-18 均衡的力学原理　　　　　图 5-19 对称均衡示意
（a）绝对的对称均衡；（b）基本对称均衡；（c）不对称均衡

建筑物由于受到功能、结构、材料、地形等各种条件的限制，不可能都采用对称形式。随着科学技术的进步以及人们审美观念的发展变化，要求建筑更加灵活、自由。因此，不对称均衡得以广泛采用。均衡中心偏于建筑的一侧，利用不同体量、材质、色彩、虚实等的变化，达到不对称均衡的目的。图 5-21 为不对称均衡示意，它与对称均衡相比

图 5-20　对称均衡实例

显得轻巧、活泼。图 5-22 为不对称均衡实例。

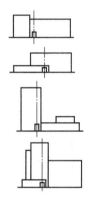

图 5-21　不对称均衡示意

图 5-22　不对称均衡实例

以上介绍的均衡属于静态均衡的范围，均衡的另一种表现形式为动态均衡，就如同奔跑的动物、旋转的陀螺一样，在运动中保持平衡的。随着建筑材料和新型结构的发展，动态均衡的处理手法也出现在建筑形象设计中，一些著名的建筑由此取得很好的造型效果（图 5-23）。

稳定是指建筑整体上下之间的轻重平衡感。一般上小、下大，由底部向上逐渐缩小的建筑易获得稳定感，如中国美术馆（图 5-24）和西安鼓楼（图 5-25）就是利用这种手法而获得很好的艺术效果。

图 5-23　动态均衡建筑实例

图 5-24　中国美术馆

图 5-25　西安鼓楼

新结构、新材料的发展，引起了人们审美观的变化。近代建造了不少底层架空的建筑，利用悬臂结构的特性、粗糙材料的质感和浓郁的色彩加强底层的厚重感，只要处理得当，同样能达到稳定的效果（图 5-26、图 5-27）。

图 5-26　突尼斯鸟翼旅馆

图 5-27　美国达拉斯市政厅

4）对比与微差

一个有机统一的整体，各种要素除按照一定的秩序结合在一起外，必然还有各种差异，而对比和微差就是指这种差异性。对比是指显著的差异，而微差是指不明显的差异。对比可以借助相互之间的烘托、陪衬而突出各自的特点，以求变化；微差可以借彼此之间的连续性求得协调，只有把两者巧妙地结合，才能获得统一性。

建筑中的对比与微差只限于同一性质要素差别之间，主要表现在不同大小、不同形式、不同方向及曲与直、虚与实、色彩与质感等方面。

图 5-28　罗马尼亚派拉旅馆

图 5-28 为罗马尼亚派拉旅馆，竖向的高层客房与横向的公共活动部分，构成了体形组合上强烈的方向对比。图 5-29 为巴西利亚国会大厦，这个建筑运用直与曲以及形状（圆与方）之间的对比手法大大加强该建筑表现力。图 5-30 为坦桑尼亚国会大厦，由于功能特点及气候条件，实墙面积大而开窗小，虚实对比极为强烈。

图 5-29　巴西利亚国会大厦

图 5-30　坦桑尼亚国会大厦

5) 韵律与节奏

韵律是任何物体各要素重复出现所形成的一种特性,它广泛存在于自然界一切事物和现象中,如心跳、呼吸、水纹、树叶等。这种有规律的变化和有秩序的重复所形成的节奏,能给人以美的感受。

建筑物外部形象中存在着很多重复的元素,如建筑形体、空间、构件乃至门窗、阳台、凹廊、雨篷、色彩等,为建筑造型提供了有利的条件。在建筑构图中,可以有意识地创造以条理性、重复性和连续性为特征的韵律美。西安大雁塔(图 5-31),根据墙身和结构的稳定要求,由下至上逐渐收分,加上每层檐部的重复交替出现,不仅具有渐变的韵律,而且也丰富了建筑外轮廓线。图 5-32 为密斯·凡·德·罗设计的巴塞罗那世博会德国馆,是体形交错韵律设计的典范。

图 5-31　西安大雁塔

图 5-32　交错韵律

6) 比例与尺度

建筑上的比例主要指形体本身、形体之间、体部与整体之间在度量上的一种比较关系。如整幢建筑与单个房间长、宽、高之比;门窗与整个立面的高宽比;立面中的门窗与墙面之比等。良好的比例能给人以和谐、美好的感受,反之,比例失调就无法使人产生美感。

一般来说,抽象的几何形状以及若干几何形状之间的组合处理得当就可获得良好的比例,而易于为人所接受。如圆形、正方形、正三角形等具有肯定的外形而引起人们的注意;"黄金率"的比例关系(即长宽之比为 1.618)要比其他长方形好;大小不同的相似形之间对角线互相垂直或平行,由于"比率"相等而使比例关系协调(图 5-33),在建筑造型设计中,有意识地强调几何形体间的相似关系,对于形成协调的比例是有帮助的,如图 5-34 所示巴黎凯旋门。

尺度所研究的是建筑物整体或局部与人之间在度量上的比较关系,两者如果协调,建筑形象就可以正确反映出其真实大小。如果不协调,建筑形象就会歪曲其真实大小。

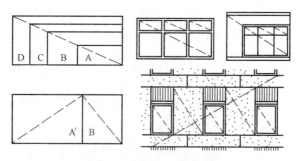

图 5-33　比例关系协调

图 5-34　巴黎凯旋门

抽象的几何形体显示不了尺度感，但一经尺度处理，人们就可以感觉出它的大小来。在建筑设计过程中，人们常常以人或与人体活动有关的一些不变因素如门、台阶、栏杆等作为比较对象，通过它们之间的对比而获得一定的尺度感。如窗台和栏杆高度一般为 900～1000mm，门窗高度为 2000～2400mm，踏步高度 150～175mm 等，通过这些固定的尺度与建筑整体或局部进行比较，就会得出很鲜明的尺度感。图 5-35 表示建筑物的尺度感，其中（a）图表示抽象的几何形体，没有任何尺度感；（b）、（c）、（d）图通过与人的对比就可以得出建筑物的大小、高低。

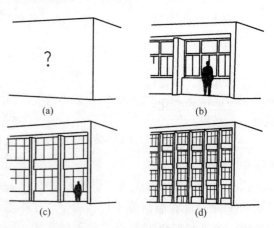

图 5-35　建筑物的尺度感

在设计工作中，除自然尺度外，有时为了显示建筑物的高大、雄伟的气氛采用夸张的尺度，有时为了创造亲切、轻巧的氛围，可采用亲切的尺度。

5.3 建筑体形设计

体形是指建筑物的轮廓形状,它反映了建筑物总体的体量大小、组合方式以及比例尺度等。体形和立面是建筑相互联系不可分割的两个方面。可以说体形是建筑的雏形,而立面设计则是在建筑物体形某一表面上的进一步细化。因此,只有将两者作为一个有机的整体统一考虑,才能获得完美的建筑形象。

民用建筑类别繁多,体形和立面千变万化。无论哪一类建筑,尽管在体形和立面的处理上有各自不同的特点和方法,但基本的构图原则是一致的。在设计过程中,应充分考虑建筑功能、材料和结构等制约因素,运用前面所讲的构图法则,从体形入手,逐步深入到每个立面,进行反复推敲,不断修改,使体形和立面相协调,达到完美统一。

1)体形的主要类型

由于建筑物规模大小、功能特点及基地条件不同,建筑物的体形有的比较简单,有的比较复杂。虽然建筑外形千差万别,但大致可以分为对称体形和不对称体形两大类型。

对称体形具有明确的中轴线,建筑物各部分的主从关系分明,形体比较完整,给人以端正、庄严的感觉,多为古典建筑所采用。一些纪念性建筑,大型会堂等,为了使建筑物显得庄重、严肃,也采用对称体形。

不对称体形,它的特点是布局比较灵活自由,能适应各种复杂的功能关系和不规则的基地形状,在造型上容易使建筑物取得轻快、活泼的表现效果,常为医院、疗养院、园林建筑、旅游建筑等采用。

在对称体形中,由于其主从关系分明,形体完整,重点运用对比与微差、韵律与节奏和比例与尺度规律。而在不对称体形中,应特别注意均衡与稳定、主从与重点的处理。

2)体形转折与转角处理

在特定的地形或位置条件下,如丁字路口、十字路口或任意角度的转角地带布置建筑物时,如果能够结合地形,巧妙地进行转折与转角处理,不仅可以扩大组合的灵活性,适应地形的变化,而且可使建筑物显得更加完整统一。

转折主要是指建筑物依据道路或地形的变化而作相应的曲折变化。因此这种形式的临街部分实际上是长方形平面的简单变形和延伸,具有简洁流畅、自然大方、完整统一的外观形象。位于转角地带建筑的体形常采用主附体相结合,以附体陪衬主体、主从分明的方式(图5-36)。也可采取局部体量升高以形成塔楼的形式,以塔楼控制整个建筑物及周围道路,使交叉口、主要入口更加醒目。

图5-36 转角处理——主体、附体组合

3）体形的联系与交接

在复杂体形中，各体量之间的高低、大小、形状各不相同，如果连接不当，不仅影响到体形的完整性，甚至会直接破坏使用功能和结构的合理性。体形设计中常采取以下几种连接方式：

（1）直接连接

在体形组合中，将不同体量的面直接相贴，称为直接连接。这种方式具有体形分明、简洁、整体性强的优点，常用于功能要求各房间联系紧密的建筑，如图5-37（a）所示。

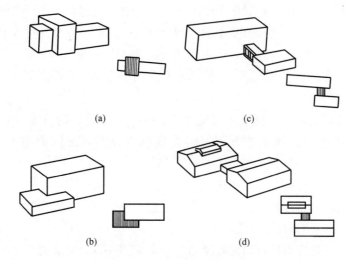

图 5-37 体形的连接方式
（a）直接连接；（b）咬接；（c）走廊连接；（d）连接体连接

（2）咬接

各体量之间相互穿插，体形较复杂，但组合紧凑，整体性强，易于获得有机整体的效果，是组合设计中较为常用的一种方式，如图5-37（b）所示。

（3）以走廊或连接体相连

各体量之间相对独立而又互相联系，走廊的开敞或封闭、单层或多层，常随不同功能、地区特点、创作意图而定。建筑给人以轻快、舒展的感觉，如图5-37（c）、（d）所示。

5.4 建筑立面设计

建筑立面是指建筑物某表面内的门窗组织、比例与尺度、入口及细部处理、装饰与色彩等。建筑立面是由许多部件组成的，包括门窗、墙柱、阳台、遮阳板、雨篷、檐口、勒脚、花饰等。立面设计就是恰当地确定这些部件的尺寸大小、比例关系以及材料色彩等，并通过形的变换、面的虚实对比、线的方向变化等求得外形的统一与变化，以及内部空间与外形的协调统一。

进行立面处理，应注意以下几点：

首先，建筑立面分别包括正立面、背立面和侧立面等，但人们观察到的常常有两个立面。因此，在推敲建筑立面时不能孤立地处理每个面，必须认真处理几个面的相互协调和相邻面的衔接关系，以取得统一。

其次，建筑造型是一种空间艺术，研究立面造型不能只局限于立面尺寸的大小和形状，应考虑到建筑空间的透视效果。例如，对高层建筑的檐口处理，其尺度需要夸大，如果仍采用常规尺度，从立面图看虽然合适，但建成后在地面观看，就会感到檐口尺度过小。

最后，建筑立面处理应充分运用建筑物外立面上构件的直接效果、入口的重点处理以及适量装饰处理等手段，力求简洁、明快、朴素、大方，避免繁琐装饰。

立面设计应重点处理好以下要点：

1）比例适当、尺度正确

比例适当、尺度正确是立面完整统一的重要内容。

立面的比例和尺度的处理是与建筑功能、材料性能和结构类型分不开的。由于使用性质、容纳人数、空间大小、层高等不同，形成全然不同的比例和尺度关系。如图 5-38 中，砖混结构建筑，由于受结构和材料的限制，开间小，窗间墙又必须有一定的宽度，因而窗户多为狭长形，尺度较小。图 5-39（a）为框架结构建筑，

图 5-38　砖混结构建筑

柱距大，柱子断面尺度小，窗户可以开得宽大而明亮，与前者在比例和尺度上有较大的差别。建筑立面常借助于门窗、细部等的尺度处理反映出建筑物的真实大小。图 5-39（b）由于立面局部处理得当，从而获得应有的尺度感，又如西安曲江中学南立面和东立面 5-39（c）、（d）。

(a)　　　　　　　　　　　　　　　(b)

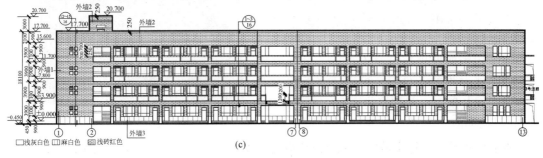

(c)

图 5-39　框架结构建筑（一）

(a)、(b) 局部立面；(c) 西安曲江中学南立面

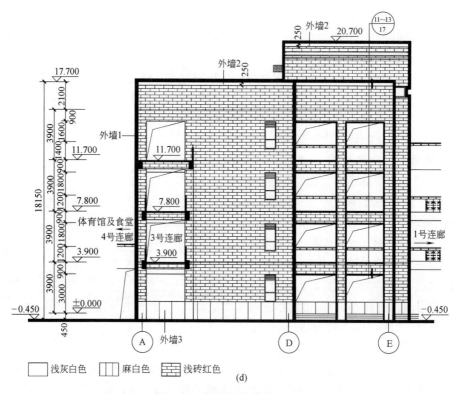

(d)

图 5-39 框架结构建筑（二）

(d) 西安曲江中学东立面

2) 立面的虚实与凹凸的对比

建筑立面中"虚"的部分泛指门窗、空廊、凹廊等，常给人以轻巧、通透的感觉，"实"的部分指墙、柱、屋面、栏板等，给人以厚重、封闭的感觉。建筑外观的虚实关系主要是由功能和结构要求决定的。充分利用这两方面的特点，巧妙地处理虚实关系可以获得轻巧生动、坚实有力的外观形象。

以虚为主、虚多实少的处理手法能获得轻巧、开朗的效果。常用于剧院门厅、餐厅、车站、商店等大量人流聚集的建筑，如图5-40所示。

以实为主、实多虚少能产生稳定、庄严、雄伟的效果。常用于纪念性建筑及重要的公共建筑，如图5-41所示。

虚实相当的处理容易给人单调、呆板的感觉。在功能允许的条件下，可以适当将虚的部分和实的部分集中，使建筑物产生一定的变化，如图5-42所示。

图 5-40 以虚为主的建筑

在立面处理中，还常借助于大面积花格起过渡作用。在大片实墙上设置花格，起着虚的作用；反之，在大片玻璃窗中设置花格，则花格起着实的作用。由于功能和构造上的需要，建筑外立面常出现一些凹凸部分。凸的部分一般有阳台、雨篷、遮阳板、挑檐、凸柱、突出的楼梯间等，凹的部分有凹廊、门洞等。通过凹凸关系的处理可以加强光影变化，增强建筑物的立体感，丰富立面效果。住宅建筑常常利用阳台和凹廊形成虚实、凹凸变化。

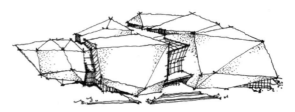

图 5-41　以实为主的建筑（成都自然博物馆）

3）运用线条的变化使立面具有韵律和节奏感

任何线条本身都具有一种特殊的表现力和多种造型的作用。从方向变化来看，垂直线具有挺拔、高耸、向上的气氛；水平线使人感到舒展与连续、宁静与亲切；斜线具有动态的感觉；网格线有丰富的图案效果，给人以生动、活泼而有秩序的感觉。从粗细、曲折变化来

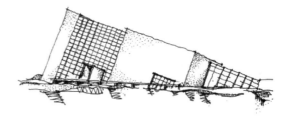

图 5-42　虚实相当的建筑（兰阳博物馆）

看，粗线条表现厚重、有力；细线条具有精致、柔和的效果；直线表现刚强、坚定；曲线则显得优雅、轻盈。

建筑立面上存在着各种各样的线条，好的建筑，其立面造型中千姿百态的优美形象也正是通过各种线条在位置、粗细、长短、方向、曲直、疏密、繁简、凹凸等方面的变化而形成的。图 5-43～图 5-45 为横线、竖线、网格线在立面上的运用。

图 5-43　横线为主的建筑　　　图 5-44　竖线为主的建筑　　　图 5-45　网格线为主的建筑

4）正确配置立面色彩和材料质感

材料质感和色彩的选择与配置，是使建筑立面产生丰富而生动效果的又一重要方面。建筑物所在地区的基地环境和气候条件，在材料和色彩的选配上，也应有所区别。

不同的色彩具有不同的表现力，给人以不同的感受。一般说来，以浅色或白色为基调的建筑给人以明快清新的感觉；深色显得稳重，橙黄等暖色调使人感到热烈、兴奋；青、蓝、紫、绿等色使人感到宁静。运用不同色彩的处理，可以表现出不同的建筑性格、地方特点及民族风格。

建筑立面色彩设计包括大面积墙面基调色的选用和墙面上不同色彩的构图两方面。首先色彩处理必须和谐统一而富有变化，应与建筑性格一致，还应注意和周围环境协调一致。其次基调色运用还应考虑气候特征。

由于材料质感不同，建筑立面也会给人以不同的感觉。材料的表面，根据纹理结构的粗和细、光亮和暗淡的不同组合，会产生以下四种典型的质地效果：

（1）粗而无光的表面：有笨重、坚固、大胆和粗犷的感觉；

（2）细而光的表面：有轻快、高贵、富丽的感觉；

（3）粗而光的表面：有粗壮而亲切的感觉；

（4）细而无光的表面：有朴素而柔和的感觉。

材料质感的处理包括两个方面，一方面是利用材料本身的特性，如大理石、花岗岩的天然纹理，金属、玻璃的光泽等；另一方面是人工创造的某种特殊的质感，如仿石饰面砖、仿树皮纹理的粉刷等。色彩和质感都是材料表面的属性，在很多情况下两者合为一体，很难把它们分开。图 5-46 运用石材坚硬、粗糙的质感与玻璃的透明、光滑以及金属的光泽质感产生对比，显得生动而富有变化。

图 5-46　立面中材料质感的处理

5）注意重点部位和细部处理

对建筑某些部位进行重点和细部处理，可以突出主体，打破单调感。立面重点处理常通过对比手法取得。建筑的主要出入口和楼梯间是人流最多的部位，要求明显易找。为了吸引人们的视线，常在这些部位进行重点处理（图 5-47）。

图 5-47　入口重点处理

图 5-48　细部处理

在立面设计中，对于体量较小或人们接近时才能看得清的部分，如墙面勒脚、花格、檐口、窗套、栏杆、遮阳、雨篷、花台及其他细部装饰等的处理称为细部处理，如图 5-48 所示。细部处理必须从整体出发，接近人体的细部应充分发挥材料色泽、纹理、质感和光泽度的美感作用。对于位置较高的细部，一般应着重于总体轮廓和注意色彩、线条等大效果，而不宜刻画得过于细腻。

第6章 单层工业建筑设计

6.1 工业建筑概述

6.1.1 工业建筑的类型、特点和设计要求

1) 工业建筑类型

工业建筑,是指从事各类工业生产及直接为工业生产服务的房屋,通常也称为厂房或者车间。

为了把握工业建筑的特征和标准,便于进行设计与研究,常将其分为以下几种类型:
工业建筑通常按厂房的用途、内部生产状况及层数分类。

(1) 按厂房用途分

① 主要生产厂房 用于完成产品从原料到成品加工的主要工艺过程的各类厂房。例如:机械厂的铸造、锻造、热处理、铆焊、冲压、机加工和装配车间。

② 辅助生产厂房 为主要生产车间服务的各类厂房,如:机修和工具等车间。

③ 动力用厂房 为工厂提供能源和动力的各类厂房,如:发电站、锅炉房等。

④ 储藏类厂房 储存各种原料、半成品或成品的仓库,如:材料库、成品库等。

⑤ 运输工具用房 停放、检修各种运输工具的库房,如:汽车库和电瓶车库等。

(2) 按厂房生产状况分

① 冷加工厂房 在正常温湿度状况下进行生产的车间。如:机械加工、装配等车间。

② 热加工厂房 在高温或熔化状态下进行生产的车间,生产中产生大量的热量及有害气体、烟尘。如:冶炼、铸造、锻造和轧钢等车间。

③ 恒温恒湿厂房 在稳定的温湿度状态下进行生产的车间。如:纺织车间和精密仪器等车间。

④ 洁净厂房 为保证产品质量,在无尘无菌、无污染的洁净状况下进行生产的车间。如:集成电路车间、医药工业、食品工业的一些车间等。

(3) 按厂房层数分

① 单层厂房 广泛应用于机械、冶金等工业。适用于有大型设备及加工件,有较大动荷载和大型起重运输设备、需要水平方向组织工艺流程和运输的生产项目 (图 6-1)。

② 双层厂房 这类厂房主要用于机械制造工业、冶金工业、化纤工业等 (图 6-2)。

③ 多层厂房 用于电子、精密仪器、食品和轻工业,适用于设备、产品较轻、竖向布置工艺流程的生产项目 (图 6-3)。

④ 混合层数厂房 同一厂房内既有多层也有单层,单层内设置大型生产设备,多用于化工和电力工业 (图 6-4)。

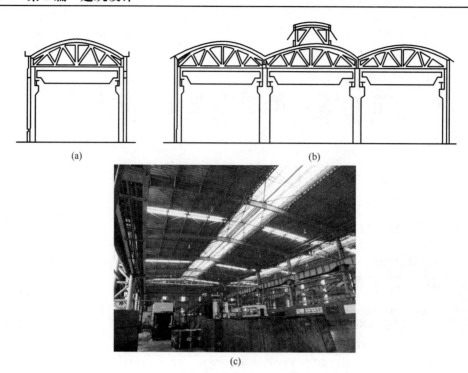

图 6-1 单层厂房

（a）单跨厂房；（b）多跨厂房；（c）武汉钢厂某单层厂房实例

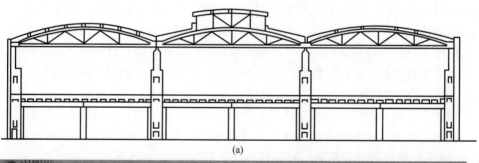

图 6-2 双层厂房

（a）双层厂房剖面；（b）武汉钢厂某双层厂房

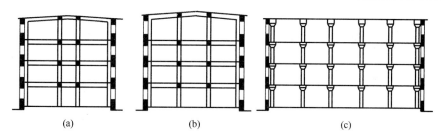

图 6-3 多层厂房

(a) 内廊式；(b) 统间式；(c) 大宽间式

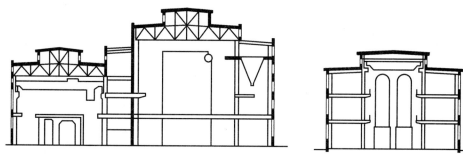

图 6-4 混合层数厂房

以上几种厂房都可以根据需要做成单跨、双跨、多跨。

(4) 联合厂房

在同一建筑里既有行政办公、科研开发，又有工业生产、产品储存的综合性建筑。如某企业一栋近 3 万 m^2 的综合体内，设有行政办公、产品研发设计、生产车间，并在车间隔离出自动化高架仓库，用以储存产品。

2) 工业建筑的特点

与民用建筑相比，工业建筑在设计原则、建筑用料和建筑技术等方面，与其有许多共同之处，但在设计配合、平面形式、室内空间处理及结构选型方面，还存在诸多显著特点。单层厂房的特点有如下几条：

(1) 工艺当先。建筑设计是在由工艺设计人员提供的生产工艺设计图的基础上进行的，建筑设计首先应适应生产工艺方面的要求，其次应满足适用、经济、绿色、美观的建筑方针要求。

(2) 体形高大。大多数单层厂房中，由于生产设备多而体形高大，并伴有多种起重和运输设备通行，因而厂房占地面积大、空间高大、内部敞通。

(3) 屋顶构造复杂。单层厂房多数采用多跨形式，为解决室内采光、通风和屋面排水防水等技术问题，需在屋顶上开设大面积的天窗及复杂的排水系统，使屋顶构造复杂。

(4) 结构特殊。单层厂房由于屋顶和吊车荷载大而特殊，生产中还可能有强振等荷载，只有采用大跨度的骨架结构，才能适应较大复杂荷载的特殊要求。

3) 工业建筑的设计要求

(1) 满足生产工艺的要求

生产工艺要求是工业建筑设计的主要依据。因此，其建筑设计在建筑面积、平面形状、柱距、跨度、剖面形式、厂房高度、结构方案和构造措施等方面，必须满足生产工艺的要求。

(2) 满足建筑技术的要求

① 工业建筑的耐久性应符合建筑的使用年限。由于厂房荷载较大，建筑设计应为结构设计的合理性创造条件。

② 生产工艺不断更新，生产规模逐渐扩大，因此，建筑设计应使厂房具有较大的通用性和改建扩建的可能性。

③ 应严格遵守《厂房建筑模数协调标准》GB/T 50006—2010 及《建筑模数协调标准》GB/T 50002—2013 的规定，合理选择厂房建筑参数（柱距、跨度、柱顶标高），以便采用标准通用的结构构件，从而提高厂房建筑工业化水平。

(3) 满足建筑经济要求

① 在不影响卫生、防火及室内环境要求的条件下，有时将若干个车间合并成联合厂房，充分发挥联合厂房建设用地较少，外墙面积相应减少，管网线路相对集中的优势，使建筑经济性更趋于合理。

② 建筑的层数是影响建筑经济性的重要因素，因此，应根据工艺要求，建筑技术经济条件等，合理选择厂房层数。

③ 在满足生产要求的前提下，应尽量减少结构所占面积，扩大使用面积，并设法缩小建筑体积，充分利用建筑空间。

④ 在不影响厂房的坚固、耐久、生产操作和施工速度的前提下，应尽量降低材料消耗，减轻构件自重，以降低建筑造价。

⑤ 设计方案应优先采用先进配套的结构体系和工业化施工方法。

(4) 满足卫生及安全要求

① 应有与生产工艺适应的天然采光，以保证厂房内部工作面上的照度；还应有良好的自然通风。

② 设法排除生产余热、废气及有害气体，以提供卫生的工作环境。

③ 对散发有害气体、有害辐射和存在严重噪声的厂房，应采取净化、隔离、消声、隔声等措施，以减少或消除不必要的危害。

④ 美化室内环境，注意厂房绿化及色彩处理，优化生产环境。

6.1.2 单层工业建筑的结构类型及钢筋混凝土排架结构的组成

单层工业建筑的结构类型可以分为墙承重结构和骨架承重结构两大类。只有当厂房的跨度、高度、起重荷载较小或无起重机时才采用墙承重结构，目前已很少使用了，通常多采用骨架承重结构。

1) 骨架承重结构

骨架承重结构简称骨架结构，由柱子、屋架或屋面大梁（或其他屋盖结构）等承重构件组成。

骨架结构的优越性在于：①便于提供高大通敞的厂房室内空间，有利于生产工艺及其设备的布置，也有利于生产工艺的更新和改造；②由于主要由骨架来承受厂房的各种荷载，内外墙仅起围护或分隔作用，所以骨架和墙体的材料均能充分发挥其技术性能，能有效地节省工程造价。

骨架结构按材料可分为砌体结构、钢筋混凝土结构和钢结构。

(1) 砌体结构

它由黏土砖等砌块砌筑成的柱子、钢筋混凝土屋架（或屋面大梁）或钢屋架等组成（图 6-5）。

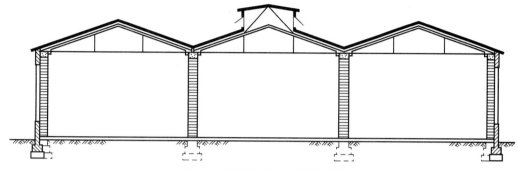

图 6-5 砖砌体结构厂房剖面图

(2) 钢筋混凝土结构

这种骨架结构主要由横向骨架和纵向连系构件组成。横向骨架体系包括屋面大梁（或屋架）、柱子、柱基础等。纵向连系构件包括屋面板、连系梁、吊车梁、基础梁等（图 6-6）。这种结构坚固耐久，建设周期短，在国内外工业建筑中应用广泛。唯其自重大、抗震性能比钢结构厂房差。图 6-7 为这种骨架结构几种常见的预制钢筋混凝土柱的形式。

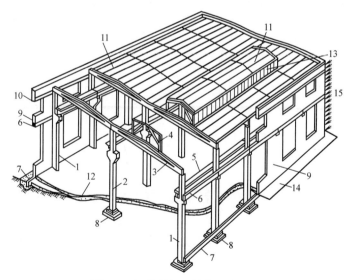

图 6-6 钢筋混凝土结构厂房示意

1—边列柱；2—中列柱；3—屋面大梁；4—天窗架；5—吊车梁；6—连系梁；7—基础梁；
8—基础；9—外墙；10—圈梁；11—屋面板；12—地面；13—天窗扇；14—散水；15—风力

(3) 钢结构

其主要承重构件全部采用钢材制作（图 6-8）。这种骨架结构自重轻，抗震性能好，施工速度快，主要用于跨度巨大、空间高、吊车荷载重、高温或振动荷载大的厂房。但钢结构易锈蚀，防火性能差，保护维修费用高，故使用时应采取必要的防护措施。

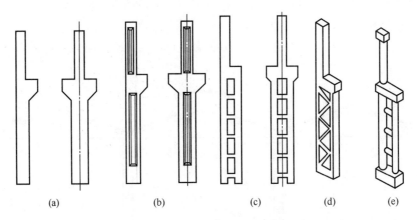

图 6-7 几种常见的预制钢筋混凝土柱

(a) 矩形截面柱;(b) 工字形截面柱;(c) 平腹杆双肢柱;(d) 斜腹杆双肢柱;(e) 管柱

究竟选择哪种骨架结构,应根据厂房的用途、规模、生产工艺和起重运输设备、施工条件、材料供应情况等因素综合分析而定。

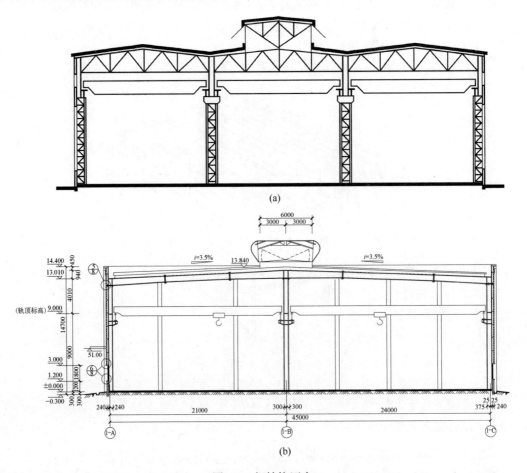

图 6-8 钢结构厂房

(a) 钢结构厂房剖面图;(b) 天津某酸洗车间钢结构厂房剖面图

2）其他结构

单层工业厂房的承重结构除上述骨架结构外，还有其他形式。

一类是上述骨架结构中，屋顶部分改用轻型屋盖，如V形折板结构、单曲面或双曲面壳结构（图6-9）、网架结构等。其特点是受力合理，能充分地发挥材料的力学性能，空间刚度大，抗震性能较强。缺陷是施工复杂，大跨及连跨厂房不便采用。

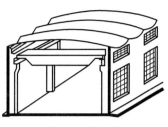

图6-9 壳结构

另一类是门式刚架（简称门架）（图6-10），是一种梁柱合一的结构形式，特点是构件类型少，节省材料。

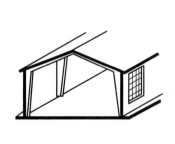

(a)　　　　　　　　　　　　(b)

图6-10 门式刚架

(a) 门式刚架结构厂房；(b) 武汉钢厂某厂房实例

3）钢筋混凝土排架结构的组成

如图6-6所示的钢筋混凝土排架结构应用得十分普遍，其组成如下：

（1）承重结构

由图6-6可知，排架结构主要由横向排架、纵向连系构件和支撑系统组成。

① 横向排架由柱基础、柱子、屋架（或屋面大梁）组成，用以承受厂房的各种荷载。

② 纵向连系构件包括基础梁、连系梁、吊车梁、大型屋面板（或檩条）等。它们与横向排架构成整个骨架，保证厂房的整体性与稳定性；纵向构件还要承受作用于山墙上的风荷载及吊车纵向制动力，并将其传给柱子。

③ 为了保证厂房骨架的整体刚度，还需在厂房屋架之间和柱之间设置支撑系统，分别称为屋盖支撑、柱间支撑和系杆。

组成骨架的柱子、屋架、柱基础和吊车梁是厂房的主要承重构件，关系到厂房的坚固与安全，设计时必须给予足够的重视。

（2）围护结构

单层厂房的围护结构主要包括外墙、屋顶、门窗及天窗，是单层工业厂房的外壳，对于维持厂房室内良好的物理环境起着重要的保障作用。

6.1.3 单层工业建筑内部的起重运输设备

为了在工业生产中运送原材料、成品或半成品，厂房内部应设置必要的起重运输设备。起重运输设备的种类很多，其中与厂房的空间及结构设计密切相关的是各种高空运行的起重机，或称吊车、天车。常见的吊车有单轨悬挂式吊车、梁式吊车和桥式吊车等。

1) 单轨悬挂式吊车

单轨悬挂式吊车按操纵方法有手动和电动两种。此吊车由运行和提升两部分组成，安装在工字形钢轨上，钢轨悬挂在屋架（或屋面大梁）下弦上，轨道为单轨式，布置或直或曲（图6-11）。单轨悬挂式吊车的起重量较小，一般为1~2t。

2) 梁式吊车

梁式吊车亦分手动和电动两种，多用电动梁式吊车，一般在地面上操作。

梁式吊车由起重行车和支承行车的梁架组成，梁架断面为"工"字形型钢，直接作为起重行车的轨道，梁架两端装有行走轮，以便在吊车轨道上运行。吊车轨道亦可悬挂在屋架（或屋面大梁）的下弦上，但多支承在吊车梁上（图6-12、图6-13）。

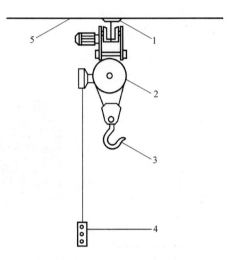

图 6-11 单轨悬挂式吊车
1—钢轨；2—电动葫芦；3—吊钩；
4—操纵开关；5—屋架或屋面大梁下表面

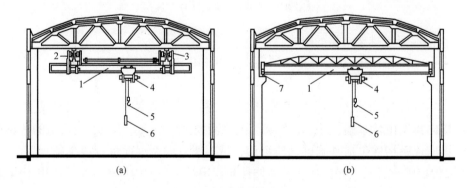

图 6-12 梁式吊车
1—钢梁；2—运行装置；3—轨道；4—提升装置；5—吊钩；6—操纵开关；7—吊车梁

梁式吊车的起重量一般不超过5t。

3) 桥式吊车

桥式吊车由起重行车及桥架组成，桥架上铺有起重行车运行的轨道（沿厂房横向布置），桥架两端借助行走轮在吊车轨道（沿厂房纵向）上运行，吊车轨道铺设在由柱子支承的吊车梁上。桥式吊车的司机室多设在吊车桥架端部，极少数设在桥架中部，如图6-14~图6-16所示。

桥式吊车的起重量可由5t到数百吨，它在工业建筑中应用很广。由于所需净空高度大，自重巨大，加之高空运行，故对厂房结构受力是很不利的。因此，也有采用落地龙门吊车代替桥式吊车。龙门吊车的荷载直接传到基础上，大大减轻了厂房上部承重结构的荷载，便于扩大柱距以适应工艺流程的改造。但龙门吊车行驶速度缓慢，且多占厂房使用面积，故还不能全然替代桥式吊车。

图 6-13　武汉钢厂某厂房梁式吊车

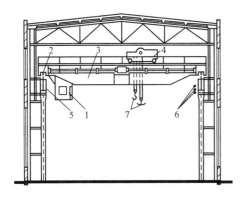

图 6-14　桥式吊车
1—吊车司机室；2—吊车轮；3—桥架；
4—起重小车；5—吊车梁；6—电线；7—吊钩

图 6-15　武汉钢厂某厂房桥式吊车

图 6-16　上海宝钢某厂房桥式吊车

6.2　单层工业建筑平面设计

6.2.1　平面设计与生产工艺的关系

生产工艺是工业建筑设计的重要依据，单层工业建筑平面及空间组合设计，是在工艺设计及工艺布置的基础上进行的。

一个完整的工艺平面图，主要包括下面五个内容：①根据生产的规模、性质、产品规格等确定的生产工艺流程；②选择和布置生产设备和起重运输设备；③划分车间内部各生产工段及其所占有的面积；④初步拟定工业建筑的跨间数、跨度和长度；⑤提出生产对建筑设计的要求，如采光、通风、防振、防尘、防辐射等。图 6-17 是某机械加工车间生产工艺平面图。

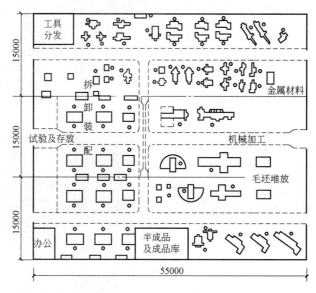

图 6-17　某机械加工车间生产工艺平面图（mm）

6.2.2　工业建筑平面形式的选择

1）生产工艺流程与工业建筑平面形式

生产工艺流程有直线式、往复式和垂直式 3 种。各种流程类型的工艺特点及与之相适应的工业建筑平面形式如下：

（1）直线式　即原料由工业建筑一端进入，而成品或半成品由另一端运出（图 6-18a），其特点是工业建筑内部各工段间联系紧密，唯运输线路和工程管线较长。相适应的工业建筑平面形式是矩形平面，可以是单跨，亦可是多跨平行布置。如果是单跨或两跨平行矩形平面，采光通风较易解决，但当工业建筑长宽比过大时，外墙面积过大，对保温隔热不利。这种平面简单规整，适合对保温要求不高或生产工艺流程无法改变的工业建筑，如线材轧钢车间。

（2）往复式　原料从工业建筑一端进入，产品则由同一端运出（图 6-18 b、c、d）。其特点是工段联系紧密，运输线路和工程管线短捷，形状规整，占地面积小，外墙面积较小，对节约材料和保温隔热有利。结构构造简单，造价低。相适应的平面形式是多跨并列的矩形平面，甚至方形平面，如图 6-18（e）所示。适合于多种生产性质的工业建筑，存在的技术问题是采光通风及屋面排水较复杂。

（3）垂直式　指原材料从工业建筑一端进入，加工后成品则从横跨的装配一端运出（图 6-18f），特点是工艺流程紧凑，运输和工程管线较短，相适应的平面形式是 L 形平面，即出现垂直跨。但在纵横跨相接处，结构和构造复杂，经济性较差。

2) 生产状况与工业建筑平面形式

生产状况也影响着工业建筑的平面形式，如热加工车间对工业建筑平面形式的限制最大，在平面设计中应创造具有良好的自然通风条件。因此，这类工业建筑平面不宜太宽。

为了满足生产工艺流程的要求，有时要将工业建筑平面设计成 L 形（图 6-18f）、U 形（图 6-18g）和 E 形（图 6-18h）。这些平面的特点：有良好的通风、采光、排气、散热和除尘功能，适用于中型以上的热加工工业建筑。在平面布置时，要将纵横跨之间的开口迎向夏季主导风向或与主导风向呈 0°～45°夹角，以改善通风效果和工作条件。

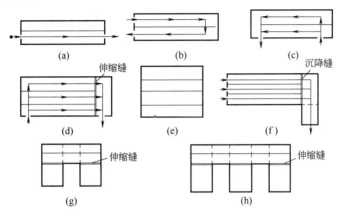

图 6-18　生产工艺流程、生产状况与单层工业建筑平面形式

图 6-19 是几种平面形式比较，可以看出，在面积相同情况下，矩形、L 形平面外围护结构的周长比方形平面长约 25%。

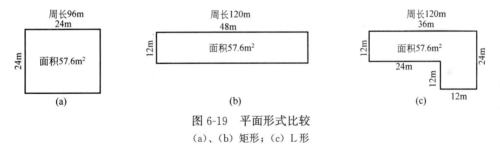

图 6-19　平面形式比较

(a)、(b) 矩形；(c) L 形

6.2.3　柱网选择

在骨架结构厂房中，柱子是最主要的承重构件，厂房平面设计重要内容之一要求确定柱子的平面位置，亦即柱网选择。

柱子在厂房平面上排列所形成的网格称为柱网，柱网尺寸是由跨度和柱距组成的（图 6-20）。由图可见，柱子纵向定位轴线之间的距离称为跨度，横向定位轴线之间的距离称为柱距。柱网的选择实际上就是选择厂房的跨度和柱距。

选择柱网时要综合考虑以下几个方面：①满足生产工艺提出的要求；②遵守《厂房建筑模数协调标准》GB/T 50006—2010 的有关规定；③尽量扩大柱网，提高厂房的通用性；④满足建筑材料、建筑结构和施工等方面的技术性要求；⑤尽量降低工程造价。

1) 跨度尺寸的确定

厂房跨度实际上是指屋架或屋面大梁的跨越尺寸，厂房跨度一旦确定，厂房结构中屋

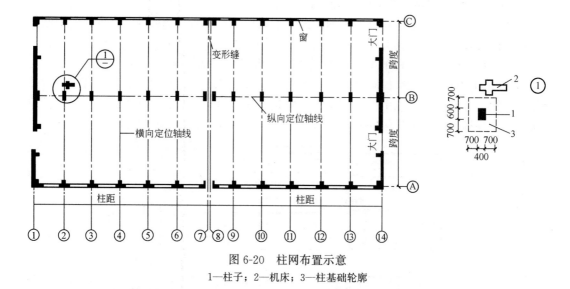

图 6-20　柱网布置示意
1—柱子；2—机床；3—柱基础轮廓

架的跨度尺寸也随即而定。

跨度尺寸主要应根据下列因素确定：

（1）生产设备的大小和布置方式。设备大，所占面积也大；设备布置成横向或纵向，都影响跨度的尺寸；

（2）车间内部通道宽度。不同类型的水平运输设备，如电瓶车、汽车、火车等所需通道宽度是不同的，同样影响跨度的尺寸；

（3）《厂房建筑模数协调标准》GB/T 50006—2010 的要求。如钢筋混凝土结构厂房跨度＜18m 时，应采用扩大模数 30M（3000mm）的尺寸系列，即跨度可取 9m、12m、15m。当跨度尺寸≥18m 时，按 60M 模数增长，即跨度可取 18m、24m、30m 和 36m 等。

2）柱距尺寸的确定

柱距是两柱之间的纵向间距。在厂房结构中，实际上规定了诸多纵向构件如基础梁、吊车梁、联系梁、屋面板、柱间支撑等的长度尺寸。根据我国设计、制作、运输、安装等方面的经验，柱距通常采用 6m，称为基本柱距。

3）扩大柱网及其优越性

现代工业生产的显著特征之一在于生产工艺、生产设备和运输设备在不断更新变化，而且其周期越来越短。为使其适应这种变化，厂房应具有相应的灵活性与通用性，其在厂房平面设计中就是采用扩大柱网，也就是扩大厂房的跨度和柱距。亦即将柱距由 6m 扩大至 12m、18m 乃至 24m，如采用柱网（跨度×柱距）为 12m×12m、15m×12m、18m×12m、24m×12m、18m×18m、24m×24m 等。

扩大柱网的主要优点是：①可以有效提高厂房面积的利用率；②有利于大型设备的布置及产品的运输；③能提高厂房的通用性，适应生产工艺的变更及生产设备的更新；④有利于提高吊车的服务范围；⑤能减少建筑结构构件的数量，并能加快建设速度。

图 6-21 为一扩大柱网厂房平面布置图实例。

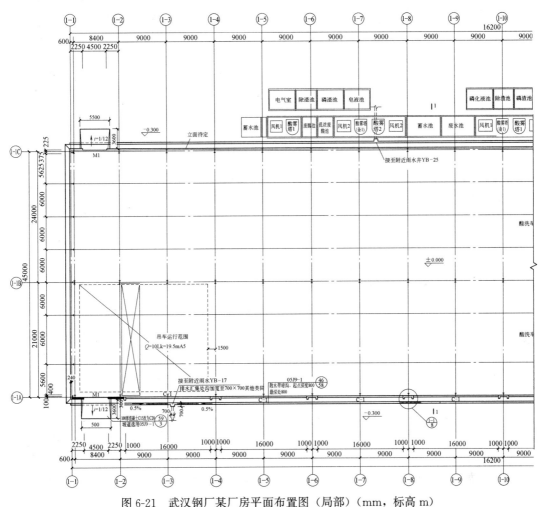

图 6-21 武汉钢厂某厂房平面布置图（局部）（mm，标高 m）

6.3 单层工业建筑剖面设计

单层工业建筑剖面设计是在平面设计的基础上进行的，剖面设计着重解决建筑在垂直空间方面如何满足生产的各项要求。

1）生产工艺对建筑剖面设计的影响

生产工艺对工业建筑剖面设计影响很大，生产设备的体形大小、工艺流程的特点、生产状况、加工件的体量与重量、起重运输设备的类型和起重量等都直接影响工业建筑的剖面形式。

2）单层工业建筑的高度对建筑剖面设计的影响

单层工业建筑的高度是指由室内地面到屋顶承重结构最低点的距离，通常以柱顶标高来代表工业建筑的高度。但当特殊情况下屋顶承重结构为下沉式时，工业建筑的高度必须是由室内地面至屋顶承重结构的最低点。

(1) 柱顶标高的确定

① 无吊车工业建筑

在无吊车工业建筑中，柱顶标高是按最大生产设备高度及安装检修所需的净空高度来确定的，且应符合《工业企业设计卫生标准》GBZ 1—2010 的要求，同时柱顶标高还必须符合扩大模数 3M（300mm）数列规定。无吊车工业建筑柱顶标高一般不得低于 3.9m。

② 有吊车工业建筑（图 6-22）

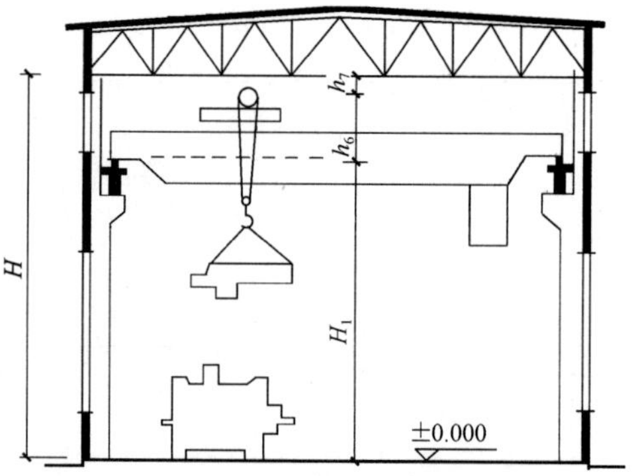

其柱顶标高可按下式来计算：

$$H = H_1 + h_6 + h_7$$

式中　H——柱顶标高（m），必须符合 3M 的模数；

　　　H_1——吊车轨道顶面标高（m），一般由工艺设计人员提出；

　　　h_6——吊车轨顶至小车顶面的高度（m），根据吊车资料查出；

　　　h_7——小车顶面到屋架下弦底面之间的安全净空尺寸（mm）。此间隙尺寸，按国家标准及根据吊车起重量可取 300mm、400mm、500mm。

图 6-22　有吊车工业建筑高度的确定

钢筋混凝土柱牛腿标高应符合扩大模数 3M 数列，若牛腿标高大于 7.2m 时，应符合扩大模数 6M 数列。设计时，其数值为轨顶标高（H_1）减去吊车梁高、吊车轨高及轨底垫层厚度之和。

由于吊车梁的高度、吊车轨道高度及其固定方案的不同，为了协调和安全使用，实际的轨顶标高（H_1）可能与工艺设计人员所提出的轨顶标高有差异。最后轨顶标高应等于或大于工艺设计人员提出的轨顶标高。H_1 值重新确定后，再进行 H 值的计算。

为了简化结构、构造和施工，当相邻两跨间的高差不大时，可采用等高跨，虽然增加了用料，但总体还是比较经济的。

(2) 室内地面标高的确定

单层厂房室内地面的标高，由厂区总平面设计而确定，其相对标高定为±0.000（m）。

一般单层厂房室内外需设置一定的高度，以防止雨水浸入室内，同时为便于汽车等运输工具通行，室内外高差宜小，一般取 100～150mm。当厂房内有两个以上不同的室内地面时，主要室内地面的标高为±0.000（m）（图 6-23）。

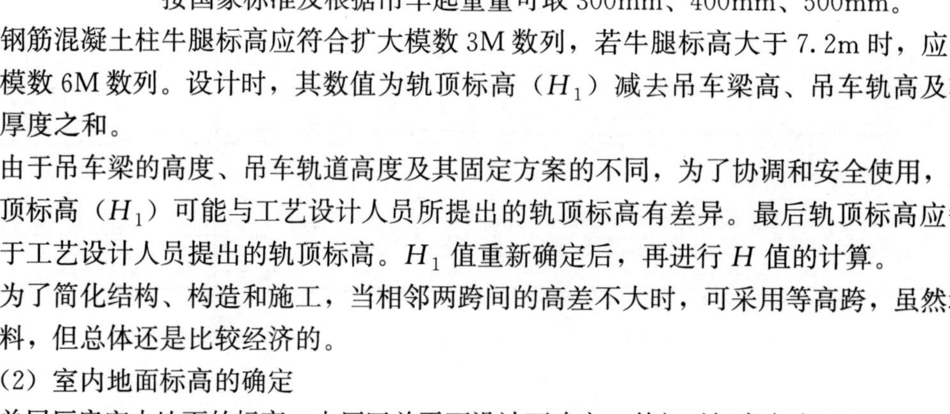

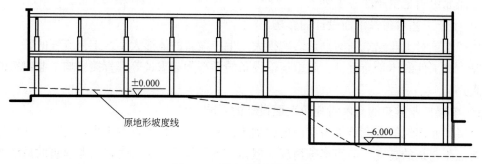

图 6-23　厂房室内地面标高

6.4 单层工业建筑定位轴线

单层厂房定位轴线是确定厂房主要承重构件的平面位置及其标志尺寸的基准线,同时也是厂房施工放线和设备安装定位的依据。因为工业化的需要,须使厂房建筑主要构配件标准化和系列化,减少构件类型,增加通用性和互换性。因此,厂房定位轴线的确定应符合《厂房建筑模数协调标准》GB/T 50006—2010 有关规定。

对于常用的单跨、多跨平行(包括有少量垂直跨)厂房,存在着明显的长轴方向和短轴方向,如图 6-24 所示。习惯上通常把厂房长轴方向的定位轴线称为纵向定位轴线,短轴方向的定位轴线称为横向定位轴线,相邻两条横向定位轴线之间的距离称为柱距;相邻两条纵向定位轴线之间的距离称为跨度。

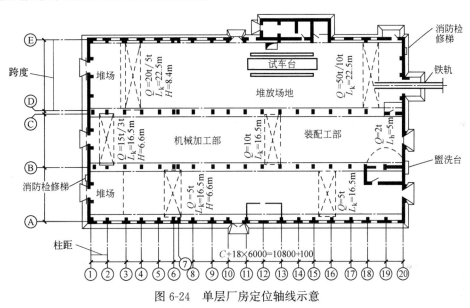

图 6-24 单层厂房定位轴线示意

6.4.1 横向定位轴线

1) 中间柱与横向定位轴线的联系

除横向变形缝两侧及厂房端部排架柱外的柱均为中间柱。中间柱的截面中心线与横向定位轴线重合(图 6-25),厂房的纵向结构构件如屋面板、吊车梁、连系梁的标志长度皆以横向定位轴线为界。

2) 横向变形缝部位柱与横向定位轴线的联系

横向变形缝处一般采用双柱处理,为保证缝宽的要求,此处应设两条定位轴线,缝两侧柱截面中心均应自定位轴线向两侧移 600mm(图 6-26)。两条定位轴线之间的距离称作插入距,用 a_i 来表示。在这里,插入距 a_i 等于变形缝宽 a_e。

3) 山墙与横向定位轴线的联系

单层厂房的山墙按受力情况分为非承重山墙和承重山墙,两种情况下横向定位轴线的确定是不同的。

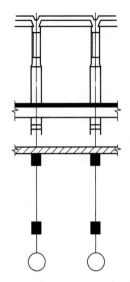

图 6-25 中间柱与横向定位轴线的联系

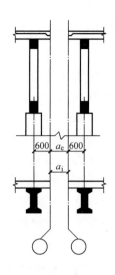

图 6-26 横向变形缝部位柱
与横向定位轴线的联系

a_e—变形缝宽；a_i—插入距

(1) 非承重山墙

当山墙为非承重山墙时，山墙内缘与横向定位轴线重合，端部柱截面中心线应自横向定位轴线向内移 600mm（图 6-27）。端柱之所以内移 600mm，是由于山墙内侧设有抗风柱，抗风柱上柱需通至屋架上弦进行连接，同时还考虑与横向变形缝处定位轴线划分一致，有利于结构构件的协调统一。

(2) 承重山墙

当山墙为承重山墙时，承重山墙内缘与横向定位轴线的距离应按砌体块材的半块或半块的倍数，或者取墙体厚度的一半，如图 6-28 所示。作此规定，以保证满足结构支承长度的要求。

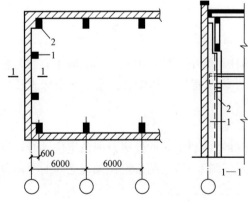

图 6-27 非承重山墙处端部柱与横向定位轴线的联系

1—抗风柱；2—端部柱

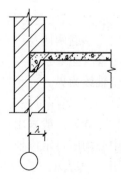

图 6-28 承重山墙横向定位轴线

λ—墙体块材的半块（长）、半块（长）的倍数或墙厚的一半

6.4.2 纵向定位轴线

厂房纵向定位轴线的确定，除考虑结构合理，构造简单外，在有吊车的情况下，还应保证吊车运行及检修的安全需要。

1) 外墙、边柱与纵向定位轴线的联系

在有吊车的厂房中，《厂房建筑模数协调标准》GB/T 50006—2010 对吊车规格与厂房跨度的关系作如下规定：

$$L_k = L - 2e$$

式中 L_k——吊车跨度，即吊车两轨道中心线之间的距离（mm）；

L——厂房跨度（mm）；

e——吊车轨道中心线至纵向定位轴线的距离（mm），一般取 750mm，当吊车起重量大于 50t 或者为重级工作制需设安全走道板时，取 1000mm（图 6-29）。

由图所示细部构造关系可知：

$$e = h + C_b + B$$

式中 h——上柱截面高度（mm），根据厂房高度、跨度、柱距及吊车起重量确定；

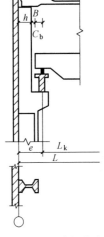

图 6-29 吊车规格与厂房跨度关系示意图

B——吊车桥架端部构造长度（mm），即吊车轨道中心线至吊车端部外缘的距离，可查阅吊车规格资料；

C_b——吊车端部外缘至上柱内缘的安全净空尺寸（mm），C_b 值主要考虑吊车和柱子的安装误差以及吊车运行中的变形而应预留的安全空隙。

由于吊车起重量、柱距、跨度、是否有安全走道板等因素的影响，边柱外缘与纵向定位轴线的联系有两种情况：

(1) 封闭式结合

在无吊车或只有悬挂式吊车，以及在柱距为 6m，桥式吊车起重量 $Q \leqslant 20t$ 条件下的厂房中，一般采用封闭式结合的定位轴线（图 6-30），即边柱外缘与纵向定位线相重合。

此时采用封闭式结合的定位轴线的原因是：当 $Q \leqslant 20t$ 时，则 $B \leqslant 260mm$，$C_b \geqslant 80mm$；柱距 6m，吊车轻，$h \leqslant 400mm$；不设安全走道板，$e = 750mm$。则：$C_b = e - (h + B) \geqslant 90mm$ 满足 $C_b \geqslant 80mm$ 的要求。

在封闭式结合中，封闭的含义在于：当采用此种定位轴线时，按常规布置屋面板，则屋架外缘及屋面板外缘与外墙内缘必然重合，不需设补充构件，具有构造简单、施工方便等优点。

(2) 非封闭式结合

在柱距为 6m、吊车起重量 $Q \geqslant 30t$ 的厂房中，边柱外缘与纵向定位轴线之间应保持一定的距离，如图 6-31 所示。

这是由于：

$Q \geqslant 30t$ 时，$B \geqslant 300mm$；$C_b \geqslant 80mm$；吊车较重，故 $h \geqslant 400mm$；如不设安全走通板 $e = 750mm$。则：

$C_b = e - (h+B) \leqslant 50\text{mm}$,不能满足 $C_b \geqslant 80\text{mm}$ 的要求。

很容易看出,由于 B 和 h 值均较 $Q \leqslant 20\text{t}$ 时为大,如继续采用封闭式结合,已不能满足吊车安全运行所需净空要求。

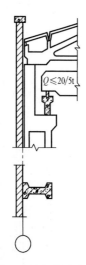

图 6-30 外墙、边柱与纵向定位轴线的联系(封闭式结合)

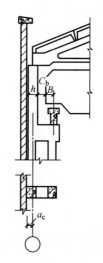

图 6-31 外墙、边柱与纵向定位轴线的联系(非封闭式结合)

解决问题的办法是将边柱外缘自定位轴线向外移动一定距离,这个距离称为联系尺寸,用 a_c 来表示。为了减少构件类型,a_c 值须取 300mm 或 300mm 的整倍数。当墙为砌体时可为 50mm 或 50mm 的整倍数。

在非封闭式结合时,按常规布置屋面板,屋面板只能铺至定位轴线处,与外墙内缘必然出现一条结构构造间隙,不能闭合,这也正是非封闭式结合的含义。非封闭式结合构造复杂,施工较为麻烦。

2)纵向中柱与纵向定位轴线的联系

在多跨厂房中,中柱会有等高跨和不等高跨(习惯称高低跨)两种情况。

(1)等高跨中柱与纵向定位轴线

当厂房为等高跨时,中柱通常采用单柱,

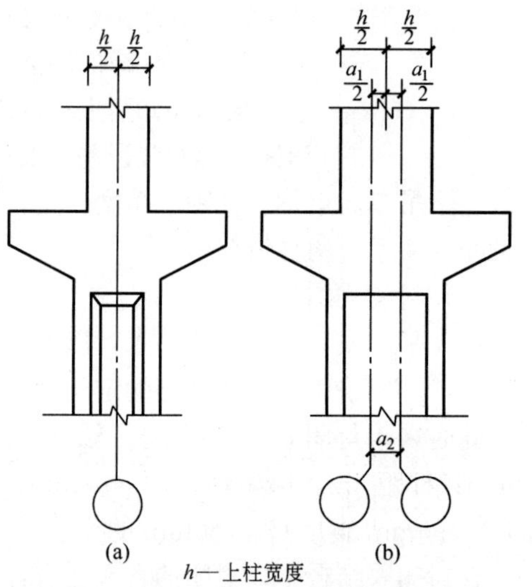

图 6-32 等高跨中柱与纵向定位轴线的联系

宜设一条定位轴线,柱截面中心与纵向定位轴线相重合(图 6-32a),当相邻跨需设插入距时,可设两条定位轴线,柱截面中心与插入距中心线相重合(图 6-32b)。

(2)高低跨中柱与纵向定位轴线的联系

当厂房出现高低跨时,中柱与定位轴线的联系有两种不同的情况:

① 当高低跨处采用单柱时,高跨上柱外缘和封墙内缘与纵向定位轴线相重合(图 6-33a)。此时,纵向定位轴线按封闭式结合设计,不需要设联系尺寸,也无需设两条定位轴线。当

上柱外缘和封墙内缘与纵向定位轴线不能重合时,应采用两条定位轴线。高跨轴线与上柱外缘之间设联系尺寸 a_c,低跨定位轴线与高跨定位轴线之间插入距 a_i 等于高跨联系尺寸 a_c(图6-33b);当高跨采用封闭式结合时,且高跨封墙需要封至低跨屋架端部,则两轴线之间插入距 a_i 等于封墙(图6-33c)厚 t;而当高跨采用非封闭式结合,且墙体需封至低跨屋架端部,定位轴线之间的插入距 a_i 则等于联系尺寸 a_c 与封墙厚 t 之和(图6-33d)。

② 当高低跨处采用双柱时,应采用两条定位轴线,柱与纵向定位轴线的关系可按边柱有关规定确定(图6-34)。

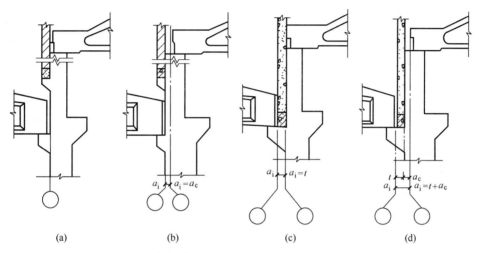

图 6-33 高低跨中柱(单柱)与纵向定位轴线的联系
(a) 单轴线;(b) 双轴线;(c) 双轴线;(d) 双轴线

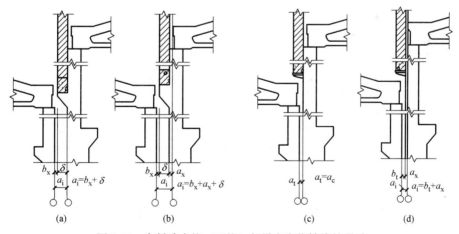

图 6-34 高低跨中柱(双柱)与纵向定位轴线的联系

6.5 单层工业建筑排水方式

与民用建筑相同,单层工业厂房屋面排水方式也分为无组织排水和有组织排水两大类，其中有组织排水又包括有组织内排水和有组织外排水两种。但不同的是单层工业厂房具有多跨并列、垂直跨相接、高低跨相连的特点，其屋顶排水方式比民用建筑复杂。屋面排水方式的变化，不仅造成厂房剖面形式的变化，而且还会对厂房的其他方面造成影响。以下仅简要介绍几种常见的屋面排水方式及其特点，供设计时参考。

1) 多脊双坡屋面排水方式

多年来，我国单层工业厂房多采用标准化的装配式钢筋混凝土排架结构体系，与此相配套的屋架形式多为双坡式，这对于连续多跨的厂房，必然形成如图 6-35 所示的多脊双坡屋面形式。这种屋面自然形成若干内天沟。内天沟的排水往往采用内落式，有时还需设置悬挂于屋架下弦的水平排水管（或称导水管）以组织排水。

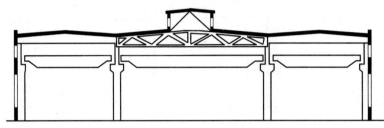

图 6-35　多脊双坡屋面排水方式

该屋面排水方式不足之处在于：落水斗、落水管极易堵塞，天沟易积水，并产生渗漏现象；有时地下排水管网被堵，室内地面会出现冒水现象。

2) 缓长坡屋面排水方式

缓长坡屋面排水方式是将多脊双坡屋面改造成无内天沟的长坡屋面，可在很大程度上避免多脊双坡屋面的堵漏缺陷。图 6-36 是这种屋面的示例，它不仅减少了天沟、落水管及地下排水管网的数量，从而简化了构造，减少了投资和维修费用，而且排水可靠性大大加强，从而保证生产的正常运行。

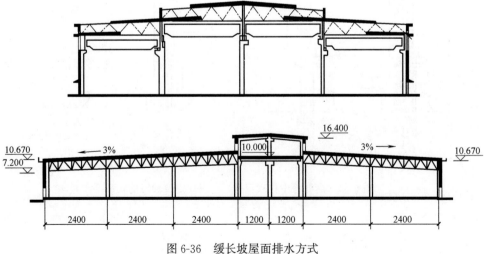

图 6-36　缓长坡屋面排水方式

新型高效防水材料的推广应用，使坡度可以降至 5%，或者更小些。缓长坡屋面多用于要求排水及防水可靠，不允许有漏水现象的车间，如大型热加工车间，如图 6-37 所示。

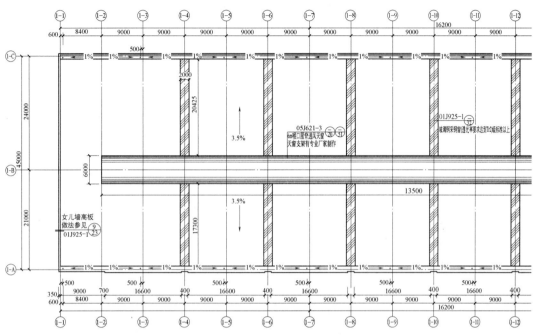

图 6-37 武汉钢厂某厂房屋面排水组织图（局部）（mm）

6.6 单层厂房立面及内部空间处理

单层工业厂房的体形和空间组合设计受到气候条件、基地环境、生产工艺、建筑结构以及内部环境要求等因素的制约。厂房的外部形象和内部空间处理、色彩运用，会对人的心理产生影响，应根据生产工艺、技术、经济条件，运用建筑艺术构图规律和处理手法，创造内容与形式统一、舒适宜人的生产环境，并反映企业的文化和企业形象。

厂房立面设计是以厂房体形组合为前提的。不同的生产工艺流程有着不同的平面布置和剖面处理，厂房体形也不同，如轧钢、造纸等工业，由于其生产工艺流程是直线的，多采用单跨或单跨并列体形。一般中小型机械工业厂房的体形多为方形或长方形的多跨组合，内部空间连通，厂房高差一般差距不大。但重型机械厂的金工车间，由于各跨加工的部件和所采用的设备大小相差很大，厂房体形起伏较多；铸工车间往往各跨的高宽均有不同，又有冲出屋面的化铁炉，露天跨的吊车栈桥，烘炉及烟囱等，体形组合较为复杂。

由于生产的机械化和自动化程度的提高，为了节约用地和投资，国外常采用方形或长方形大型联合厂房。贮存散碎材料的建筑多采用适于自动运输的各种拱形或三角形剖面的通长体形。

结构形式对厂房体形也有着直接影响。同样的生产工艺，可以采用不同的结构方案。因而厂房结构形式，特别是屋顶承重结构形式在很大程度上决定着厂房的体形。如某些厂房中的锯齿形屋顶、拱形和各种壳体结构屋顶及平屋顶等。

不同的环境和气候条件对厂房的体形组合也有一定的影响。例如寒冷地区,由于防寒的要求,窗面积较小,厂房的体形一般显得稳重、集中、浑厚;而炎热地区,由于通风散热要求,窗数量较多、面积较大,厂房多形成开敞、狭长、轻巧的体形。

6.6.1 立面设计

厂房立面设计是在已有的体形基础上利用柱子勒脚、门窗、墙面、线脚、雨篷等部件,结合建筑构图规律进行有机的组合与划分,使立面简洁大方,比例恰当,达到完整匀称,节奏自然,色调质感协调统一的效果。在实践中,立面设计常采用垂直划分、水平划分和混合划分等手法。

1) 垂直划分

根据外墙结构特点,利用柱子、壁柱、竖向组合的侧窗等构件所构成的竖向线条,有规律地重复分布,使立面具有垂直方向感,形成垂直划分(图 6-38)。这种组合大多以柱距为重复单元。单层厂房的纵向外墙,多为扁平的条形,采用垂直划分可以改变墙面的扁平比例,使厂房显得庄重、雄伟、挺拔。

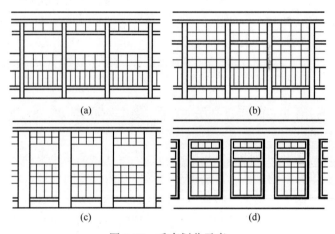

图 6-38 垂直划分示意

2) 水平划分

水平划分通常的处理手法是在水平方向设整排的带形窗,用通长的窗眉线或窗台线,将窗连成水平条带;或利用檐口、勒脚等水平构件,组成水平条带。也有用涂层钢板和浅色透明塑料制成的波纹板作为厂房外墙材料,它们与其他颜色墙面相间布置构成不同色带的水平划分,自然形成水平线条,既可简化围护结构,又利于建筑工业化。图 6-39 是水平划分示意。水平划分的外形简洁舒展。

3) 混合划分

立面的水平划分与垂直划分经常不是单独存在的,而是结合运用,以其中某种划分为主,或两种方式混合运用,互相结合,相互衬托,不分明显的主次,从而构成水平与垂直的有机结合。采用这种处理手法应注意垂直与水平的关系,使其达到互相渗透,混而不乱,以取得生动和谐的效果,图 6-40 为混合划分示意。

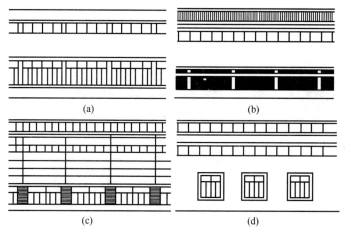

图 6-39 水平划分示意

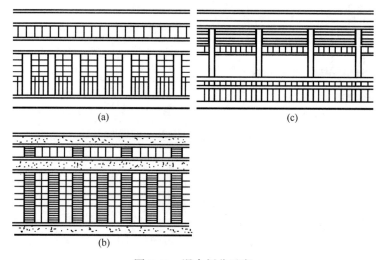

图 6-40 混合划分示意

6.6.2 内部空间处理

生产环境的优劣直接影响着人们的生理和心理状态。优良的室内环境除了有良好照明、通风、采暖外，还应井然有序、洁净和令人愉快，对职工精神面貌和心理方面起良好的作用，对提高劳动生产率也十分重要。厂房室内设计是工业建筑设计内容之一。

厂房的承重结构、外墙、屋顶、地面和隔墙等构成了厂房内部空间形式，是内部设计的重要内容；生产设备及其布置、管道组织、艺术装修及建筑小品设计、室内栽花种草、色彩处理等直接影响厂房内部的面貌及其使用效果，是车间内部设计的有机组成部分，也是为工人创造良好工作环境的重要方面。

厂房内部设计是一项综合设计，即把组成厂房内部空间的建筑构件和其他内含成分作为一个统一体，全面综合地进行构图设计。它涉及各个工种业务，光有建筑师是完不成此项任务的，必须各专业通力合作去完成。但建筑师不仅要配合工作，还要组织、领导此项工作。因从建筑设计开始就和厂房内部设计有直接联系，只有建筑师才能全面、系统地考虑协调这些问题。

第7章 多层工业建筑设计

7.1 多层工业建筑概论

我国的工业发展使得多层工业建筑（又称多层厂房）占的比重将越来越大。其类型也随着工艺的变化和产品类型的增多而增加。各种具有通用性和混合功能的工业厂房逐渐增多，如集汽车销售、售后服务、维修为一体的"4S"店，就是以民用与工业建筑混合功能集合为一体的多层厂房。

1) 主要特点

（1）厂房占地面积较小，节约用地。多层厂房的布置方式缩短了厂区道路、管线、围墙等长度，还降低了基础和屋顶的工程量，节约建设投资和维护管理费（如图7-1 某电子厂总平面图及厂房二层平面图）。

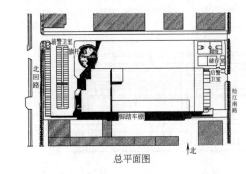
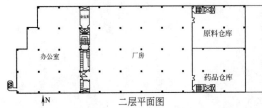

图7-1 某电子厂总平面图及厂房二层平面图

（2）厂房宽度较小。顶层空间可不设天窗，屋面雨雪水排除方便，屋顶构造简单，面积较小，有利于节省能源。

（3）交通运输面积大。由于多层厂房不仅有水平方向运输，也有垂直方向的运输系统（如电梯间、楼梯间、坡道等），增加了用于交通运输的建筑面积和空间。

（4）多层厂房多数有较大的通用性，适应工艺更新调整、产品升级、设备更新和重新组织生产线功能的需求。

（5）多层厂房多采用装配式结构，便于因生产需求的改建与扩建。

（6）多层厂房外形多变、色彩丰富，能点缀城市，美化环境、改变城市面貌。图7-2为新加坡森都工业大厦。

2) 使用范围

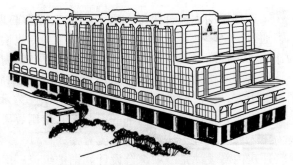

图7-2 新加坡森都工业大厦

（1）工艺流程适于垂直布置的生产厂房。如面粉厂、造纸厂、啤酒厂、乳品厂和化工厂的某些生产车间；

（2）生产设备、原料及产品质量较轻的厂房。设备、原料及产品重量较轻的企业（楼面荷载小于 20kN/m²)，单件垂直运输小于 30kN 的企业；

（3）生产工艺在不同层高上操作的厂房，如化工厂的大型蒸馏塔、碳化塔等设备，高度比较高，生产又需在不同层高上进行；

（4）对生产环境有特殊要求的厂房。由于多层厂房房间体积小，容易解决生产所要求的特殊环境（如恒温恒湿、净化洁净、无尘无菌等）。

7.2 多层厂房平面设计

多层厂房的平面设计应功能分区科学，合理确定生产、办公、生活服务设施等区域，各项设施的布置应紧凑、合理，人行交通与货运交通应明确便捷，互不干扰。

7.2.1 生产工艺流程

各种不同的生产工艺流程布置在很大程度上决定着多层厂房的平面形式和各层之间的相互关系。多层厂房的生产工艺流程布置可归纳为以下 3 种类型（图 7-3）。

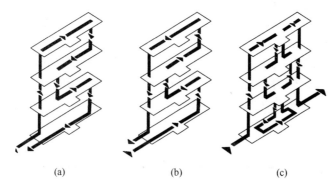

图 7-3 3 种类型的生产工艺流程
(a) 自上而下式；(b) 自下而上式；(c) 上下往复式

1）自上而下式

这种布置的特点是把原料送至最高层后，按照生产工艺流程的程序自上而下地逐步进行加工，最后的成品由底层运出。可利用原料的自重，以减少垂直运输设备的设置。一些进行粒状或粉状材料加工的工厂常采用这种布置方式，如面粉厂和电池干法密闭调粉楼就属于这一类型。

2）自下而上式

原料自底层按生产流程逐层向上加工，最后在顶层加工成成品。如轻工业类的手表厂、照相机厂或一些精密仪表厂的生产流程都属于这种形式。

3）上下往复式

这是有上有下的一种混合布置方式。它能适应不同情况的要求，应用范围较广，但不可避免地会引起运输上的复杂化，是一种经常采用的布置方式。

7.2.2 平面布置原则与平面形式

1）平面布置原则

（1）厂房的平面应根据生产工艺流程、工段组合、交通运输、采光通风及生产上各种技术要求，经过综合研究后加以决定。

(2) 厂房的柱网尺寸除应满足生产使用的需要外，还应具有较大限度的灵活性，以适应生产工艺的发展及变更的需要。

(3) 各工段间由于生产性质、生产环境的不同，组合时应将具有共性的工段，集中分区布置。

2) 平面形式

由于各类企业的生产性质、生产特点、使用要求和建筑面积的不同，其平面布置形式也不相同，一般有以下几种布置形式：

(1) 内廊式

内廊式布置形式适宜于各工段面积不大，生产上既需相互紧密联系，但又不希望相互干扰的工段。各工段可按工艺流程的要求布置在各自的房间内，再用内廊联系起来。对一些有特殊要求的生产工段可分别集中布置，如图 7-4 所示。

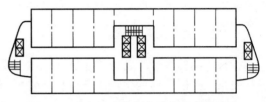

图 7-4　香港荃湾工业大厦内廊式平面图

(2) 统间式

统间式布置方式适用于生产工艺相互间需紧密联系，不宜分隔成小间布置。这种布置对自动化流水线的操作较为有利。在生产过程中如有少数特殊的工段需要单独布置时，可将它们加以集中，分别布置在车间的一端或一隅，以保证生产工段所需的采光与通风要求（图 7-5）。

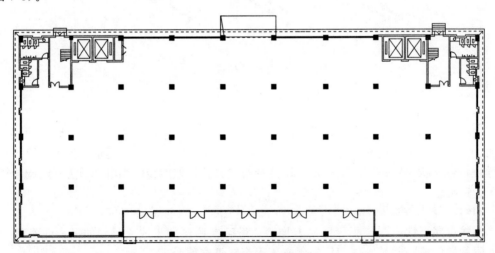

图 7-5　统间式平面布置

(3) 大宽度式

这种大宽度式适应生产工段所需大面积、大空间或高精度的要求，交通运输枢纽及生活辅助用房布置在厂房中间或一侧（图 7-6）。

(4) 混合式

根据不同的需要，可采用多种平面形式的组合布置，形成一个有机的整体，使其更好地满足生产工艺的要求和辅助空间的布置，并具有较大的灵活性。图 7-7 所示为混合式。

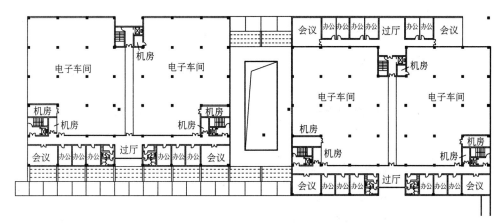

图 7-6 大宽度式平面布置

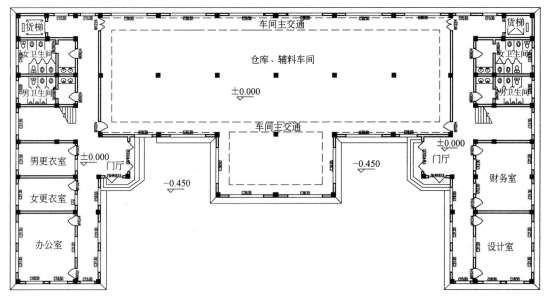

图 7-7 混合式平面布置

7.2.3 柱网选择

多层厂房柱网的尺寸应综合考虑厂房的结构形式、采用的建筑材料、构造做法及在经济上的合理性。柱网的选择首先应满足生产工艺的需要，其尺寸的确定应符合《厂房建筑模数协调标准》GB/T 50006—2010 的要求，钢筋混凝土结构和普通钢结构的厂房的柱距，应采用扩大模数 6M 数列，宜采用 6.0m、6.6m、7.2m、7.8m、8.4m、9.0m，跨度小于或等于 12m 时，宜采用扩大模数 15M 数列，大于 12m 时宜采用 30M 数列，且宜采用 6.0m、7.5m、9.0m、10.5m、12.0m、15.0m、18.0m。

在工程实践中结合上述平面布置形式，多层厂房的柱网可概括为以下几种主要类型（图 7-8）。

1) 内廊式柱网

这种平面布置多采用对称式。在仪表、电子、电器等企业中应用较多。常见柱距为

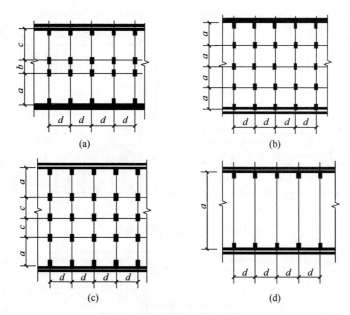

图 7-8 柱网布置的类型
(a) 内廊式柱网；(b) 等跨式柱网；(c) 不等跨式柱网；(d) 大跨度式柱网

7.2m、7.8m、8.4m、9.0m，跨度宜采用 6.0m、6.6m、7.2m，走廊的跨度宜采用 2.4m、2.7m、3.0m。

这种柱网布置的特点是用走道、隔墙将交通与生产区隔离，生产上互不干扰。同时可将空调等管道设在走道的吊顶里，既充分利用了空间，又隐蔽了管道，还有利于天然采光和自然通风，如图 7-8（a）所示。

2) 等跨式柱网

这种布置方式适用于机械、轻工、仪表、电子、仓库等需要大面积布置生产工艺的厂房，底层一般布置机械加工、仓库或总装配车间等，有的还布置有起重运输设备。柱网可以是二个以上连续等跨的形式。用轻质隔墙分隔后，亦可作内廊式的平面布置，如图 7-8（b）。柱距一般大于 9m，跨度大于 7m。如图 7-9 为某钢铁研究院生产基地等跨厂房平面图。

3) 不等式跨柱网

这种柱网的特点及适用范围基本和等跨式柱网类似。厂房构件类型比等跨式多，但能满足工艺要求，合理利用面积，如图 7-8（c）。如图 7-10 所示柱网尺寸为 (6+12+12+12+12)m×(6+12+12+12+12)m 的厂房，边跨采用 6m 柱网布置楼梯、电梯及办公等辅助用房的不等跨平面布置图。

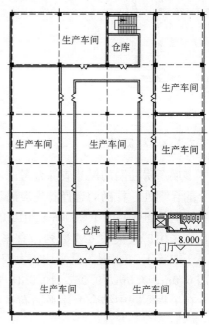

图 7-9 某钢铁研究院生产基地等跨厂房平面图

4) 大跨度式柱网

这种柱网由于取消了中间柱子，为生产工艺的变更提供更大的适应性。因为扩大了跨度（大于12m），所以楼层常采用桁架结构，这样楼层结构的空间可作为技术层，用以布置各种管道，如图7-8（d）。图7-11所示某城市汽车品牌"4S"店平面图，两侧大跨度通高空间作为展示空间，中间普通柱网设置办公及辅助功能。

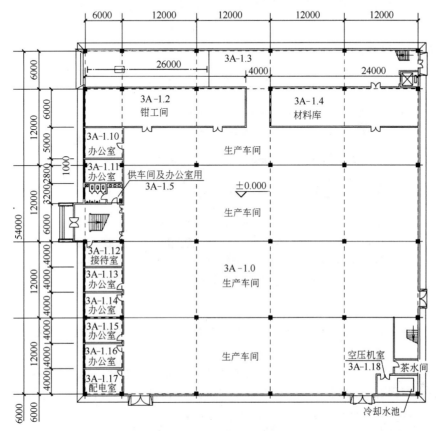

图 7-10 某厂房不等跨平面布置图（mm）

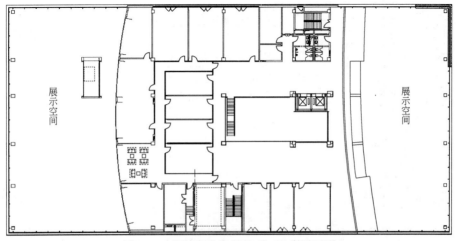

图 7-11 某城市汽车品牌"4S"店平面图

7.3 多层厂房楼梯、电梯和生活间布置

7.3.1 楼梯、电梯的布置

多层厂房的电梯和主要楼梯通常布置在一起,组成交通枢纽。在满足生产要求的基础上,楼梯、电梯的位置应为厂房的空间组合及立面造型创造好条件。图 7-12 所示楼梯、电梯在平面中的位置。

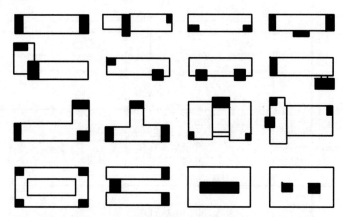

图 7-12 楼梯、电梯在平面中的位置

1)楼梯、电梯布置原则

(1)厂房疏散楼梯应布置在明显、易找的部位,其数量及布置应满足安全疏散的要求。

(2)楼梯、电梯布置宜采取人流、货流互不交叉原则,电梯前厅需留够一定面积,以利货运回转及货物的临时堆放。货梯在底层平面最好有直接对外出入口,如图 7-13 所示。

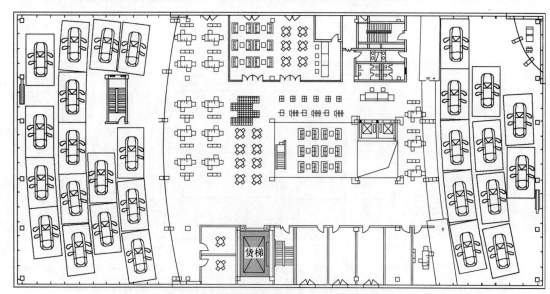

图 7-13 某汽车品牌"4S"店货梯布置的位置

(3)电梯附近宜设楼梯,以便在电梯发生故障或检修时能保证运输。
(4)货梯布置应方便货运,有条件适宜设单独出入口。
(5)电梯数量设置应满足生产工艺及货流运输需要布置,尽量减少水平运输距离。
(6)楼梯、电梯的位置应注意厂房空间的完整性,以满足生产面积的集中使用、厂房扩建及灵活性要求。

图 7-14 为香港某公司工业大厦,电梯、楼梯布置在建筑四面的外墙上,高出屋面的楼梯及电梯机房丰富了建筑体块和立面造型。

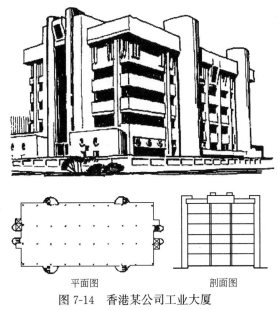

图 7-14 香港某公司工业大厦

2)楼梯、电梯与出入口的联系

常见的楼梯、电梯与出入口的关系处理有两种方式。一种是人流、货流由同一出入口进出(图 7-15)。楼梯与电梯的相对位置不论如何组合与布置,均要达到人流、货流同门进出,直接通畅而互不相交。另一种方式是人流、货流分门进出,设置人行和货运两个出入口(图 7-16)。这种组合方式使人流、货流分流明确,互不交叉干扰,对生产上要求洁净的厂房尤其适用。

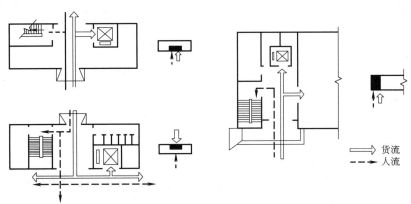

图 7-15 人流、货流同门进出

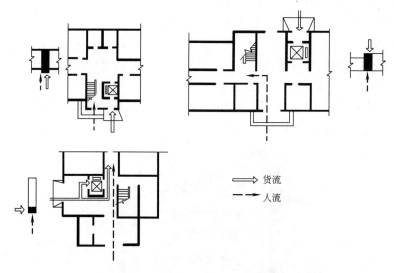

图 7-16 人流、货流分门进出

7.3.2 生活间布置

多层厂房生活间包括浴室、盥洗室、厕所等的设计，应按劳动者最多的班组人数进行设计。多层厂房内厕所不宜距工作地点过远，并应有防臭、防潮、防蝇措施。男女厕位及比例设置应满足相关规定的要求。

多层厂房的生活间的位置与生产厂房的关系，从平面布置上可归纳为两类。

1）生活间布置于厂房内部

将生活间布置在生产车间所在同一结构体系内。其特点是可以减少结构类型和构件，有利于施工。如图 7-17、图 7-18 所示生活间在主体内部的两种布置方式。

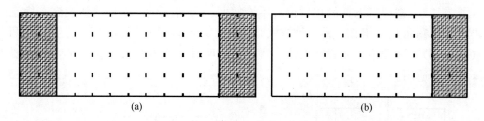

图 7-17 生活间布置在主体端部
(a) 车间两端布置生活间；(b) 车间一端布置生活间

2）生活间布置于厂房外部

生活间布置在与生产车间连接的另一独立的楼层内，这种布置可使主体结构统一，并使生活间与主体可采用不同的层高、柱网和结构形式，有利于降低建筑造价。通常布置方式有：布置在纵墙外和布置在横墙（山墙）外，如图 7-19、图 7-20 所示。

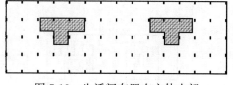

图 7-18 生活间布置在主体中部

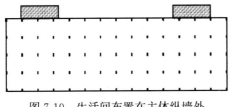

图 7-19 生活间布置在主体纵墙外

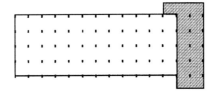

图 7-20 生活间布置在主体横墙（山墙）外

7.4 多层厂房层数及层高确定

7.4.1 层数的确定

多层厂房层数的确定主要取决于生产工艺，同时应考虑城市规划、厂址的地质条件、结构形式、施工方法等因素。

1）生产工艺对层数的影响

生产工艺流程、机具设备（大小和布置方式）以及生产工段所需的面积等方面在很大程度上影响着层数的确定。厂房根据竖向生产流程的布置，确定各工段的相对位置，同时相应地也就确定了厂房的层数。例如面粉加工厂，就是利用原料或半成品的自重，用垂直布置生产流程的方式，自上而下地分层布置除尘、平筛、清粉、吸尘、磨粉、打包等6个工段，相应地确定厂房层数为6层（图7-21）。

2）城市规划及其他条件的影响

多层厂房布置在城市时，层数的确定还应符合城市规划、城市建筑面貌、周围环境以及工厂群体组合的要求。

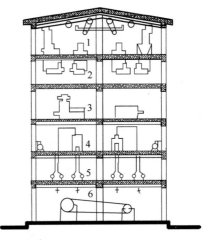

图 7-21 面粉加工厂剖面
1—除尘间；2—平筛间；3—精粉、原筛间；
4—吸尘、刷面、管子间；
5—磨粉机间；6—打包间

7.4.2 层高的确定

多层厂房的层高在综合考虑生产标准及设备管道布置，起重运输设备等要求及厂房进深，采光和通风等因素的基础上应满足《厂房建筑模数协调标准》GB/T 50006—2010的要求，钢筋混凝土结构和普通钢结构厂房各楼、地层间的层高，应采用扩大模数3M数列。当层高大于4.8m时，宜采用5.4m、6.0m、6.6m、7.2m等数值。

1）层高和生产、运输设备的关系

多层厂房的层高在满足生产工艺要求的同时，还要考虑生产和运输设备对厂房层高的影响。一般在生产工艺许可的情况下，把一些重量重、体积大和运输量繁重的设备布置在底层，这样就须相应地加大底层的层高。有时由于某些个别设备高度很高，布置时就可把局部楼面抬高，而形成参差层高的剖面形式。如图7-22某汽车品牌"4S"店不同功能、工艺要求的空间形成的剖面。

2) 层高与采光通风的关系

多层厂房宜采用侧窗天然采光,当厂房进深过大时,必须提高侧窗的高度,相应地要增加建筑层高来满足采光要求。在一般采用自然通风的车间,厂房净高应满足《工业企业设计卫生标准》GBZ 1—2010 的有关规定。一般从经济的角度,宜尽量降低厂房的层高。

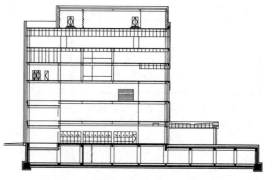

图 7-22　某汽车品牌"4S"店剖面

3) 层高与管道布置的关系

生产上所需要的各种管道对多层厂房的层高的影响较大。图 7-23 表示几种管道的布置方式。其中(a)和(b)表示干管布置在底层或顶层的形式,这时就需加大底层或顶层的层高。(c)和(d)则表示管道集中布置在各层的走廊上部或吊顶层的情形。再如当管线数量及种类较多、布置又较复杂时,则可在生产上部设置技术夹层集中布置管道,就需相应提高厂房的层高。

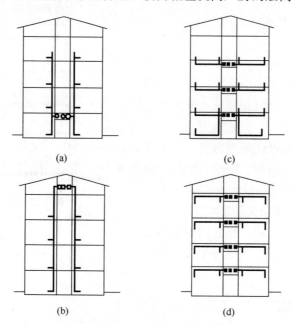

图 7-23　多层厂房管道的布置方式

第 2 篇 建 筑 构 造

第8章 建筑构造概述

8.1 建筑构造的研究对象与方法

构造即组成部分及其相互关系。建筑构造是研究建筑物各组成部分的构造原理和构造方法的学科，具有很强的实践性和综合性，是建筑设计不可分割的一个部分。当解析一座建筑物时，不难发现，它是由许多部分所组成且相互连接的，每个组成部分在建筑物中被称为建筑构件或建筑配件。正如齐康先生所言，建筑构造"既有构造的原理，又着重于构造方法，是一门方法学"。

建筑构造原理是综合多方面的技术要求，根据各种客观因素和使用功能，研究各种构配件及其细部构造合理性的理论。由于建筑功能的具体要求千差万别，建筑构造原理的综合性往往很强，其内容涉及建筑材料、建筑物理、建筑力学、建筑结构、建筑抗震、建筑施工以及建筑经济等相关知识。

建筑构造方法是基于了解建筑构配件在建筑中的作用的基础上，按照满足其各方面作用的设计要求，在相应构造原理的指导下，进一步研究如何运用各种材料，有机地加工和制作建筑构配件，并解决各构配件之间相互连接的具体做法。

因此，建筑构造的主要任务在于根据建筑物的功能要求，研究并提供适用、经济、绿色、美观的构造方案，以作为建筑设计中综合解决技术问题及进行施工图设计、绘制构造详图等的依据。

8.2 建筑物的组成构件

一幢建筑物的构（配）件种类繁多，但概括起来其构件主要包括基础、墙（柱）、楼地层、楼梯、屋顶和门窗等六大基本组成部分（图 8-1）。这六大基本构件各自发挥着不同的作用。

1）基础

基础是建筑物地面以下的承重构件。它承受建筑物上部结构传递下来的全部荷载，并把这些荷载连同基础的自重一起传到地基上。

2）墙（柱）

墙是建筑物的承重、围护、分隔及装饰性的竖向构件。作为承重构件，墙承受着由屋顶或楼板层传来的荷载，并将其传给基础；作为围护构件，外墙抵御着自然界各种不利因素（温度、湿度、风、雨、雪等）对室内的侵袭；作为分隔构件，内墙起着分隔建筑内部空间的作用；同时，墙体对建筑物的室内外环境还起着美化和装饰作用。

柱是建筑物的竖向承重构件，承受了屋顶和楼板层传来的荷载并传给基础。柱一般只起承重作用，与墙的区别在于其高度尺寸远大于自身的长宽尺寸，截面面积较小，通常用于骨架结构建筑中。

3）楼地层

楼地层是建筑物的承重和水平分隔构件。就承重而言，其承受着人及家具设备和构件自身的荷载，并将这些荷载传给墙或梁柱。楼板作为水平分隔构件，沿竖向将建筑物分隔成若干楼层，同时对承重墙体或柱子起到水平支撑作用。

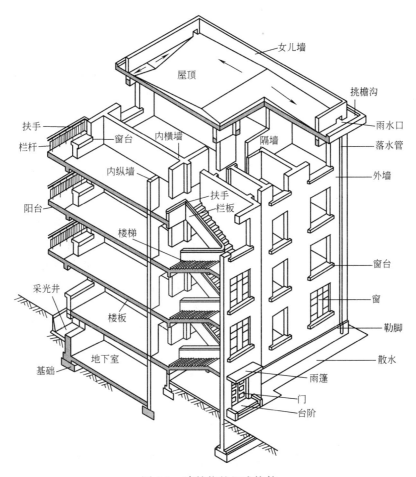

图 8-1 建筑物的组成构件

4）屋顶

屋顶是房屋最顶部起承重和围护作用的构件。作为承重构件，其承受作用于屋顶上的各种荷载和自重，并将这些荷载传给墙或梁柱，同时对房屋上部还起着水平支撑作用；其围护作用体现在防风、雨、雪、日晒等对室内的侵扰。

5）楼梯

楼梯是上下楼层之间联系和供人们安全疏散的垂直交通联系构件，楼梯也有承重作用，但不是基本承重构件。

6）门与窗

门是建筑物及其房间出入口的启闭构件，主要供人们通行和分隔房间。

窗是建筑中的透明构件,起采光、通风以及围护等作用。

以上6个基本构件中,由基础、墙或柱、楼地层、屋顶四种构件共同构成房屋的主要承重体系。作为建筑物的结构构件,它们对整个房屋的坚固耐久有很大的影响。

外墙、外门窗、屋顶等构成了房屋的外围护结构。外围护结构对保证建筑室内空间的环境质量和建筑的外形美观起着重要的作用。

8.3 影响建筑构造的因素

建筑物建成并投入使用后,要经受自然界各种因素的作用。为了提高建筑物对外界各种影响的抵御能力、延长建筑物的使用寿命,以便更好地满足使用要求,必须充分考虑各种影响建筑构造的因素,提出合理的构造方案。影响建筑构造的因素很多,归纳起来主要有以下几个方面。

1) 自然因素和人为因素的影响

(1) 气候的影响

我国幅员辽阔,由于南北纬度相差较大,从炎热的南方到寒冷的北方,气候差异大,建筑热工设计应与地区气候相适应。

气温的变化,太阳的热辐射,自然界的风、雨、雪等均构成了影响建筑构件使用要求的因素,尤其是对外围护结构构件的影响比较大,如图8-2所示。有的构件因热胀冷缩而开裂,严重的甚至遭到破坏;有的构件出现渗、漏水现象;还有的因室内过冷或过热而影响生活和工作等。总之,为防止由于自然条件的变化而造成建筑构件的破坏和保证建筑物的正常使用,往往在建筑构造设计时,针对影响因素的性质与影响程度,应对不同构件采取必要的防范措施,如防潮、防水、保温、隔热、隔声,设变形缝、隔汽层等,达到防患于未然的目的。

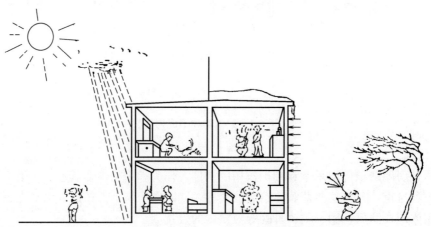

图 8-2 各种自然因素和人为因素对建筑物的影响

(2) 工程地质条件的影响

工程地质条件是指工程所在地区与建筑工程有关的地质环境各项因素的综合。这些因素包括:地层的岩性、地质构造、水文地质条件、地表地质作用、地形地貌等,涉及土壤的承载能力、建筑物的稳定性以及地下水对建筑材料的不利作用等方面。

(3) 人为因素和其他因素的影响

人们所从事的生产和生活活动，往往会造成对建筑物的影响，如机械振动、化学腐蚀、爆炸、火灾、噪声等，都属于人为因素的影响。因此，在进行建筑构造设计时，必须针对各种可能的因素，从构造上采取隔振、防腐、防爆、防火、隔声等相应的措施，避免建筑物遭受不应有的损失和影响。

另外，鼠、虫等也能对建筑物的某些构、配件造成危害，如白蚁对木结构的影响等，也必须引起重视。

2) 荷载和地震的影响

建筑结构的荷载可分为下列 3 类：永久荷载，包括结构自重、土压力、预应力等；可变荷载，包括楼面活荷载、屋面活荷载和积灰荷载、吊车荷载、风荷载、雪荷载、温度作用等；偶然荷载，包括爆炸、撞击、火灾及其他偶然出现的灾害引起的荷载等。荷载的大小是结构设计的主要依据，也是结构选型的重要基础，它决定着构件的尺寸和用料，而构件选材、尺寸、形状等又与其构造密切相关。所以在确定建筑构造方案时，必须考虑荷载的影响。

地震作用是由地震动引起的结构动态作用，这是目前自然界中对建筑物影响最大也最严重的一种因素。我国是多地震国家，地震带的分布相当广泛，在构造设计中，应该根据各地区抗震设防烈度的实际情况，予以设防。

3) 物质技术条件的影响

建筑构造受物质技术条件的影响和制约。随着建筑业的发展，新材料、新技术和新工艺的不断出现，建筑构造要解决的问题越来越多、越来越复杂。构造技术还应与建筑工业化的发展相适应。

4) 经济条件的影响

在确保工程质量的前提下，应选择合适的材料和构造方式。

8.4 建筑构造设计原则

在进行建筑构造设计时，应符合节能、节地、节水、节材和环境保护的要求，全面考虑建筑的基本方针，具体应考虑以下几方面的内容：

1) 必须满足建筑使用功能要求

建筑物由于使用性质和所处环境条件的不同，对建筑构造设计有不同的要求。如在严寒、寒冷地区，冬季要求建筑具有良好的保温效果；在炎热地区，要求建筑在夏季具有较好的防晒隔热能力；对有良好声环境要求的建筑物则要考虑吸声、隔声等。总之，在构造设计时，必须综合相关技术知识，进行合理的设计，以便选择、确定最合理的构造方案。

2) 必须有利于结构安全

建筑物除根据荷载大小、结构的要求确定构件的必须尺寸外，对一些构件、配件的设计，如阳台、楼梯的栏杆、顶棚、墙面、地面的装修、门窗与墙体的结合以及抗震加固等，都必须在构造上采取必要的措施，以确保建筑物使用时的安全。

3) 必须适应建筑工业化的需要

为了提高建设速度，改善劳动条件，保证施工质量，在构造设计时，应大力推广先进技术，选用各种新型建筑材料，采用标准设计和定型构件，为构件、配件的生产工厂化、现场施工机械化创造有利条件。

4) 必须讲求建筑经济的综合效益

在构造设计中，应该注意建筑物整体的经济效益问题，既要注意降低建筑造价，减少材料的能源消耗；又要有利于降低经常运行、维修和管理的费用，考虑其综合的经济效益。在提倡节约、降低造价的同时，还必须保证工程质量，绝不可为了追求效益而偷工减料、粗制滥造。

5) 必须注意美观

确定建筑构造方案时还应考虑其造型、尺度、质感、色彩等艺术和美观问题，如有不当往往会影响建筑物的整体设计效果。

第 9 章 建筑物理环境基础

建筑物理环境是指建筑室内外空间与人体相关的各个物理要素的总和，它包括建筑热环境、建筑声环境、建筑光环境和建筑空气质量四部分内容。创造舒适的建筑物理环境是人对建筑的基本要求。利用适宜的手段和方法，来创造良好的建筑物理环境，不仅关系到人的舒适性要求，还直接影响建筑的能源、资源消耗，进而影响建筑与环境的关系，影响人类社会的可持续发展。

本章主要介绍建筑室内物理环境，同时，还简要介绍绿色建筑和建筑"碳达峰碳中和"的基本概念。

9.1 建筑热环境

建筑热环境的主要内容有建筑保温、建筑防潮、建筑日照、建筑防热、建筑中的太阳能利用等。建筑热环境控制就是为了在节约资源和能源的前提下，满足人们的热舒适需求。

9.1.1 建筑热环境基础

1) 建筑传热学基础

建筑物的外围护结构包括外墙、屋顶、外门和外窗等，由于室内外空气温度的差别，通过建筑外围护结构必然有传热现象。传热的基本方式分为导热、对流和辐射 3 种。

(1) 稳定传热

如果室内外空气温度都不随时间变化，通过围护结构的传热过程称为稳定传热。稳定传热计算是建筑保温设计的基础，也是我国严寒和寒冷地区采暖居住建筑节能设计的基础。

按照稳定传热计算围护结构的传热系数 K 为公式 9-1：

$$K = \frac{1}{R_0} = \frac{1}{R_i + \sum \frac{d_i}{\lambda_i} + R_e} \tag{公式 9-1}$$

式中，K 为围护结构的传热系数，$W/(m^2 \cdot K)$；R_0 为围护结构的传热阻，$m^2 \cdot K/W$；R_i 为内表面换热阻，$R_i = 0.11 m^2 \cdot K/W$；R_e 为外表面换热阻，$R_e = 0.04 m^2 \cdot K/W$；d 为材料厚度，m；λ 为材料导热系数，$W/(m \cdot K)$。

(2) 非稳定传热

夏天，室内外空气温度都随时间变化，通过围护结构的传热过程称为非稳定传热。非稳定传热计算是建筑防热设计的基础，也是夏热冬冷和夏热冬暖地区建筑节能设计的基础。

① 室外综合温度：室外综合温度是室外空气温度与太阳辐射当量温度之和（公式9-2）。

$$t_{sa} = t_e + \frac{\rho \cdot I}{\alpha_e}$$ （公式9-2）

式中，t_{sa} 为室外综合温度，℃；I 为太阳辐射照度，W/m²；ρ 为围护结构表面的太阳辐射吸收系数；α_e 为围护结构外表面换热系数，通常取 $\alpha_e = 19.0 \text{W}/(\text{m}^2 \cdot \text{K})$。

室外综合温度是一个假想温度，可用它来表征建筑室外热作用的强弱。t_{sa} 是随时间变化的，建筑各个朝向的 t_{sa} 不同。在我国中纬度地区，建筑物各个朝向 t_{sa} 由大到小次序为：水平面＞东西向＞南向＞北向。这表明，夏季建筑防热设计应优先考虑屋顶防热和防东、西晒。

② **热惰性指标**

热惰性指标表征围护结构对温度波动衰减快慢的程度。热惰性指标 $D = \sum RS$，式中 R 为材料层的热阻，S 为材料层的蓄热系数。D 值越大，温度波在围护结构中衰减越快，围护结构的热稳定性越好。为了抵抗室外热作用的波动，要求外围护结构具有足够的热惰性指标值。

2) 建筑热工设计分区

我国幅员辽阔，各地气候差异较大。为了使建筑设计能够较好地适应气候，《建筑环境通用规范》GB 55016—2021 给出了建筑热工设计区属。具体分区和设计要求见表9-1。

建筑热工设计分区及设计要求 表9-1

分区名称	气候区属	热工设计要求	代表城市
严寒地区	严寒A区（1A）	冬季保温要求极高，必须满足保温设计要求，不考虑防热设计	海拉尔，黑河，漠河，那曲
	严寒B区（1B）	冬季保温要求非常高，必须满足保温设计要求，不考虑防热设计	哈尔滨，齐齐哈尔，玉树，牡丹江
	严寒C区（1C）	必须满足冬季保温要求，可不考虑防热设计	长春，呼和浩特，西宁，乌鲁木齐
寒冷地区	寒冷A区（2A）	应满足冬季保温要求，可不考虑防热设计	兰州，银川，拉萨，喀什
	寒冷B区（2B）	应满足保温设计要求，宜满足隔热设计要求，兼顾自然通风、遮阳设计	北京，天津，西安，吐鲁番
夏热冬冷地区	夏热冬冷A区（3A）	应满足保温、隔热设计要求，重视自然通风、遮阳设计	成都，武汉，上海，南京
	夏热冬冷B区（3B）	应满足保温、隔热设计要求，强调自然通风、遮阳设计	重庆，桂林，武夷山，丽水
夏热冬暖地区	夏热冬暖A区（4A）	应满足隔热设计要求，宜满足保温设计要求，强调自然通风、遮阳设计	福州，柳州，梧州，平潭
	夏热冬暖B区（4B）	应满足隔热设计要求，可不考虑保温设计，强调自然通风、遮阳设计	广州，厦门，南宁，海口
温和地区	温和A区（5A）	应满足冬季保温设计要求，可不考虑防热设计	昆明，贵阳，西昌，丽江
	温和B区（5B）	宜满足冬季保温设计要求，可不考虑防热设计	瑞丽，澜沧，江城，蒙自

9.1.2 建筑保温设计

严寒、寒冷、夏热冬冷及温和 A 区的建筑为保证冬季室内的温度、湿度、气流速度和平均辐射温度在一定允许范围内，建筑围护结构内表面温度不低于室内露点温度，应进行建筑保温设计。建筑保温设计包括建筑方案设计中的保温综合处理和围护结构保温设计。

1) 建筑保温的综合处理

(1) 控制体形系数：体形系数是指一栋建筑物的外表面积 F_0 与其所包围的体积 V_0 之比。如果建筑外表面凹凸过多，体形系数变大，则建筑物传热耗热量增大。

(2) 合理布置建筑朝向：建筑应朝向正南向。

(3) 防止冷风渗透：冬季通过外围护结构缝隙的冷风渗透使建筑物热损失增大。应提高窗户密封性；建筑立面避开当地冬季主导风向；设置避风措施；利用地形、树木来挡风。

(4) 合理选择窗墙面积比：窗墙面积比（窗墙比）是指窗洞口面积与房间立面单元墙面积之比。为了利用太阳能，南向窗墙比最大，北向窗墙比最小，东、西向窗墙比介于其间。

2) 建筑围护结构保温设计

(1) 最小传热阻：为了控制围护结构内表面温度不低于室内露点温度，保证内表面不结露的要求，围护结构的传热阻不能小于某个最低限度值，这个最低限度值称为"最小传热阻"。

(2) 围护结构主体部位保温构造

围护结构保温构造分两类：单一材料结构和复合保温结构。

单一材料结构如空心板、空心砌块、加气混凝土等，既能承重，又能保温。

复合保温结构由保温层和承重层复合而成。按保温层所处的位置可分为内保温（保温层在室内一侧），外保温（保温层在室外一侧）和中间保温（保温层夹在中间）三种。外保温的优点较多：①减小热桥处的热损失；②有利于防止保温层内部产生凝结水；③房间的热稳定性好；④降低墙或屋顶主要部分的温度应力起伏；⑤有利于旧房节能改造。

(3) 围护结构异常部位的保温设计

① 窗户的保温：可以选用塑钢、断桥铝合金和木材窗框。严寒地区，可采用多层窗；使用新型节能窗户，如低辐射玻璃窗（即 Low-E 窗）、中空玻璃窗等。

② 热桥保温：热桥是热量容易通过的地方（如钢或钢筋混凝土骨架、圈梁、过梁、板材的肋部等），热桥处内表面温度低于主体。对热桥应进行内表面温度验算和保温处理。

③ 其他异常部位保温：外墙角、外墙与内墙交角、楼地板或屋顶与外墙交角等应加强保温。靠近外墙 0.5～1.0m 宽的地面散热最大，因此，外墙周边地板采用局部保温措施。

9.1.3 建筑防潮设计

1) 围护结构内部冷凝判断

围护结构内部水蒸气的迁移现象称为蒸汽渗透。根据稳态条件下蒸汽渗透理论，可以

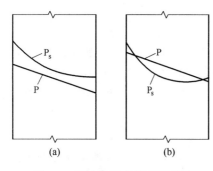

图 9-1 围护结构内部冷凝判断
(a) 围护结构内部无冷凝；
(b) 围护结构内部有冷凝

判别围护结构内部是否会出现冷凝现象（图 9-1）。其中（a）图水蒸气饱和压力 P_s 曲线与水蒸气分压力 P 线不相交，说明围护结构不会产生内部冷凝。图（b）中 P_s 线与 P 线相交，则在 P_s 小于 P 部位围护结构内部有冷凝产生。

2) 围护结构表面冷凝的防止和控制

控制表面冷凝的主要措施有：①利用保温材料，增加围护结构传热阻，进而提高其内表面温度；②保证室内表面空气气流畅通，加强自然通风；③选择具有一定调湿能力的内墙材料；④高湿环境应考虑有组织引导表面冷凝水，比如，房间吊顶具有一定坡度。

3) 围护结构内部冷凝的防止和控制

控制内部冷凝的主要措施有：①利用保温材料提高围护结构内部温度，材料层次的布置应使水蒸气渗透"进难出易"；②在保温层水蒸气流入的一侧设置隔汽层；③设置通风间层或泄气沟道使进入保温层的水分有出路。

9.1.4 建筑防热设计

建筑防热设计就是为了尽量减少传入室内的热量并使室内的热量尽快散出。防热设计宜根据当地气候特点，采用围护结构隔热、自然通风、建筑遮阳、种植绿化等综合措施。

1) 围护结构隔热

(1) 屋顶隔热

建筑围护结构隔热设计的重点是屋顶。隔热屋顶的构造有绝热层隔热屋顶、通风间层隔热屋顶、吊顶隔热屋顶、阁楼隔热屋顶、蓄水隔热屋顶和植被隔热屋顶等几类。

屋顶遮阳、浅色屋面可有效防热。通风屋顶长度不大于 10m，间层高 20cm，檐口兜风。蓄水面应有水生植物或浅色漂浮物，水深为 15~20cm。有土种植屋面，土壤厚 10cm 左右。

(2) 外墙隔热

自然通风建筑其外墙隔热的设计重点是东西墙，空调建筑各个朝向的外墙隔热都重要。

隔热外墙有空心黏土砖墙、砌块墙、通风墙与遮阳墙等。外墙遮阳和浅色外墙可有效防热。复合墙内侧应为重质材料层，通风间层 10cm 宽。东西外墙用花格构件或绿化遮阳。

2) 自然通风

(1) 热压和风压

当较重的冷空气从进风口进入室内，吸收了室内的热量后变成较轻的热空气上升从出风口排出室外，不断流入的冷空气在室内被加热后从建筑物的上部出风口排出就形成了室内自然通风，称为热压通风（图 9-2）。其表达式为：

$$P = g \cdot h \cdot (\rho_W - \rho_n) \quad \text{（公式 9-3）}$$

式中，P 为热压（Pa）；g 为重力加速度，m/s²；h 为上下进排风口的中心距离

(m);ρ_W 为室外空气密度（kg/m³）；ρ_n 为室内空气密度（kg/m³）。

根据流体力学原理，当风吹向建筑物时，在迎风面上形成正压区，在屋顶、两侧及背风面形成负压区（图 9-3）。如果建筑物上设有开口，气流就会从正压区流入室内，再经室内流向负压区，这就形成了风压通风。风压的计算公式如下：

$$P = g \cdot K \cdot \frac{v^2 \rho}{2g} \qquad (公式 9-4)$$

式中，P 为风压，Pa；v 为风速，m/s；ρ 为空气密度，kg/m³；g 为重力加速度，m/s²；K 为空气动力系数，K 的绝对值在 0~1 之间。

自然通风是热压和风压的综合结果。通常，风压通风对改善室内气候条件的效果比较显著，故应首先考虑如何组织风压通风来进行建筑防热设计。

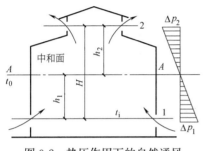
图 9-2　热压作用下的自然通风

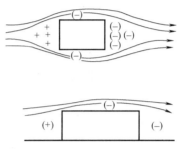
图 9-3　风压作用下的自然通风

（2）自然通风设计

建筑群自由式、错列式和斜列式布局及建筑南北朝向有利于自然通风。

穿堂风（房间进风口直对着出风口）会使气流直通，风速较大，但风场范围小。进、出风口错开，风场区域大。进、出风口相距太近，室内通风效果不佳。如果进、出风口都开在正压区或负压区墙面一侧或房间只有一个开口，室内通风较差。开口的高度低，气流才能作用到人身上。设辅助高窗可使顶部热空气散出。以进、出风口的面积相等为宜，或进风口小一点。

利用窗扇，水平挑檐、百叶板，外遮阳板及绿化可以挡风、导风，有效地组织室内通风。

9.1.5　太阳能在建筑中应用

太阳能是一种洁净的可再生能源。建筑中太阳能利用主要包括太阳能热利用（包括太阳能热水器、被动式太阳能建筑等）和太阳能光利用（包括光发电和天然采光）。

1）被动式太阳能建筑

被动式太阳能建筑（太阳房）就是不用任何其他机械动力，只依靠太阳能自然供暖的建筑。白天直接依靠太阳能供暖，多余的热量用热容大的建筑构件（如墙壁、地板等）、蓄热槽的卵石、水等吸收，夜间通过自然对流放热，使室内保持一定的温度，达到采暖的目的。

被动式太阳能房可分为直接得热式（图 9-4a）、集热墙式（图 9-4b）和附加阳光间式（图 9-4c）。太阳房就地取材，技术简单，不耗费或较少耗费其他常规能源，其缺点是冬季平均供暖温度偏低。太阳房夏季应注意防止室内过热。

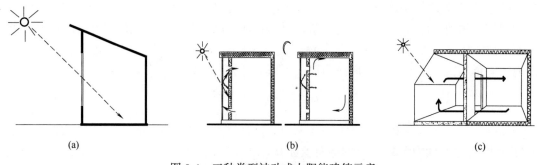

图 9-4 三种类型被动式太阳能建筑示意
(a) 直接得热式；(b) 集热墙式；(c) 附加阳光间式

2) 主动式太阳能热利用

主动式太阳能热利用主要由太阳集热器、管道、储热装置、循环泵、热能交换器等组成（图 9-5）。主动式太阳能热利用可以保证室内采暖和供热水，甚至制冷空调。但设备复杂，投资贵，需要消耗辅助能源和电功率，热水集热系统需要设有防冻措施。

3) 光伏发电系统与建筑一体化（BIPV）

通常，光伏发电系统由太阳电池、方阵（板）、储能装置、备用电源（辅助发电机或电网）以及负载组成，此外还有功率调节和控制装置（图 9-6）。

光伏发电系统与建筑一体化是指太阳能发电设备或构件在建筑上利用，与建筑有机地结合（图 9-7）。它不占耕地，就地安装、就地使用，减少了电路输送损耗和电路基础设施建设。光伏组件直接做成光伏幕墙，可作装饰使用，使幕墙从一个耗能单元变为产能单元。

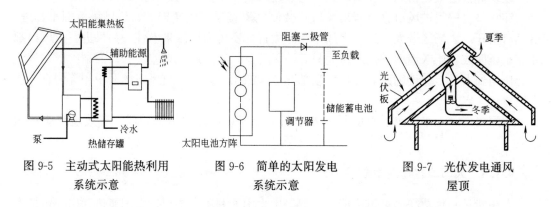

图 9-5 主动式太阳能热利用系统示意　　图 9-6 简单的太阳发电系统示意　　图 9-7 光伏发电通风屋顶

9.2 建筑光环境

建筑光环境控制包括建筑采光设计和建筑照明两部分内容。本节只介绍建筑采光设计。建筑采光设计就是设法通过采光口使光线进入室内。

9.2.1 采光设计标准

1) 基本光度单位

光环境设计常用的基本光度单位有光通量、照度、发光强度和亮度。光通量 Φ 表示光源发出的光能的多少,单位为 lm(流明)。照度是水平面上接收到的光线强弱的指标,照度的单位是 lx(勒克斯)。发光强度是光通量的空间密度,单位为 cd(坎德拉)。亮度是发光体在视看方向上单位面积发出的发光强度,单位为 cd/m^2(坎德拉每平方米)。

2)采光标准

采光设计中,天然光指的是天空光。日光在通过地球大气层时被空气中的尘埃和气体分子扩散,使白天的天空呈现出一定的亮度,这就是天空光。它是建筑采光的主要光源。天然光变化快,不好控制。因此,《建筑环境通用规范》GB 55016—2021 规定,采光设计应以采光系数为评价指标。采光系数是指室内某一点直接或间接接受天空漫射光所形成的照度与同一时间不受遮挡的该天空半球在室外水平面上产生的天空漫射光照度之比。这样,不管室外照度如何变化,室内某一点的采光系数是不变的。采光系数用符号 C 表示。

《建筑环境通用规范》GB 55016—2021 和《建筑采光设计标准》GB 50033—2013 给出不同作业场所工作面上的采光标准值(表 9-2)。我国幅员辽阔,各地光气候差别较大。《建筑环境通用规范》GB 55016—2021 将我国划分为Ⅰ~Ⅴ类光气候区。采光设计时,各光气候区取不同的光气候系数 K。

视觉作业场所工作面上的采光标准 表 9-2

采光等级	视觉作业分类		侧面采光		顶部采光	
	作业精确度	识别对象的最小尺寸 d(mm)	采光系数标准值(%)	室内天然光照度标准值(lx)	采光系数标准值(%)	室内天然光照度标准值(lx)
Ⅰ	特别精细	≤0.15	5	750	5	750
Ⅱ	很精细	0.15<d≤0.3	4	600	3	450
Ⅲ	精细	0.3<d≤1.0	3	450	2	300
Ⅳ	一般	1.0<d≤5.0	2	300	1	150
Ⅴ	粗糙	d>5.0	1	150	0.5	75

表 9-2 中采光系数标准值都是以Ⅲ类光气候区为基准给出的。在其他光气候区,各类建筑的工作面上的采光系数标准值应为标准中给出的数值乘以相应的光气候系数所得到的数值。表 9-3 为不同建筑的房间(车间)采光等级举例。

不同建筑的房间(车间)采光等级举例 表 9-3

采光等级	房间(车间)名称	采光等级	房间(车间)名称
Ⅰ	特别精密机电产品加工、装配、检验工艺品雕刻、刺绣、绘画	Ⅲ	办公建筑办公室、会议室,学校教室、实验室、阶梯教室,旅馆会议室、图书馆阅览室、开架书库,医院诊室、药房、治疗、化验室,博物馆文物修复室、标本制作室等
Ⅱ	办公建筑设计室、绘图室,很精密机电产品加工、装配、检验,通信、网络、视听设备的装配与调试,纺织品精纺、织造、印染,服装裁剪、缝纫及检验,精密理化实验室、计量室、主控制室,印刷品的排版、印刷等	Ⅳ	住宅起居室、卧室、厨房,办公建筑复印室、档案室,图书馆目录室,旅馆大堂、客房、餐厅、健身房,博物馆陈列室、展厅和门厅,医院候诊室、挂号处、综合大厅、医生办公室等
		Ⅴ	民用建筑卫生间、过道、餐厅、楼梯间,发电厂主厂房、压缩机房、风机房、锅炉房、泵房、电石库、乙炔库、氧气瓶库、汽车库、大中件贮存库等

3) 采光均匀度

采光均匀度为参考平面上的最低采光系数与平均采光系数之比。顶部采光Ⅰ～Ⅳ级采光均匀度在 0.7 以上，对顶部采光Ⅴ级和侧面采光无要求。

4) 眩光

眩光是在视野中由于亮度的分布或范围不适宜，或存在极端的亮度对比，以致引起不舒适和降低物体可见度的视觉条件。眩光会影响人们的注意力，增加视疲劳，降低视度，甚至丧失视力。采光设计中，减小窗户眩光主要措施有：①作业区应减少或避免直射阳光；②工作人员的视觉背景不宜为窗口；③为降低窗户亮度或减少天空视域，可采用室内外遮阳设施；④窗户结构的内表面或窗户周围的内墙面，宜采用浅色粉刷。

9.2.2 建筑采光设计

采光设计可以分为被动式和主动式两类。被动式采光就是利用不同形式的采光窗进行采光。主动式采光则是利用集光、传光等设备与控制系统将天然光传送到需要照明的部位。

1) 被动式采光设计

被动式采光方法取决于采光窗种类，采光窗通常可分为侧窗和天窗。

(1) 侧窗（侧面采光）：侧窗采光的特点是房间的天然光照度随进深的增加而迅速降低，照度分布很不均匀。为了有较好的采光均匀度，单侧采光房间的进深一般不超过窗高的 1.5～2 倍为宜。改善侧窗采光特性的措施：①利用透光材料本身的反射、扩散和折射性能控制光线；②使用固定或活动的遮阳板、遮光百叶、遮光格栅。

(2) 天窗（顶部采光）：顶部采光口形式包括矩形天窗、锯齿形天窗、平天窗等。除了以上三种天窗外，顶部采光还有：①大面积采光顶棚，常见于现代建筑的中庭、大型市场、体育馆、博览馆、温室等建筑；②带形或板式天窗，多数是在屋面板上开洞，覆以透光材料构成的；③下沉式天窗，是利用建筑物屋架上下弦之间的高差设置采光窗构成的。

2) 主动式采光设计

主动式采光设计增加了室内可用的天然光数量，改善室内光环境质量，使不可能接收到天然光的空间也能享受天然采光，减少照明用电，节约能源。主动式采光方法大体上有四类：①利用反射镜面，将日光反射到需要的空间；②通过导光管，将日光传送到需要采光的空间（图 9-8）；③利用光导纤维传输阳光；④光伏发电间接采光照明。

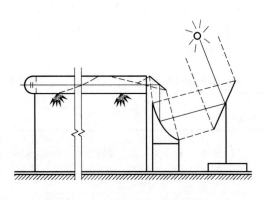

图 9-8 利用导光管采光方法示意

3) 窗地面积比和采光有效进深

采光要求不十分精确时，利用窗地面积比和采光有效进深可以估算出采光窗面积。窗地面积比是指窗洞口面积与室内地面面积之比（表 9-4）。采光有效进深是指侧面采光时，可满足采光要求的房间进深，用房间进深与参考平面至窗上沿高度的比值来表示。

采光窗窗地面积比和采光有效进深　　　　　　　表 9-4

采光等级	侧面采光		顶部采光
	窗地面积比	采光有效进深(m)	窗地面积比
Ⅰ	1/3	1.8	1/6
Ⅱ	1/4	2.0	1/8
Ⅲ	1/5	2.5	1/10
Ⅳ	1/6	3.0	1/13
Ⅴ	1/10	4.0	1/23

注：非Ⅲ类光气候区的窗地面积比应乘以相应的光气候系数 K。

9.3 建筑声环境

建筑声环境包括建筑隔声（吸声）、噪声控制和室内音质设计等三方面的内容。室内音质设计一般只限于各类厅堂，如影剧院、音乐厅、体育馆、报告厅、教室、礼堂和各类多功能厅等，建筑隔声和噪声控制是各类建筑都存在的一个普遍性问题。

声音源于物体的振动。正在发出声音的物体称为声源。空气中的声音就是在弹性媒质中传播的疏密波。常温下声波的传播速度为 340m/s。人耳可听到的声音频率范围为 20~20000Hz。根据波长＝声速/频率的关系，相应的人耳可听到的声音波长范围为 17mm~17m。

声音也是一种波动，在传播过程中，它具有反射、绕射、折射等现象。声波是能量的携带者，材料或结构对声音可以吸收、反射和透射。

人耳所感受到的声音的强弱可以用 A 计权网络声压级来表示，简称 A 声级。声压级符号为 Lp，单位为 dB（A）。声压级的叠加按照对数运算法则进行。两个相等的声压级叠加，声压级只增大 3dB。常见声源的 A 声级见表 9-5。

常见声源的 A 声级　　　　　　　表 9-5

声压级 dB(A)	常见声源	声压级 dB(A)	常见声源
140	30m 处高射炮	60	两人相距 1m 谈话
130	喷气机起飞、风铆、高射机枪	50	普通房间背景噪声
120	凿岩机、球磨机、柴油发动机	40	1.5m 处轻声耳语
110	织布机、电锯、大鼓风机	30	夜间很安静的郊外房间内
100	工业噪声	20	夜间很安静的山间民房内
90	空压机、泵房、吵闹的街道	10	年轻人的可闻阈
80	大声交谈、收音机、较吵的街道	0	人耳最低可闻阈
70	普通谈话、小空调机、城市道路边		

9.3.1 建筑吸声

1）多孔吸声

多孔吸声材料是主要的吸声材料，它具有良好的高频吸声性能。最初是以麻、棉、毛等有机纤维材料为主，现在大部分由玻璃棉、超细玻璃棉、岩棉、矿棉等无机纤维材料代替。除了棉状的以外，还可用适当的粘着剂制成板材或毡片。

2）薄板、薄膜吸声

薄板吸声构造系任何一种不透气的材料装在墙壁上并保持一定的空气层，就成为板状吸声构造。当声波撞击板面时便发生振动，板的挠曲振动将吸收部分入射声能，并把这种声能转变为热能。把胶合板、硬质纤维板、石膏板、石棉水泥板等板材周边固定在框架上，连同板后的封闭空气层，即构成振动系统。

薄膜吸声构造系皮革、人造革、塑料薄膜等材料具有不透气、柔软、受张拉时有弹性等特性。这些薄膜材料可与其背后封闭的空气层形成共振系统，用以吸收共振频率附近的入射声能。共振系统的弹性与膜所受的张力和背后空气层的弹性有关。薄膜吸声结构频率通常在 200～1000Hz 的范围，最大吸声系数约为 0.3～0.4，一般把它作为中频范围的吸声材料。

3）空腔共振吸声

空腔（亥姆霍兹）共振器，是一个内部为硬表面的封闭体，连接一条颈状的狭窄通道，以便声波通过狭窄通道进入封闭体内。

它是一个封闭空腔通过一个开口与外部空间相联系的结构。各种穿孔板、狭缝板背后设置空气层形成吸声结构，均属于空腔共振吸声结构。其材料可用穿孔石棉水泥板、石膏板、硬质纤维板、胶合板以及钢板、铝板等。这种吸声结构在音质设计中应用较广。空腔共振器可分为单个吸声体、穿孔板共振器、狭缝共振器。

4）空间吸声体

空间吸声体用穿孔板材做成各种形状，如板形、棱柱体形、立方体形、球形、圆柱体形、单锥和双锥壳体形等，通常填充或衬贴玻璃棉、矿棉等吸声材料。特别适用于噪声很大的工业厂房作吸声处理。

5）可变吸声体

对于某些功能需要转换的空间，其声学要求也将随使用功能而变化，这时可以利用可变吸声体进行声音的吸收与反射之间的转换。常用的可变吸声体有伸缩式帘幕、旋转式吸声板、平移式吸声板、铰链式吸声板、旋转式圆柱体等形式。

6）其他吸声体

纺织品大多具有多孔材料的吸声性能，只是一般这类织物较薄，吸声效果比厚的多孔材料差。若幕布、窗帘等离墙面、窗玻璃有一定距离，恰如多孔材料背后设置了空气层，尽管没有完全封闭，对中高频甚至低频仍具有一定的吸声作用。

向室外自由声场敞开的洞口，从室内的角度来看，它是完全吸声的，对所有频率的吸声系数均为 1。若洞口不是朝向自由声场时，其吸声系数就小于 1。

人和家具实际上也是吸声体。例如室内的桌、椅、柜和被服等都具有一定的吸声能力，有的是多孔材料，有的是薄板吸声结构。人的穿着不同，其吸声能力也有所差别。

9.3.2 噪声控制

1）噪声的危害与评价

广义的噪声定义为，凡人们不愿听的各种声音都是噪声。从物理学的角度来看，噪声是指由频率和强度都不同的各种声音杂乱地组合而产生的。城市噪声来自交通噪声、工厂噪声、施工噪声和社会生活噪声。交通噪声的影响最大，范围最广。噪声引起人烦躁，妨碍人们正常休息、学习和工作。长期处于高噪声环境可以使人听力衰退，严重的可导致噪声性耳聋；噪声会引起多种疾病，会影响人的正常生活，使劳动生产率降低等。此外，国外还有极强的噪声损坏建筑物的报道。

《声环境质量标准》GB 3096—2008 规定各类声环境功能区的环境噪声限值见表 9-6。

环境噪声限值 表 9-6

声环境功能区类别	噪声限值(等效声级 $L_{Aeq,T}$, dB)	
	昼间(6:00～22:00)	夜间(22:00～次日 6:00)
0 类(指以康复疗养区等特别需要安静的区域)	50	40
1 类(指以居民住宅、医疗卫生、文化教育、科研设计、行政办公为主要功能，需要保持安静的区域)	55	45
2 类(指以商业金融、集市贸易为主要功能，或者居住、商业、工业混杂，需要维护住宅安静的区域)	60	50
3 类(指以工业生产、仓储物流为主要功能，需要防止工业噪声对周围环境产生严重影响的区域)	65	55
4 类(指交通干线两侧一定距离之内，需要防止交通噪声对周围环境产生严重影响的区域) 4a 类(为高速公路、一级公路、二级公路、城市快速路、城市主干路、城市次干路、城市轨道交通(地面段)、内河航道两侧区域)	70	55
4b 类(为铁路干线两侧区域)	70	60

《建筑环境通用规范》GB 55016—2021 规定主要功能房间室内的噪声限值见表 9-7。

主要功能房间室内关闭门窗状态下的噪声限值 表 9-7

房间使用功能	噪声限值(等效声级 $L_{Aeq,T}$, dB)	
	昼间(6:00～22:00)	夜间(22:00～次日 6:00)
睡眠	40	30
日常生活	40	
阅读、自学、思考	35	
教学、医疗、办公、会议	40	

注：当建筑位于 2 类、3 类、4 类声环境功能区时，噪声限值可放宽 5dB。

2) 居住区内交通干道噪声控制

居住区交通干道噪声控制措施有：一是把交通干道设计成地下或半地下；二是利用隔声屏障来降噪。隔声屏障是用来遮挡声源和接收点之间直达声的措施。隔声屏障对波长短的高频声降噪明显，对波长较长的低频声隔声效果较差。隔声屏障材料多种多样，如砖石和砌块、混凝土板、木板、钢板、玻璃钢声屏障等。隔声屏障有直立式、吸声直立式、上端倾斜式、T 形、Y 形等。隔声屏障有效高度越高越好。隔声屏障宽度应为高度的 2 倍以上。此外，在居住区交通干道噪声控制中要灵活地利用土堤、围墙、建筑物、路堑的挡土墙等自然声屏障。

绿化林带也是一种常用的降噪方法。防噪绿带宜选用常绿的或落叶期短的树种，高低配植组成林带，林带树木茂密，树间杂草丛生，才能起到减噪作用。

3) 建筑室内噪声控制

利用隔声、吸声降噪和消声等技术措施可以有效地控制室内噪声。使用隔声墙或楼板等构件、隔声罩、隔声间、隔声幕等技术能降低噪声级 20~50dB。

对于内部为清水砖墙或抹灰墙面以及水泥或水磨石地面等坚硬材料的房间，如在室内天花或墙面上布置吸声材料或吸声结构，可使混响声减弱，这时，人们主要听到的是直达声，那种被噪声"包围"的感觉将明显减弱。这种利用吸声原理降低噪声的方法称为"吸声降噪"。吸声降噪只能降低混响声，而对直达声无效，因此，吸声降噪效果不大于 15dB。

在空调系统的管道中使用消声器，可以降低沿管道传播的风机噪声和控制气流噪声，使空调房间达到允许的噪声标准，这就是空调系统的消声设计。

4) 隔振设计

为了减弱设备运行时产生的振动以及由振动引起的固体声，必须对设备进行隔振设计。设备隔振一般包括设备基础隔振和管道隔振两部分内容。在振源（设备）与基础间配置隔振器或隔振垫，可有效地控制振动，从而降低由建筑结构传递的振动和固体声。常用的隔振器有金属螺旋弹簧、不锈钢钢丝弹簧等。常见的隔振垫有橡胶垫、玻璃棉板等。金属弹簧适用于扰动频率较低的风机和空压机。橡胶垫适用于扰动频率较高的水泵和冷冻机组。

9.3.3 室内音质设计

在剧场、音乐厅等以听闻作为主要功能的建筑，室内音质设计是建筑设计的关键。

1) 厅堂音质评价指标

厅堂音质评价指标包括主观评价指标和客观评价指标两类，主观评价指标有合适的响度；高清晰度；足够的丰满度；良好的空间感；无回声等音质缺陷以及低背景噪声等。客观评价指标有声压级 L_p；混响时间 T_{60}；反射声的时间、空间分布和背景噪声级。厅堂音质设计的目的就是满足听闻者的要求。

2) 厅堂音质设计策略

表 9-8 为厅堂音质要求与设计策略。一般声学处理方法如图 9-9、图 9-10 所示。

厅堂音质要求与设计策略　　表 9-8

厅堂音质一般要求	音质设计策略
观众席有充分的直达声和前次反射声	控制厅堂体积；合理的体形设计；观众席起坡，抬高声源位置；利用天花和侧墙提供前次反射声
室内声场均匀	良好的体形和声扩散设计
具有最佳混响特性	控制适当的每座容积；合理选择使用、布置吸声或反声材料
室内无音质缺陷	合理的体形；利用声吸收、声扩散和声反射，消除音质缺陷
室内无振动或噪声干扰	合理选址规划，合理布置房间；良好的隔声隔振及设备消声设计

3) 混响时间设计

在室内声场达到稳态后，声源停止发声，室内的声能密度随时间增加而逐渐减小，直

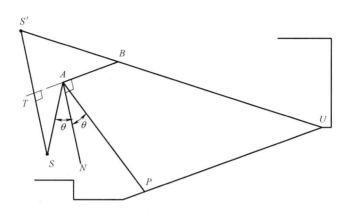

图 9-9 用声线法设计观众厅顶棚

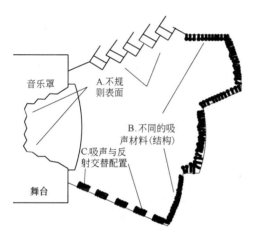

图 9-10 观众厅声扩散设计

至完全消失,这一过程称为"混响过程"或"交混回响"。混响过程的长短以混响时间来表征。混响时间是声源停止发声后,声能密度衰减 60dB 所需的时间。混响时间符号为 T_{60},单位为秒(s)。混响时间计算对"控制性"地指导材料的选择和布置,预测音质效果和分析建筑的音质缺陷等均有实际意义。常用的混响时间 T_{60} 计算公式为赛宾公式:

$$T_{60}=K\frac{V}{A} \quad \text{(公式 9-5)}$$

式中,V 为房间容积,m³;A 为室内的总吸声量,m²;K 为与声速有关的常数,一般取 0.161。

由于在室内总吸声量较大、混响时间较短的情况下,赛宾公式的混响时间计算值误差较大;加之,考虑到空气对高频声的吸收,工程上普遍应用伊林-努特生(Eyring-Knudsen)公式来计算混响时间:

$$T_{60}=\frac{0.161V}{-S\ln(1-\overline{\alpha})+4mV} \quad \text{(公式 9-6)}$$

式中,S 为室内总表面积,m²;$\overline{\alpha}$ 为室内平均吸声系数;$4m$ 为空气吸收系数。

不同使用功能的大厅具有不同的最佳混响时间。通常给出中频(500Hz)混响时间值,音乐厅堂 125Hz 附近混响时间是中频混响时间的 1.2~1.5 倍。以语言为主的大厅,其频率特性应从低频到高频保持平直。多功能大厅可根据情况取折中处理。

4)扩声设计

扩声系统把语言或音乐信号经传声器变成电信号,由带前置放大器和电压放大器的功率放大器产生足够的电功率,推动扬声器,发出声音。扩声系统主要设备包括传声器(麦克风)、调音台、功率放大器和扬声器等。

在厅堂内如何布置扬声器,是扩声系统设计的重要问题,它与建筑处理的关系也很密切。室内扬声器布置的基本要求是：①使观众厅声场均匀；②声像统一；③控制声反馈和避免产生回声干扰。扬声器的布置方式可以为分集中式、分散式和混合式三种。

9.4 建筑空气质量

9.4.1 室内空气质量概念

人们约有80%的时间在室内度过。一个成年人平均每天吸入15kg空气，人5分钟不呼吸空气就会导致死亡。室内空气质量的优劣对人们的健康和舒适至关重要。

20世纪70年代，国外发现了"建筑病综合症（SBS）"的存在，由此，世界各国逐渐重视室内空气质量研究和控制。1996年美国采暖、制冷和空调工程师协会（ASHRAE）提出了"可接受的室内空气质量（IAQ）"和"感受到的可接受的室内空气质量"等概念。其中"可接受的室内空气质量"定义为：空调房间中绝大多数人没有对室内空气质量表示不满意。而且空气中没有已知污染物达到了可能对人体健康产生严重威胁的浓度。"感受到的可接受的室内空气质量"定义为：空调房间中绝大多数人没有因为气味或刺激性表示不满意。ASHRAE标准中对室内空气质量的定义包括了客观指标和人的主观感觉两方面的内容，是比较科学和全面的。

9.4.2 室内空气污染与人体健康

1) 室内化学污染

在我国和大多数发展中国家，化学性污染物是室内最主要的污染物。它包括各种燃烧产物造成的污染、室内装修和家用化学品污染、空调引起的二次污染和其他污染等。

(1) 燃烧产物造成的污染

其主要由于室内燃烧、烹调油烟以及吸烟等活动产生的污染。燃煤和生物性燃料污染物主要包括颗粒物、SO_2、CO、CO_2、NO_x以及多环芳烃类物质，对人体呼吸系统的危害较大。

(2) 室内装修和家用化学品污染

其主要由建筑材料、装饰材料、胶粘剂、化妆品、消毒剂、杀虫剂等化工产品产生的污染，污染物主要以挥发性有机物（VOCs）和甲醛为主。这类污染物对皮肤、眼、鼻、咽喉有强烈的刺激。

(3) 空调引起的二次污染

它可以产生"空调综合症"（如疲乏、头疼、胸闷、嗜睡、易感冒等症状），军团病（由军团菌引起的类似于肺炎症状）和建筑病综合症（SBS，如头晕、头疼、恶心、易疲劳、呼吸困难、皮肤以及黏膜干燥等症状，而离开该建筑物后，症状则可消退）。

(4) 其他污染

室内臭氧（O_3）主要源于复印设备。O_3暴露可使肺功能水平降低，可促使支气管超敏性发展。室内铅（Pb）主要来源于电池、油漆和复印机等。长期低水平铅暴露可导致中枢神经和周围神经损伤、认知障碍、慢性贫血、发育迟缓、听力损伤等。

2) 室内微生物污染

其包括细菌、病菌、真菌、支原体、螨虫等，主要危害的是人类呼吸道传染病的传播。

3) 室内放射性污染

室内放射性污染物主要指土壤、岩石和建筑材料中的氡（Rn）。氡暴露可导致肺癌等。

9.4.3 室内空气质量标准

国家标准《室内空气质量标准》GB/T 18883—2022 规定了住宅和办公建筑室内空气质量指标及要求（表9-9）。

住宅和办公建筑室内环境质量指标及要求　　　　表9-9

指标分类	指标	计量单位	要求	备注
物理性	温度	℃	22～28	夏季
			16～24	冬季
	相对湿度	%	40～80	夏季
			30～60	冬季
	风速	m/s	≤0.3	夏季
			≤0.2	冬季
	新风量	m³/(h·人)	≥30	—
化学性	臭氧(O_3)	mg/m³	≤0.16	1小时平均
	二氧化氮(NO_2)	mg/m³	≤0.20	1小时平均
	二氧化硫(SO_2)	mg/m³	≤0.50	1小时平均
	二氧化碳(CO_2)	%	≤0.10	1小时平均
	一氧化碳(CO)	mg/m³	≤10	1小时平均
	氨(NH_3)	mg/m³	≤0.20	1小时平均
	甲醛(HCHO)	mg/m³	≤0.08	1小时平均
	苯(C_6H_6)	mg/m³	≤0.03	1小时平均
	甲苯(C_7H_8)	mg/m³	≤0.20	1小时平均
	二甲苯(C_8H_{10})	mg/m³	≤0.20	1小时平均
	总挥发性有机化合物(TVOC)	mg/m³	≤0.60	8小时平均
	三氯乙烯(C_2HCl_3)	mg/m³	≤0.006	8小时平均
	四氯乙烯(C_2Cl_4)	mg/m³	≤0.12	8小时平均
	苯并[a]芘(BaP)	ng/m³	≤1.0	24小时平均
	可吸入颗粒物(PM_{10})	mg/m³	≤0.10	24小时平均
	细颗粒物($PM_{2.5}$)	mg/m³	≤0.05	24小时平均
生物学指标	菌落总数	CFU/m³	≤1500	—
放射性指标	氡(^{222}Rn)	Bq/m³	≤300	年平均(参考水平)

9.4.4 室内空气污染控制

从技术观点上看，最好的办法是致力于减少污染物的进入和放出，而不是污染空气后再进行排除。而改善和提高室内空气质量将从室内污染源控制、使用绿色建材、通风、合理使用空调，采用治理技术使用室内空气净化器及室内绿化、优化设计等方面着手。

1) 污染源的控制

消除或减少室内污染源是改善室内空气质量最经济最有效的途径。具体如：在室内减少吸烟、燃烧过程，进行燃具改造，减少气雾剂、化妆品使用，选择和开发绿色建筑装饰材料。

正确勘查选择建筑物的地基可以避免氡污染，沙土透气性太强会有利于氡的进入，不透气性泥土利于防止氡污染。

2) 室内通风换气

开窗通风换气是改善室内空气质量的主要手段。通风是指将"新鲜"空气导入人所停留的空间，以除去室内污染物、余热和余湿。通风不畅，室内新风不足，是室内空气污染的主要原因。空调系统可以排除或稀释各种空气污染物，但当新风量不足时使用空调，会造成室内空气质量下降，故要科学合理使用空调。

3) 采用空气净化装置

室内空气净化器一般可分为机械式、静电式、负氧离子式、物理吸附式、化学吸附式或者前几种形式的两种或两种以上的组合。

(1) 机械式室内空气净化器

机械式室内空气净化器采用多孔性过滤材料，把气流中的颗粒物截留下来，使空气净化。它除尘效率高、容尘量大、使用寿命长。一般家庭和办公室室内空气中颗粒物浓度低，可以较长时间不更换过滤材料。

(2) 静电式室内空气净化器

利用阳极电晕放电原理，使气流中的颗粒物带正电荷，借助库仑力的作用，将带电颗粒物捕集在集尘装置上而净化空气。其除尘效率高达90%以上，但是需要高压电源。

(3) 负氧离子式室内空气净化器

用人工方法造成的强电场，使空气中的中性分子失去一个外层电子，该分子成为基本正离子，失去的电子与另一个中性分子结合成为基本负离子，再与某些中性分子结合成为负离子。研究表明，对人体有益的是负氧离子，使人感到空气清新。

(4) 吸附式室内空气净化器

吸附技术是目前去除室内挥发性有机化合物（VOCs）最常用的控制技术，吸附式空气净化器可以分为物理吸附式和化学吸附式两类。物理吸附式净化器利用活性炭的高比表面积、高孔隙率对有害气体进行吸附。化学吸附式净化器在物理吸附材料表面浸泡活性化学物质以及分子筛对有害气体进行吸附，吸附稳定不易脱附和传播。

(5) 光催化室内空气净化器

其是采用纳米技术，将催化剂镀在特定载体上，用特定波长的紫外光源照射催化剂。通过风机的作用，使含有有害气体的空气以特定的速度经过照射下的催化剂，与有害气体发生化学反应，达到净化的目的。

4) 植物净化

在室内种植绿色植物是净化室内空气的一种有效途径。植物可以调节室内空气碳氧平衡和空气湿度，散发香味等。研究表明，有些绿色植物能有效地降低空气中的化学物质并将它们转化为自己的养料。如芦荟能吸收甲苯；茶花、紫罗兰、凤仙、牵牛等可以吸收二氧化硫；龙舌兰吸收苯、甲醛，吊兰能吸收一氧化碳、甲醛等。

5）病毒颗粒防控

2020 年以来，全世界爆发新型冠状病毒感染的肺炎，这种病毒也属于空气污染物。在餐厅等人员密集场所和建筑内卫生间应进行排风，以形成负压区，加快空气流动，减少场所内人员的感染风险，也避免此类区域成为建筑的病毒污染源。当无自然通风时，空调系统或新风系统应以全新风或最大新风比运行。高效过滤空气净化装置可以有效过滤 $0.1\mu m$ 以上的病毒颗粒和病毒飞沫核；病毒的增殖需要活细胞，被捕捉在滤芯上的病毒无法继续存活，所以高效滤芯也不会成为病毒的培养皿。

9.5 绿色建筑概述

9.5.1 绿色建筑概念

1）绿色建筑的背景

20 世纪 70 年代西方国家的石油危机，使人们开始认识到节约能源的重要性。由于建筑能耗在社会能耗中所占的比例可达到 30%，节能建筑的概念被提出。又由于发达国家新能源开发和节约常规能源并举，太阳能建筑的概念被提出。同时，节能建筑的理念也不断深化，由最初的仅仅节约常规能源，发展到节流开源并举。节能从 Energy saving、Energy conservation 发展到 Energy efficiency。因此，能效建筑、超低能耗建筑、零能耗建筑随后被提出并得到发展。

与此同时，由于能源大量消耗带来了一系列的如酸雨、大气污染、全球温室效应等生态环境问题，使得人类不得不重新审视高能耗、高污染的发展模式。世界环境与发展委员会（WCED）1987 年发表了《我们共同的未来》的研究报告，首次提出了可持续发展（Sustainable development）的基本纲领，提出可持续发展是"既满足当代人的需求，又不对后代人满足其需求的能力构成危害的发展"。

基于这样的背景，20 世纪 90 年代以来，绿色建筑（Green building）、生态建筑（Ecological building）和可持续建筑（Sustainable building）等概念相继提出。

2）绿色建筑的概念与特征

绿色建筑的定义有很多提法，但没有一致的定义。在日本，绿色建筑被称为环境共生建筑，欧美国家把绿色建筑与生态建筑、可持续建筑相提并论。尽管各国提法众说纷纭，但是，对绿色建筑的特征描述却是大体上一致的。我国《绿色建筑评价标准》GB/T 50378—2019（2024 年版）对绿色建筑定义如下：

在全寿命周期内，节约资源、保护环境、减少污染，为人们提供健康、适用、高效的使用空间，最大限度地实现人与自然和谐共生的高质量建筑。

绿色建筑的主要特征如下：

（1）安全耐久：是绿色建筑的基础和保障，提升建筑的安全性，建筑的结构应满足承载力和建筑使用功能要求。建筑外墙、屋面、门窗、幕墙及外保温等围护结构应满足安全、耐久和防护的要求。

（2）健康舒适：是通过室内空气品质、水质、声环境与光环境、室内热湿环境四个方面，对人体健康和舒适程度进行衡量，旨在创建一个健康宜居的室内环境。

(3) 生活便利：从出行与无障碍、服务设施、智慧运行、物业管理四个方面进行了要求，体现了人对于便利生活方式的需求。

(4) 资源节约：从节地、节能、节水、节材等方面进行了全面要求，加强节能环保技术的运用。

(5) 环境宜居：是通过建筑的室外环境性能及配置，包括日照、声环境、热环境、风环境以及生态、绿化、雨水径流、标识系统和卫生、污染源控制等，促进建筑内外品质的提升。

9.5.2 绿色建筑评价指标体系

为了促进和规范绿色建筑实践的发展，世界上许多国家和地区纷纷提出了绿色建筑评价指标体系。指标体系提供一个共同的设计标准和目标，是对绿色建筑实践和建筑市场的认同和促进，也为绿色建筑提供认证依据（Labeling）。

目前，国内外已有的绿色建筑评价指标体系如：美国 LEED（能源与环境设计先导）绿色建筑评估体系，英国 BREEAM-UK（Building Research Establishment Environmental Assessment Method）评估体系，19个国家协商的 GBC 绿色建筑挑战体系，韩国绿色建筑评估体系 KGBRSC，德国 Eco Profile，加拿大 BREEAM-Canada，我国台湾地区《绿色建筑解说与评估》，中国的《绿色建筑评价标准》GB/T 50378—2019（2024年版）等。

9.5.3 绿色建筑设计策略简介

绿色建筑设计策略主要包括以下几方面：

1) 与自然环境共生的设计策略：如减少 CO_2 的释放及其他大气污染物的排放；对建筑废弃物进行无害化处理；结合气候条件进行设计；节约土地；对建筑周围热、光、声、通风、日照的综合考虑；使用透水铺装；保护建筑周边昆虫、小动物的生存环境；建筑及其周边绿化等。

2) 建筑节能及环境新技术的应用：利用天然采光；太阳能供热、发电；充分利用自然通风；利用建筑周边水体调节小气候；利用植物和绿化改善热环境；地下土壤、地下水利用；雨水及中水利用；建筑遮阳技术；建筑围护结构保温节能技术等。

3) 全寿命周期策略：绿色建筑材料利用；减少废弃物排放；旧建筑材料的利用；减少建筑材料使用量；使用可再生材料；使用易降解材料；垃圾的回收处理等。

4) 舒适健康的室内环境：使用健康材料；符合人体工学的设计；舒适的室内声、光、热环境，良好的室内空气质量等。

5) 融入历史与地域的人文环境：传统民居的再生；传统民居建筑绿色建筑经验的继承；继承地域景观特色；居民参与设计等。

具体的绿色建筑技术涉及的方面较多，常用的有：可再生能源与资源利用技术（如太阳能、风能、水、地热等）；适应气候的建筑设计；建筑智能化技术等。

9.6 建筑"碳达峰碳中和"概述

9.6.1 建筑"碳达峰碳中和"概念

1) 建筑"碳达峰碳中和"的背景

温室气体排放带来全球气候变化问题，并给人类的生产生活带来严重威胁。政府间气候变化专门委员会（IPCC）2021年8月研究表明，目前全球的平均温度较1850年的工业革命初期上升了近1℃，其中陆地升温（1.59℃）高于海洋（0.88℃）。据预测，在未来20年内，全球变暖将超过1.5℃。气温升高，将使两极地区冰川融化，海平面升高，许多沿海城市、岛屿或低洼地区将面临海水上涨的威胁，甚至被海水吞没，极端天气事件将在各地变得更加频繁和明显。

为了避免极端危害，联合国组织召开了一系列全球气候变化会议，世界各国纷纷响应，目前已有60个国家承诺到2050年甚至更早实现零碳排放。中国作为发展中大国，实施积极应对气候变化国家战略，明确提出"二氧化碳排放力争于2030年前达到峰值，努力争取2060年前实现碳中和"的目标，主动承担碳减排国际义务，这对中国乃至全球来说是非常重要和必要的。

2）建筑"碳达峰碳中和"的概念

"碳达峰"（Carbon Peaking）：指在某一个时点，二氧化碳的排放不再增长达到峰值，之后逐步回落。碳达峰是二氧化碳排放量由增转降的历史拐点，标志着碳排放与经济发展实现脱钩，达峰目标包括达峰年份和峰值。

"碳中和"（Carbon Neutrality）：指国家、企业、产品、活动或个人在一定时间内直接或间接产生的二氧化碳或温室气体排放总量，通过植树造林、节能减排等形式，以抵消自身产生的二氧化碳或温室气体排放量，实现正负抵消，达到相对"零排放"。

9.6.2 建筑"碳达峰碳中和"路径简介

根据我国建设领域"碳达峰"实施方案，"碳达峰碳中和"策略主要包括以下几方面：

1）提升建筑能效水平

为尽快实现建筑领域碳中和目标，提升建筑能效是首要任务。一方面利用被动式技术来降低建筑对物理环境的需求；另一方面，采用高效节能设备及智能管理手段，促进节能减排。

2）推广使用低碳化建筑材料和结构

可大力发展钢结构等装配式建筑，提高装配式建筑构配件标准化水平，推动装配式装修，以提升建造水平。应推广高性能结构体系，形成低碳为目标导向的建筑设计新美学。应加快推进绿色建材评价认证和新型环保建材的推广应用。

3）提高可再生能源利用率

太阳能光伏发电技术、建筑光伏一体化（BIPV）技术已经基本成熟。地源热泵可以节约部分高品位能源，能效高，可同时供热供冷，还可以供应生活热水。

4）全面建筑电气化

建筑行业用能全面电气化是降低直接碳排放的关键。电气化供暖、生活热水及空调将大幅度降低建筑运行过程的碳排放量。中国工程院院士、清华大学江亿提出"光储直柔"建筑将成为发展零碳能源的重要支柱。

5）提高固碳、碳汇能力

应因地制宜地增加城市园林绿化面积，进一步实施立体空间绿化措施，增加城市总体绿化量，提高城市空间绿视率和绿化覆盖率，缓解热岛效应，增强碳汇水平。

第 10 章 基础与地下室

10.1 基础与地基

基础是建筑物地面以下的承重构件,它承受建筑物上部结构传递下来的全部荷载,并把这些荷载连同基础的自重一起传到地基上。地基则是支承基础的土体和岩体,它不是建筑物的组成部分。地基承受建筑物荷载而产生的应力和应变随着土层深度的增加而减小,达到一定深度后就可忽略不计。地基由持力层与下卧层两部分组成。直接承受建筑荷载的土层为持力层,持力层下面的不同土层均属下卧层(图 10-1)。

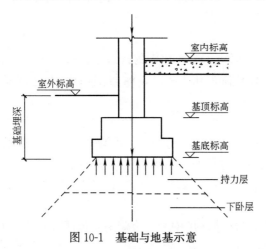

图 10-1 基础与地基示意

1) 天然地基与人工地基

地基可分为天然地基与人工地基。

(1) 天然地基

天然土层具有足够的承载力,不需要经过人工加固,可直接在其上建造房屋的土层,称之为天然地基。天然地基的土层分布及承载力大小由勘察部门实测提供。

《建筑地基基础设计规范》GB 50007—2011 中规定,作为建筑地基的土层分为岩石、碎石土、砂土、粉土、黏性土和人工填土等不同的类型。

(2) 人工地基

当土层的承载力较差或虽然土层较好,但上部荷载较大时,为使地基具有足够的承载能力,应对土体进行人工加固,这种经人工处理的土层,称为人工地基。其常用基本方法见表 10-1。

地基处理方法分类   表 10-1

分类	方法	处理步骤
碾压法、夯实法	机械碾压法、重锤夯实法、平板振动法	把浅层地基土压实、夯实或振实
换土法、垫层法	砂(石)垫层法、碎石垫层法、灰土垫层法、干渣垫层法、粉煤灰垫层法	挖除浅层软弱土或不良土,回填砂石、灰土、干渣、粉煤灰等强度较高的材料
深层密实法	碎石桩、砂桩、砂石桩、石灰桩、土桩、灰土桩、强夯置换法	采用一定技术方法,在振动和挤密过程中,回填砂、碎石、灰土、素土等形成相应的砂桩、碎石桩、灰土桩、土桩等与地基土形成复合地基

续表

分类	方法	处理步骤
排水固结法	堆载预压、降水预压、电渗预压	在地基中设置竖向排水通道并对地施以预压荷载,加速地基土的排水固结,增加强度
胶结法	注浆、深层搅拌、高压旋喷	采用专门技术,在地基土中注入水泥浆液或化学浆液,使土粒胶结

2) 基础的埋置深度

由室外设计地面到基础底面的垂直距离叫基础的埋置深度,简称基础埋深(图10-1)。决定基础的埋置深度涉及诸多因素:

(1) 工程地质条件及作用在地基上的荷载的大小和性质

选择基础的埋深应选择土层的厚度均匀,压缩性小,承载力高的土层作为基础的持力层,且尽量浅埋;在满足地基稳定和变形要求的前提下,当上层地基的承载力大于下层土时,宜利用上层土作持力层。除岩石地基外,基础最小埋置深度不宜小于0.5m。若地基土质差,承载力低,则应该将基础深埋,或结合具体情况另外进行加固处理。

(2) 水文地质条件

确定地下水的常年水位和最高水位,因为地下水对某些土层的承载能力有很大影响,如黏性土在地下水上升时,将因含水量增加而膨胀,使土的强度降低;当地下水下降时,基础将产生下沉,所以一般基础宜埋在地下常年水位之上。

(3) 建筑物的用途,有无地下室、设备基础和地下设施

当建筑物设有地下室时,基础埋深要受地下室地面标高的影响,给水排水、供热等管道的标高原则上不允许管道从基础底下通过。一般高层建筑的箱形和筏形基础埋置深度不宜小于建筑物总高度的1/15。

(4) 相邻建筑物的基础埋深

新建房屋的基础埋置深度不宜大于原有房屋的基础埋深,并应考虑新加荷载对原有建筑物的不利作用。若新建房屋的基础埋深大于原有房屋的基础深度,两个基础之间应保持一定间距或采取一定措施加以处理。

(5) 地基土壤冻胀和融陷

应根据当地的气候条件了解土层的冻结深度,季节性冻土地区基础的埋深应在土层的冻结深度以下。

10.2 基础的设计要求

基础是建筑结构很重要的一个组成部分。设计基础时需要综合考虑建筑物的情况和场地的工程地质条件,并结合施工条件以及工期、造价等方面要求,合理选择地基基础方案,因地制宜,精心设计,以保证基础工程安全可靠、经济合理。

建筑物的上部结构和基础与地基之间彼此相互影响、共同作用。因此,在进行基础设计时,应该从整体概念出发,全面考虑,选择更合理的基础设计方案。

1) 基础应具有足够的强度、刚度和耐久性

基础作为最下部的承重构件,必须具有足够的强度和刚度才能保证建筑物的安全和正

常使用。同时，基础下面的地基也应具有足够的强度和稳定性并满足变形方面的要求。对地基应进行承载力计算，对经常承受水平荷载作用的高层建筑和高耸结构，以及建造在斜坡上或边坡附近的建筑物应验算其稳定性，同时保证建筑物不因地基沉降影响正常使用。

2）基础应满足设备安装的要求

许多设备管线如水、电、暖等需要在室外地面下一定的标高进入或引出建筑物，这些设备的管线在进入建筑物之后一般从管沟中通过。管沟一般都沿内、外墙布置，或从建筑物中间通过。如管线与基础交叉，为了避免因为建筑物的沉降或这些管线产生不良剪切作用，基础在遇有设备管线穿越的部位必须预留管道孔。管道孔的大小应考虑基础沉降的因素，留有足够的余地。其做法可以是预埋金属套管、特制钢筋混凝土预制块。

3）基础应满足经济要求

一般情况下，多层砌体结构房屋基础的造价占房屋土建造价的20%左右。应尽量选择合理的上部结构、基础形式和构造方案，减少材料的消耗，满足安全、合理、经济的要求。

10.3　基础的类型

基础的类型较多，下面介绍基础的分类和构造特点。

1）按基础的构造形式分类

（1）条形基础

条形基础沿墙（柱）设置形成连续的带形，也称带形基础。当地基条件较好、基础埋置深度浅时，墙承载的建筑多采用条形基础（图10-2），大多用砖、石、混凝土和钢筋混凝土（图10-4a）建造。

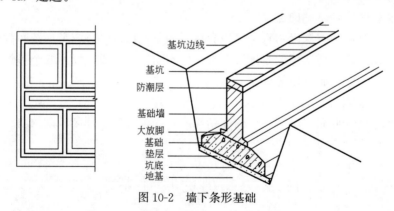

图10-2　墙下条形基础

（2）独立基础

独立基础呈独立的矩形块状，形式有台阶形、锥形、杯形等。独立基础主要用于柱下。当建筑物上部采用骨架（框架结构、排架及刚架结构）承重时，采用独立基础。当柱子采用预制构件时，则基础做成杯口形，柱子嵌固于杯口内，故称为杯形基础（图10-3）。

（3）片筏基础

① 井格基础

当框架结构处在地基条件较差的情况时，为了提高建筑物的整体性，避免各柱子之间产生不均匀沉降，常将柱下基础沿纵、横方向连接起来，做成"十"字交叉的井格基础，故又称十字带形基础，见图10-4（b）。

② 筏板基础

当建筑物上部荷载较大，而建筑基地的承载能力又比较弱，这时采用条形基础或井格基础不能满足地基变形要求时，常将墙下或柱下基础连成一片，成为一个整板，这种基础称为

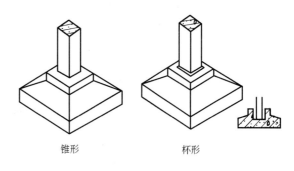

图10-3 独立基础

筏形基础，见图10-4（c）。筏形基础有平板式和梁板式之分，可一定程度上减少不均匀沉降。

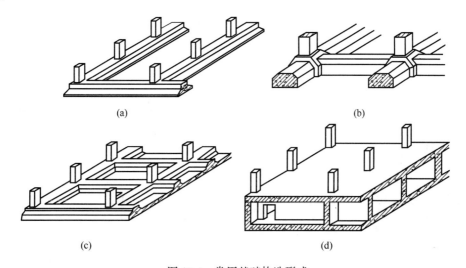

图10-4 常用基础构造形式

(a) 柱下单向条形基础；(b) 井格基础；(c) 梁板式筏形基础；(d) 箱形基础

（4）箱形基础

箱形基础是由钢筋混凝土的底板、顶板和若干纵横墙组成的，形成空心箱体的整体结构，共同承受上部结构荷载，见图10-4（d）。箱形基础整体空间刚度大，对抵抗地基的不均匀沉降有利，一般适用于高层建筑或在软弱地基上建造的重型建筑。当基础的中空部分尺度较大时，可用作地下室。它常与人民防空工程及地下车库结合起来建造。

2) 按基础的材料及受力来划分

（1）无筋扩展基础（刚性基础）

是指用烧结砖、灰土、混凝土、三合土等受压强度大，而受拉强度小的刚性材料做成，且不需配筋的墙下条形基础或柱下独立基础。由于这些材料的特点，基础剖面尺寸必须满足刚性条件的要求，即对基础的出挑宽度 b 和高度 H 之比进行限制（图10-5），以保证基础在此夹角范围内不因受弯和受剪而破坏，该夹角称为刚性角（$\tan\alpha = b/H$）。如灰土基础、砖基础、毛石基础、混凝土基础等各种材料的无筋扩展基础台阶高宽比的允许值

应满足表 10-2 的要求。

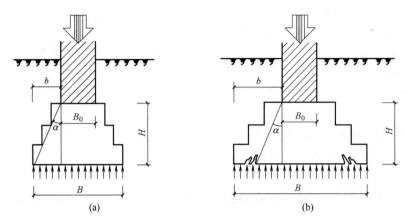

图 10-5 无筋扩展基础
(a) 基础受力在刚性角范围以内；(b) 基础宽度超过刚性角范围而破坏

无筋扩展基础台阶宽高比的允许值　　　　　　　表 10-2

基础名称	质量要求	台阶宽高比的容许值		
		$P_k \leqslant 100$	$100 < P_k \leqslant 200$	$200 < P_k \leqslant 300$
混凝土基础	C15 混凝土	1∶1.00	1∶1.00	1∶1.25
毛石混凝土基础	C15 混凝土	1∶1.00	1∶1.25	1∶1.50
砖基础	砖强度等级不低于 MU10、砂浆不低于 M5	1∶1.50	1∶1.50	1∶1.50
毛石基础	砂浆强度等级不低于 M5	1∶1.25	1∶1.50	—
灰土基础	体积比为 3∶7 或 2∶8 的灰土，其最小干密度： 粉土　　1.55t/m³ 粉质黏土　1.50t/m³ 黏土　　1.45t/m³	1∶1.25	1∶1.50	—
三合土基础	体积比为 1∶2∶4～1∶3∶6（石灰∶砂∶骨料） 每层均铺 220mm，夯实至 150mm	1∶1.50	1∶1.20	—

注：P_k 为基础底面处的平均压力（kPa）。

无筋扩展基础的优点是施工技术简单，材料可就地取材，造价低廉，在地基条件许可的情况下，适用于多层民用建筑和轻型厂房。

（2）扩展基础（柔性基础）

为扩散上部结构传来的荷载，使作用在基底的压应力满足地基承载力的要求，且基础内部的应力满足材料强度的设计要求，通过向侧边扩展一定底面积的基础（图 10-6）。这种基础不受刚性角限制，基础具有较大的抗拉、抗弯能力，普遍适用于单、多层民用建筑。

扩展基础的做法需在基础底板下均匀浇注一层素混凝土垫层，目的是保证基础钢筋和地基之间有足够的距离，以免钢筋锈蚀。垫层一般采用强度等级不低于 C10 的混凝土，厚度 70～100mm。

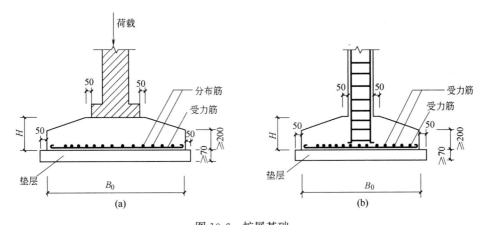

图 10-6 扩展基础
(a) 墙下钢筋混凝土条形基础；(b) 柱下钢筋混凝土独立基础

3) 按基础的埋深划分

按基础的埋置深度不同分为浅基础和深基础，埋深小于 5m 的基础称为浅基础，埋深大于 5m 的基础称为深基础。

桩基础通常由桩和桩顶上承台两部分组成，并通过承台将上部较大的荷载传至深层较为坚硬的地基中去，多用于高层建筑。桩按受力情况分为端承桩和摩擦桩两种（图 10-7）；按制作方法分，则可分为预制桩、灌注桩、爆扩桩三种。

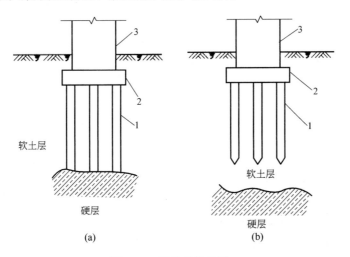

图 10-7 桩基础的分类
(a) 端承桩；(b) 摩擦桩
1—桩；2—承台；3—上部结构

10.4 地下室防水构造

由于地下室所处位置的特殊性，其墙体和底板长期受到土壤中的潮气、地表水和地下水的侵蚀，必须采取有效的防水防潮设计以保证地下室在使用时不受潮、不渗漏。若忽视防水防潮设计或处理不当会导致墙面受潮发霉,抹灰脱落,严重的还会危及地下室的使用和建筑的耐久性。由于地下室防水属于隐蔽工程,后期维护补救很不方便。设计人员必须根据地下水的分布特点和存在状况以及工程要求,在地下室的设计中采取相应的防潮、防水措施。

1) 地下室防水类别和设防要求

地下室防水的使用年限不应低于工程结构的使用年限。地下室防水设计应按其防水功能重要程度分为甲类、乙类和丙类。具体划分应符合表10-3规定。

工程防水类别　　　　　　　　　　　　　　　表10-3

工程类别		工程防水类别		
		甲类	乙类	丙类
建筑工程	地下工程	有人员活动的民用建筑地下室。对渗透敏感的建筑地下工程	除甲类和丙类以外的建筑地下工程	对渗漏不敏感的物品,设备或储存场所不影响正常使用的建筑,地下工程
	屋面工程	民用建筑和对渗漏敏感的工业建筑屋面	除甲类和丙类以外的建筑屋面	对渗漏不敏感的工业建筑屋面
	外墙工程	民用建筑和对渗漏敏感的工业建筑外墙	渗漏不影响正常使用的工业建筑外墙	—
	室内工程	民用建筑和对渗漏敏感的工业建筑室内楼地面和墙面	—	—

注:本表选自《建筑与市政工程防水通用规范》GB 55030—2022。

明挖法地下工程现浇混凝土结构中主体结构防水做法应符合表10-4的规定。

主体结构防水做法　　　　　　　　　　　　　　表10-4

防水等级	防水做法	防水混凝土	外设防水层		
			防水卷材	防水涂料	水泥基防水材料
一级	不应少于三道	为一道应选	不少于两道;防水卷材和防水涂料不应少于一道		
二级	不应少于两道	为一道应选	不少于一道。任选		
三级	不应少于一道	为一道应选	—		

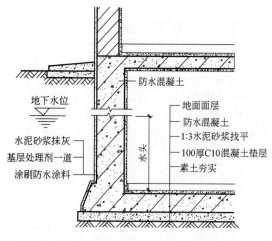

图10-8 地下室防水混凝土构造

2) 地下室的防水措施

地下室防水构造措施常采用以下几种:

(1) 防水混凝土构造

防水混凝土的施工配合比应通过试验确定其强度等级不应低于C25。适配混凝土的抗渗等级应比设计要求提高0.2MPa,防水混凝土除应满足抗压、抗渗和抗裂要求外,还应满足工程所处环境和工作条件的耐久性要求,如图10-8所示。

(2) 卷材防水构造

卷材防水适用于一定程度的微量变形的地下工程，卷材防水层主要采用高聚物改性沥青防水卷材和合成高分子卷材。卷材应铺设在混凝土结构主体的迎水面上，并应铺设于结构主体底板垫层至墙体上（图10-9），一般采用外贴和内贴两种方法，后者多用于场地和条件受限的情况，对防水不太有利，但施工简便，易于维修。

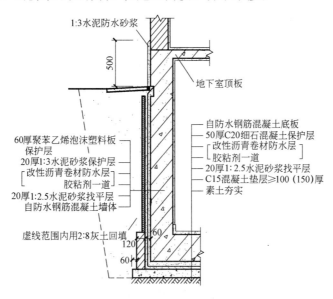

图 10-9　地下室卷材防水构造（mm）

(3) 涂料防水构造

防水涂料一般用于地下室的防潮，在防水构造中一般不单独使用。通常在新建防水钢筋混凝土结构中，涂料防水应做在迎水面作为附加防水层，加强防水和防腐能力。对已建防水（含防潮）建筑，涂料防水可做在外围护结构的内侧，作为补漏措施。

第11章 墙　　体

11.1　墙体概述

墙体占建筑物总重量的30%~45%，且其耗材、造价和施工时长在建筑中占据重要的比重。在工程设计中，合理地选择墙体材料、结构方案及构造做法十分重要。

11.1.1　墙体的作用

墙体在建筑中的作用主要有四个方面：

(1) 承重作用：承重墙既承受建筑物自重和人及设备等荷载，又承受风和地震作用。非承重墙仅承受墙体自重。

(2) 围护作用：建筑外墙抵御自然界风、雨、雪等的侵袭，防止太阳辐射和噪声的干扰等。

(3) 分隔作用：把建筑物分隔成若干个功能空间。

(4) 装饰作用：装修墙面，满足室内外装饰美观和使用功能要求。

11.1.2　墙体的类型

建筑物的墙体可按其所在位置及方向、所用材料、受力情况及施工方法进行分类。

1) 按所在位置及方向分类

墙体按在平面中所处位置分为外墙和内墙，也可按方向不同分为纵墙和横墙。位于建筑物外围四周的墙称外墙；位于建筑物内部的墙称内墙。沿建筑物短轴方向布置的墙称横墙，有内横墙和外横墙之分，外横墙一般又称山墙；沿建筑物长轴方向布置的墙称纵墙，有内纵墙和外纵墙之分。在一片墙上，窗与窗或门与窗之间的墙称为窗间墙，窗洞下部的墙为窗下墙。墙体名称如图11-1所示。

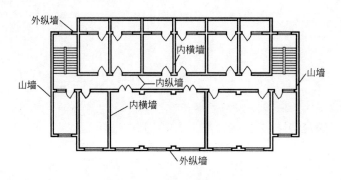

图11-1　墙体名称

2）按所用材料分类

(1) 砖墙：用砖和砂浆砌筑的墙。

(2) 石墙：用块石和砂浆砌筑的墙。

(3) 土墙：用土坯和黏土砂浆砌筑的墙，或在模板内填充黏土夯实而成的墙。

(4) 钢筋混凝土墙：用钢筋混凝土现浇或预制的墙。

(5) 其他墙：多种材料结合的组合墙、幕墙、用工业废料制作的砌块砌筑的砌块墙等。

3）按受力情况分类

墙体根据结构受力情况不同，可分为承重墙和非承重墙两种。直接承受上部楼板或屋顶所传来荷载的墙称为承重墙，不承受上部荷载的墙称为非承重墙，非承重墙包括隔墙、填充墙、幕墙等。外墙中的填充墙和幕墙虽不承受上部楼板层和屋顶的荷载，却也直接承受水平方向的风荷载和地震作用。

4）按施工方法分类

(1) 叠砌墙：包括实砌砖墙、空斗墙和砌块墙等。各种材料制作的块材，用砂浆等胶结材料砌筑而成，也叫块材墙，包括各种砌体墙。

(2) 板筑墙：施工时，先在墙体部位竖立模板，然后在模板内夯筑或浇筑材料捣实而成的墙体，如夯土墙、灰砂土筑墙以及滑模、大模板施工的混凝土墙体等。

(3) 装配式墙：在预制厂生产的墙体构件，运到施工现场进行机械安装的墙体，包括板材墙、组合墙和幕墙等。

11.1.3 墙体的设计要求

在选择墙体材料和确定构造方案时，考虑墙体不同作用，应满足以下要求。

1）结构方面

以墙体为主要竖向承重构件的低层或多层砖混结构，常要求各层的承重墙上下对齐，各层门窗洞口也以上下对齐为佳。此外还需考虑以下几个方面的要求。

(1) 合理选择墙体结构布置方案即承重方案

① 横墙承重

楼层的荷载通过板梁传至横墙，横墙作为主要竖向承重构件，纵墙仅起围护、分隔、自承重及形成空间整体性作用，如图 11-2（a）所示。

优点：横墙较密，房屋横向刚度较大，整体刚度好。外纵墙不是承重墙，因此立面处理比较方便，可以开设较大的门窗洞口，抗震性能较好。

缺点：横墙间距较密，房间布置的灵活性差，故多用于宿舍、住宅等居住建筑。

② 纵墙承重

楼层的荷载主要通过板梁传至纵墙。纵墙是主要承重墙，如图 11-2（b）所示。横墙的设置主要为了满足房屋刚度和整体性的需要，其间距较大。

优点：房间的空间较大，平面布置比较灵活。

缺点：房屋的横向刚度较差，纵墙较厚或要加壁柱。

纵墙承重适用于：教学楼、实验室、办公楼、医院等。

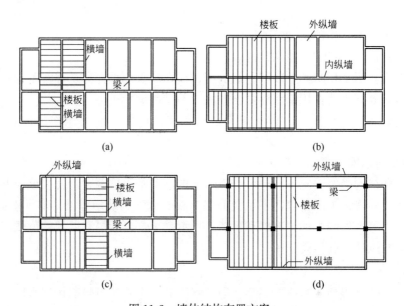

图 11-2 墙体结构布置方案
(a) 横墙承重；(b) 纵墙承重；(c) 纵横墙承重；(d) 内框架承重

③ 纵横墙承重

根据房间的开间和进深要求，有时需采取纵横墙同时承重的方案。如图 11-2（c）所示。

横墙的间距比纵墙承重方案小，但一般比横墙承重方案大，房屋的横向刚度介于前两者之间。

④ 内框架承重

在外墙承重的同时，有一部分内墙采用钢筋混凝土柱代替，以取得较大的空间，如图 11-2（d）所示。目前这种承重方案因抗震性能不好，已较少采用。

内框架承重方案的特点为：①横墙较少，房屋的空间刚度较差；②墙的带形基础与柱的独立基础沉降不容易一致；③钢筋混凝土柱与砖墙的压缩性能不一样，容易造成不均匀变形而产生次应力；④以柱代替内承重墙，在使用上可以获得较大的空间。

内框架承重适用于：教学楼、医院、商店、旅馆等建筑物。

不同的墙体承重方案性能对比如表 11-1 所示。墙体布置必须同时考虑建筑和结构两个方面的要求，应既满足建筑的功能与空间布局要求，又选择合理的墙体结构布置方案，使之坚固耐久、经济适用。

墙体承重方案性能对比　　　　　　　　　　表 11-1

方案类型	适用范围	优点	缺点
横墙承重	小开间房屋如宿舍、住宅	横墙数量多，整体性好，房屋空间刚度大	建筑空间不灵活，房屋开间小
纵墙承重	大开间房屋如中学的教室	开间划分灵活，能分隔出较大的房间	房屋整体刚度差，纵墙开窗受限制，室内通风不易组织
纵横墙承重	开间进深复杂的房屋	平面布置灵活，空间刚度较好	构件类型多，施工复杂
内框架承重	大空间的公共建筑如商场	空间划分灵活	空间刚度较差

(2) 具有足够的强度、刚度和稳定性

强度是指墙体承受荷载的能力。主要包含所采用的材料强度等级及墙体截面尺寸等。砖墙强度与所采用的砖和砂浆各自的强度等级有关。混凝土墙与混凝土的强度等级及配筋等有关，同时根据受力情况确定墙体厚度。

墙体的稳定性与墙的长度、高度、厚度以及纵、横向墙体间的距离等因素有关。解决好墙体的高厚比、长厚比是保证其稳定的重要措施。

在抗震设防地区，为了增加建筑物的整体刚度和稳定性，应采取加固措施使墙体在破坏过程中具有一定的延性，减缓墙体的酥碎现象产生。

2) 功能方面

(1) 保温、隔热要求：外墙的热工性能十分重要。北方寒冷地区要求围护结构具有较好的保温能力，以减少室内热损失，同时还应防止在围护结构内表面和保温材料内部出现凝结水现象。对南方地区为防止夏季室内温度过高，外墙需具有一定隔热性能。

(2) 隔声要求：作为房间围护构件的墙体，必须具有足够的隔声能力，以符合有关隔声标准的要求。

(3) 防水防潮要求：潮湿房间的墙应采取防水防潮措施。应选择合适的防水材料以及恰当的构造做法，保证墙体的坚固耐久性，使室内有良好的卫生环境。

(4) 防火要求：墙体应符合防火规范中相应的燃烧性能和耐火极限所规定的要求。在面积较大的建筑中应设置防火墙，把建筑分为若干防火分区，以防止火灾蔓延。防火墙上不应开设门窗洞口，必须开设时，应采用甲级防火门窗，并应能自动关闭。防火墙应砌至屋面板底面基层，当屋顶承重构件的耐火极限低于 0.5h 时，防火墙应高出屋面 500mm 以上。

3) 经济方面

墙体重量大、施工周期长，在民用建筑的总造价中占有相当大的比重，应多开发轻质、高强、价廉的墙体材料，以减轻自重、降低成本。

4) 美观方面

墙体的颜色材质等装饰效果对建筑物外立面及室内环境有很大的影响，应选择合理的饰面材料和构造做法。

11.2 砌 体 墙

砌体墙是用砂浆等胶结材料将砖、石、砌块等块材按一定的技术要求组砌而成的墙体，如砖墙、石墙及各种砌块墙等，也可以简称为砌体。

11.2.1 砖墙

砖墙曾经在民用建筑中大量使用，主要是其有很多优点：取材容易，制造简便；具有较好的保温、隔热、隔声、防火、防冻等性能；具有一定的承载能力；施工操作简单，不需大型设备。存在的缺点是：施工速度慢，劳动强度大，自重大，占面积大，尤其是大量使用黏土与农田争地，不符合环保要求。因此我国各地对砖墙材料不断进行改革，研发生产各种砌块墙。

1）砖墙材料

砖墙由砖和砂浆两种材料砌筑而成。

(1) 砖

砖的种类很多，按组成材料分有黏土砖、灰砂砖，页岩砖、煤矸石砖、水泥砖及各种工业废料砖，如粉煤灰砖、炉渣砖等；按生产形状分有实心砖、多孔砖、空心砖等。

黏土砖有烧结普通砖、烧结多孔砖和黏土空心砖等，是以黏土为主要原料，经成型、干燥、焙烧而成。根据生产方法的不同，有青砖和红砖之分。

烧结普通砖、烧结多孔砖的强度等级按其抗压强度平均值分为：MU30、MU25、MU20、MU15、MU10 五级（MU30 即抗压强度标准值不小于 $30.0\text{N}/\text{mm}^2$）。

(2) 砂浆

砂浆是砌体的粘结材料。它将砖块胶结成为整体，并将砖块之间的空隙填平、塞实，便于使上层砖块所承受的荷载逐层均匀地向下传递，保证砌体的强度。

常用的砂浆有水泥砂浆、石灰砂浆和混合砂浆三种。水泥砂浆属水硬性材料，强度高，较适合于砌筑强度要求高或潮湿环境下的砌体。石灰砂浆属气硬性材料，强度不高，多用于砌筑次要的民用建筑中地面以上的墙体。混合砂浆由水泥、石灰膏、砂加水拌和而成，这种砂浆强度较高，和易性和保水性较好，常用于砌筑地面以上的砌体。

普通砂浆的强度等级为 M15、M10、M7.5、M5、M2.5。

2）砖墙的组砌方式

砖墙的组砌方式是指砖块在砌体中的排列方式。以标准砖为例，砖墙可根据砖块尺寸和数量采用不同的排列，借砂浆形成的灰缝，组合成各种不同的墙体。

标准砖的规格为 $53\text{mm} \times 115\text{mm} \times 240\text{mm}$（厚×宽×长），如图 11-3 所示。以灰缝为 10mm 进行组合时，从尺寸上它以砖厚加灰缝、砖宽加灰缝后与砖长之间成 1∶2∶4 为其基本特征。即（4 个砖厚＋3 个灰缝）＝（2 个砖宽＋1 个灰缝）＝1 砖长。用标准砖砌筑的墙体，常见的砖墙厚度及名称见表 11-2。

砖墙在砌筑时，以标准砖尺寸为模数进行。而砖模数在使用过程中与我国现行的建筑模数协调标准中的扩大模数 3M 不协调，在使用中应注意，当墙段长度超过 1m 时，可不再考虑砖模数。

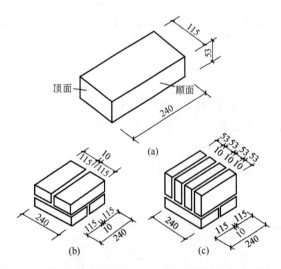

图 11-3 标准砖的尺寸关系（mm）

在抗震设防地区，砖墙的局部尺寸应符合现行国家标准《建筑抗震设计标准》GB/T 50011—2010（2024 年版）的要求，门窗洞口位置和墙段尺寸应满足结构需要的最小尺寸，为了避免应力集中在小墙段上导致墙体的破坏，转角处的墙段和承重窗间墙应满足表 11-3 的要求。

为了保证墙体的强度和稳定性，砌筑时要避免通缝。如果垂直缝在一条线上，即形成通缝，会使墙体的稳定性和强度降低。

常见的砖墙厚度及名称　　　　　表 11-2

墙厚（砖）	断面图	名称	尺寸（mm）	墙厚（砖）	断面图	名称	尺寸（mm）
1/2		12 墙	115	3/2		37 墙	365
3/4		18 墙	178				
1		24 墙	240	2		49 墙	490

抗震设防要求房屋的局部尺寸限值（m）　　　　　表 11-3

房屋部位	6 度	7 度	8 度	9 度
承重窗间墙最小宽度	1.0	1.0	1.2	1.5
承重外墙尽端至门窗洞边最小距离	1.0	1.0	1.2	1.5
非承重外墙尽端至门窗洞边的最小距离	1.0	1.0	1.0	1.0
内墙阳角至门窗洞边最小距离	1.0	1.0	1.5	2.0
无锚固女儿墙(非出入口外)最大高度	0.5	0.5	0.5	0.0

注：1. 局部尺寸不足时，应采取局部加强措施弥补，且最小宽度不宜小于 1/4 层高和表列数据的 80%。
　　2. 出入口处的女儿墙应有锚固。

砌筑原则是：横平竖直、错缝搭接、灰浆饱满、厚薄均匀。当外墙面做清水墙时，组砌还应考虑墙面图案美观。砖墙常用的组砌方式有全顺式、一顺一丁式、十字式（丁顺相间式）及二平一侧式等，如图 11-4 所示。

3）砖墙的细部构造

墙体既是承重构件，又是围护构件，并与其他建筑构件密切相关。为了保证墙体的耐久性、满足其使用功能要求及墙体与其他构件的连接，应在相应的位置进行细部构造处理，主要包括：门窗过梁、窗台、勒脚、墙身防潮、散水和明沟、墙身加固等。

（1）门窗过梁

当墙体上开设门窗洞口时，为了承受洞口上部墙体所传来的各种荷载，并把这些荷载传给洞口两侧的墙体，常在门窗洞口上设置短横梁，称为过梁。过梁应与圈梁、悬挑雨篷、窗楣板或遮阳板等结合起来设计。

常见的过梁有砖拱过梁、钢筋砖过梁和钢筋混凝土过梁。

① 砖拱过梁

砖拱过梁有平拱、弧拱和半圆拱三种，立砖砌筑，使灰缝上宽下窄相互挤压形成拱的

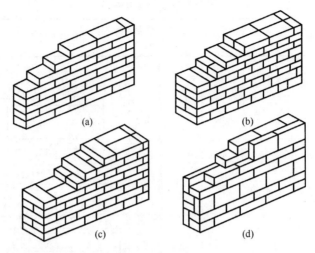

图 11-4 砖墙组砌方式
(a) 全顺式；(b) 一顺一丁式；(c) 十字式（丁顺相间式）；(d) 二平一侧式

作用。平拱的高度不小于 240mm，灰缝上部宽度不大于 20mm，下部宽度不小于 5mm，拱两端下部伸入墙内 20~30mm，中部起拱高度约为跨度的 1/50，跨度最大可达 1.2m，如图 11-5 所示。砌筑砂浆强度等级不低于 M5，砖强度等级不低于 MU10。

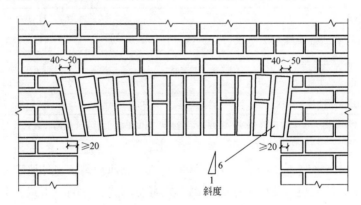

图 11-5 砖平拱过梁（mm）

砖拱过梁施工麻烦，整体性差，不宜用于地震区、过梁上有集中荷载或振动荷载以及地基不均匀沉降处的建筑。

② 钢筋砖过梁

钢筋砖过梁是在砖墙水平灰缝里配置钢筋，形成可以承受荷载的加筋砖砌体。24 墙放置 4 根 φ6 钢筋，放在洞口上部的砂浆层内，砂浆层为 30mm 厚的 1∶3 水泥砂浆，也可将钢筋放在第一皮砖和第二皮砖之间，钢筋两边伸入支座长度不小于 240mm，并加弯钩。为使洞口上的部分砌体和钢筋构成过梁，常在相当于 1/4 跨度的高度范围内（不少于五皮砖），用不低于 M5 级砂浆砌筑。

钢筋砖过梁施工方便，整体性较好，适用于跨度不大于 1.5m、上部无集中荷载或墙身为清水墙时的洞口上。

③ 钢筋混凝土过梁

钢筋混凝土过梁，坚固耐用，施工简便，当门窗洞口较大或洞口上部有集中荷载时采用，是目前最常用的过梁形式。钢筋混凝土过梁有现浇和预制两种，梁宽与墙厚相同，梁高及配筋由计算确定。为了施工方便，梁高应与砖皮数相适应，常见梁高为 60mm、120mm、180mm、240mm。梁两端支承在墙上的长度每边不少于 240mm。过梁断面形式有矩形和 L 形，矩形多用于内墙和混水墙，L 形多用于外墙和清水墙，在寒冷地区，为了防止过梁内壁因冷桥产生冷凝水，可采用 L 形过梁或组合式过梁，如图 11-6 所示。

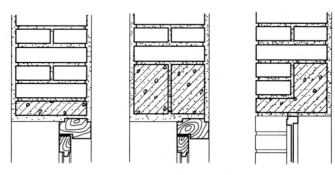

图 11-6 钢筋混凝土过梁

在采用现浇钢筋混凝土过梁时，若过梁与圈梁或现浇楼板位置接近时，则应尽量合并设置，同时浇筑。因此，在有些框架结构的建筑中，常常将窗洞口开至框架梁底面处，即用框架梁兼做过梁，如图 11-7 为西安曲江中学教学楼钢筋混凝土过梁。

(2) 窗台

窗洞口的下部应设置窗台。窗台根据窗子的安装位置可形成外窗台和内窗台。

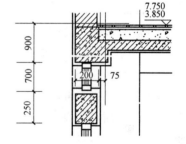

图 11-7 西安曲江中学教学楼钢筋混凝土过梁

① 外窗台

当室外雨水沿窗扇向下流淌时，为避免雨水聚积窗下侵入墙身和沿窗下框向室内渗透，常在窗下靠室外一侧设置一个泄水构件，这就是外窗台。外窗台应向外形成一定坡度，以利排水，并应采取防水构造措施。

外窗台有悬挑窗台和不悬挑窗台两种，悬挑窗台常采用顶砌一皮砖或将一皮砖侧砌并悬挑 60mm，也可用预制混凝土窗台。窗台表面用 1∶3 水泥砂浆抹面做出坡度，挑砖下缘粉滴水线，雨水沿滴水槽下落。窗台形式见图 11-8。

② 内窗台

内窗台在室内一侧，又称窗盘。设置内窗台是为了排除窗上的凝结水以保护室内墙面，以及存放物品、摆放花盆等。内窗台可采用水泥砂浆抹灰窗台，在窗台上表面抹 20mm 厚的水泥砂浆，并突出墙面 5mm。对于装修要求较高的房间，一般采用窗台板。窗台板可以用预制水泥板、水磨石板、硬木板或天然石板等制成。

(3) 勒脚

勒脚是外墙接近室外地面的部分。由于砌体墙本身存在很多微孔，极易受到地表水和

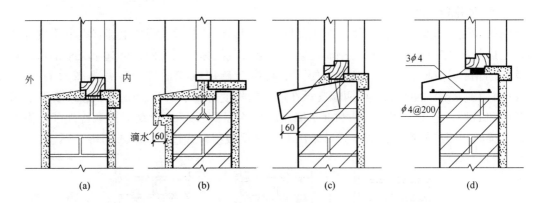

图 11-8 窗台形式（mm）
(a) 不悬挑窗台；(b) 粉滴水线窗台；(c) 侧砌砖窗台；(d) 预制混凝土窗台

土壤水的渗入，致使墙身受潮、饰面发霉、脱落；另外偶然的碰撞，雨、雪的侵蚀，也会使墙身下部造成损坏。故在外墙墙体下部设置勒脚，起着保护墙身和增加建筑物立面美观的作用。勒脚的做法、高度、色彩等应结合设计要求，选用耐久性高、防水性能好的材料，并在构造上采取防护措施。勒脚高度一般不小于室内外高差，现在大多将其提高至底层窗台处。

勒脚常见类型：

① 石砌勒脚 采用条石、蘑菇石、毛石等坚固耐久的材料代替砖砌外墙。高度可砌筑至室内地坪或按设计要求更高处。用于潮湿地区、高标准建筑或有地下室建筑，如图 11-9 (a) 所示。

② 贴面勒脚 可用人工石材或天然石材贴面，如水磨石板、陶瓷面砖、花岗石、大理石等。贴面勒脚耐久性强，装饰效果好，多用于标准较高的建筑，如图 11-9 (b) 所示。

③ 抹灰勒脚 可采用 20mm 厚 1∶3 水泥砂浆抹面，1∶2 水泥石子浆（根据立面设计确定水泥和石子种类及颜色），如图 11-9 (c)、(d) 所示，或采用其他有效的抹面处理，如水刷石、干粘石或斩假石等。为保证抹灰层与砖墙粘结牢固，施工时应清扫墙面、洒水湿润，并可在墙上留槽使灰浆嵌入，形成咬口。

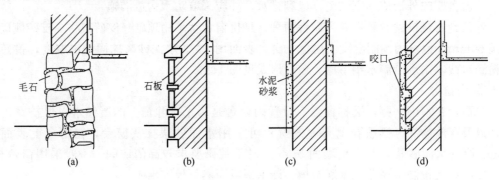

图 11-9 勒脚
(a) 毛石石砌勒脚；(b) 石材贴面勒脚；(c) 抹灰勒脚；(d) 带咬口抹灰勒脚

(4) 墙身防潮

墙体下部接近土壤部分易受土壤中水分的影响而受潮，从而影响墙身，如图 11-10 所示。为隔绝土壤中水分对墙身的影响，在有湿气侵蚀的墙体中设墙身防潮层，有水平防潮层和垂直防潮层两种。

① 水平防潮层

指在建筑物内外墙体室内地面附近水平方向设置的防潮层。

A. 当室内地面垫层为混凝土等密实材料时，防潮层的位置应设在垫层高度范围内，低于室内地坪 60mm 处，同时还应至少高于室外地面 150mm，防止雨水溅湿墙面（图 11-11a、图 11-12）。

B. 当室内地面垫层为透水材料时（如炉渣、碎石等），水平防潮层的位置应与室内地面平齐或高于室内地面 60mm 处（图 11-11b）。

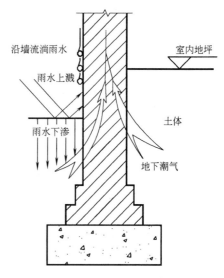

图 11-10 墙身受潮示意

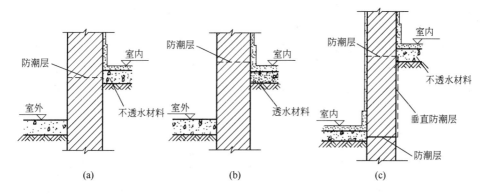

图 11-11 墙身防潮层位置
（a）地面垫层为密实材料；（b）地面垫层为透水材料；（c）室内地面有高差

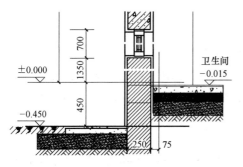

图 11-12 西安曲江中学教学楼墙身防潮层位置

水平防潮层的构造做法：

A. 卷材防潮层：先用 10～15mm 厚 1:3 水泥砂浆找平，再平铺卷材一层（搭接长度≥70mm）。卷材防潮层具有一定的韧性、延伸性和良好的防潮性能，但整体性差，不宜用于有抗震要求的建筑中。

B. 砂浆防潮层：在需要设置防潮层的位置铺设防水砂浆层或用防水砂浆砌筑 1～2 皮砖。防水砂浆是在水泥砂浆中，加入水泥重量的 3%～5% 的防水剂配制而成，防潮层厚 20～25mm。防水砂浆整体性好，适用于抗震地区和一般的砖砌体中。

C. 细石钢筋混凝土防潮层：在 60mm 厚的细石混凝土中配 $3\phi6\sim3\phi8$ 钢筋形成防潮带，或结合地圈梁的设置形成防潮层，这种防潮层抗裂性能好，且能与砌体结合为一体，故适用于整体刚度要求较高的建筑中。

② 垂直防潮层

当室内墙体两侧地面出现高差或室内地面低于室外地面时，不仅要按两侧地面的不同高度在墙身设两道水平防潮层，而且，为避免室内地面较高一侧土壤或室外地面回填土中的水分侵入墙身，应在高差处邻土壤一侧沿墙加设垂直防潮层（图 11-11c）。此外，有防潮要求的室内墙面迎水面应设防潮层，有防水要求的室内墙面迎水面应采取防水措施。

垂直防潮层的做法一般是先用水泥砂浆抹灰，再涂冷底子油一道，刷热沥青两道或采用防水砂浆抹灰防潮处理。

(5) 散水和明沟

为便于将地面雨水排至远处，防止大量雨水对建筑物基础侵蚀，常在外墙四周将地面做成向外倾斜的坡面，这一坡面称为散水。

明沟是设置在外墙四周的排水沟，有组织地将水导向集水井，然后流入排水系统。

① 散水的构造做法：按材料有素土夯实砖铺、块石、碎石、三合土、灰土、混凝土散水等。宽度一般为 600～1000mm，厚度为 60～80mm，坡度一般为 3%～5%。

当屋面排水为自由落水时，散水宽度至少应比屋面檐口宽出 200mm，但在软弱土层、湿陷性黄土层地区，散水宽度一般应≥1500mm，且超出基底宽 200mm。

由于建筑物的沉降或外墙勒脚与散水施工时间的差异，在勒脚与散水交接处，应留有缝隙，缝内填沥青砂浆，以防渗水，见图 11-13。为防止温度应力及散水材料干缩在散水整体面层造成的裂缝，在长度方向每隔 6～12m 做一道伸缩缝并在缝中填沥青砂浆等。

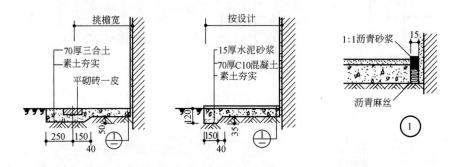

图 11-13 散水构造做法（mm）

② 明沟的构造做法：按材料一般有混凝土明沟、石砌明沟和砖砌明沟，如图 11-14 所示。当屋面为自由落水时，明沟的中心线应对准屋顶檐口边缘，沟底应有不小于 1% 的坡度，以保证排水通畅。明沟适用于年降雨量大于 900mm 的地区。

(6) 墙身加固

当墙体受到较大集中力及地震作用时，墙体强度和稳定性有所降低，须考虑对墙体采取加固措施。

① 增设壁柱和门垛

当墙体的窗间墙上出现较大集中荷载而墙厚又不足以承受其荷载时，或当墙体的长度

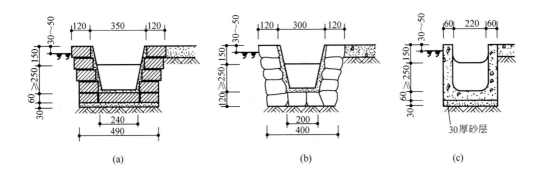

图 11-14 明沟构造做法 (mm)
(a) 砖砌明沟；(b) 石砌明沟；(c) 混凝土明沟

和高度超过一定限度影响墙体稳定性时（如 240mm 厚，长度超过 6m），通常在墙身局部适当位置增设凸出墙面的壁柱来提高墙体刚度。通常壁柱突出墙面半砖或一砖，考虑到灰缝的错缝要求，壁柱凸出墙面的尺寸一般为 120mm×370mm、240mm×370mm、240mm×490mm 等。

当在墙上开设门洞且门洞开在纵横墙交接处时，为了便于门框的安装和保证墙体的稳定性，须在门洞靠墙转角部位设置门垛，门垛宽度一般为 120mm 或 240mm，厚度同墙厚。

另外，外墙的洞口、门窗等处应采取防止墙体产生变形裂缝的加强措施。

② 增设圈梁

圈梁是在房屋的檐口、窗顶、楼层或基础顶面标高处，沿砌体墙水平方向设置，封闭状的按构造配筋的混凝土梁式构件。

圈梁的作用是与钢筋混凝土楼板共同提高建筑物的空间刚度及整体性；增强墙体的稳定性；减少由于地基不均匀沉降而引起的墙身开裂。对抗震设防区，按照构造要求设置圈梁与构造柱形成骨架，可以有效提高砌体结构抗震性能。

圈梁应设置在每层楼盖处、基础顶面处和房屋的檐口处。当墙高度较大，不满足刚度和稳定性要求时，可在墙的中部加设一道圈梁。对于地震区建筑，圈梁设置要求如表 11-4 所示。

多层砖砌体房屋现浇钢筋混凝土圈梁设置要求　　　　　　表 11-4

圈梁设置及配筋		设计烈度		
		6、7 度	8 度	9 度
圈梁设置	沿外墙及内纵墙	屋盖处及每层楼盖处设置	屋盖处及每层楼盖处设置	屋盖处及每层楼盖处设置
	沿内横墙	屋盖处及每层楼盖处设置，屋盖处间距不应大于 4.5m；楼盖处间距不应大于 7.2m；构造柱对应部位	屋盖处及每层楼盖处设置，各层所有横墙且间距不大于 4.5m；构造柱对应部位	屋盖处及每层楼盖处设置，各层所有横墙
最小配筋	纵筋	4φ10	4φ12	4φ14
	箍筋	φ6@250	φ6@200	φ6@150

圈梁的类型有：

A. 钢筋砖圈梁，做法是在楼层标高以下的墙身上，在砌体灰缝中加入钢筋，梁高4~6皮砖，钢筋不宜少于6ϕ6，分上下两层布置，水平间距不宜大于120mm，砂浆强度等级不宜低于M5，如图11-15所示。

B. 钢筋混凝土圈梁，高度一般不小于120mm，常见的高度为180mm、240mm，构造上宽度宜与墙同厚，当墙厚为240mm以上时，其宽度也可为墙厚的2/3。钢筋混凝土圈梁在墙身的位置，外墙圈梁一般与楼板相平，内墙圈梁一般在楼板下，如图11-16所示。当圈梁遇到门窗洞口而不能闭合时，应在洞口上部设置相同截面的附加圈梁。附加圈梁与圈梁的搭接长度应不小于其中到中垂直间距的2倍，且不得小于1m。

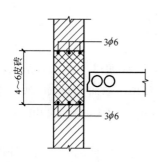

图 11-15　钢筋砖圈梁（mm）

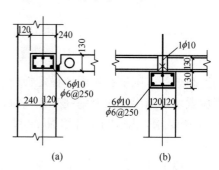

图 11-16　钢筋混凝土圈梁（mm）
(a) 外墙圈梁与楼板相平；(b) 内墙圈梁在楼板下

③ 增设钢筋混凝土构造柱

在砌体房屋墙体的规定部位，按构造配筋，并按先砌墙后浇灌混凝土的施工顺序制成的混凝土柱，简称构造柱。一般设置在建筑物四角、纵横墙交接处、楼梯间和电梯间四角以及较长的墙体中部，较大洞口两侧等处。作用是与圈梁及墙体紧密连接，形成空间骨架，增强建筑物的刚度，使墙体由脆性变为延性较好的结构，做到裂而不倒。

构造柱下端应锚固于钢筋混凝土基础或基础圈梁内，上端与屋檐圈梁相锚固；柱截面应不小于180mm×240mm，主筋一般采用4ϕ12，箍筋间距不大于250mm，且在柱上下端部适当加密，墙与柱之间应沿墙高每500mm设2ϕ6钢筋拉结，每边伸入墙内不少于1m，如图11-17所示。构造柱与墙的连接处宜砌成马牙槎。构造柱设置要求见表11-5。

多层砖砌体房屋构造柱设置要求　　　　　表 11-5

房屋层数				设置的部位	
6度	7度	8度	9度		
四、五	三、四	二、三		楼、电梯间四角，楼梯斜梯段上下端对应的墙体处，外墙四角和对应转角，错层部位横墙与外纵墙交接处，大房间内外墙交接处，较大洞口两侧	隔12m或单元横墙与外纵墙交接处，楼梯间对应的另一侧内横墙与外纵墙交接处
六	五	四	二		隔开间横墙(轴线)与外纵墙交接处，山墙与内纵墙交接处
七	≥六	≥五	≥三		内墙(轴线)与外墙交接处，内墙的局部较小墙垛处，内纵墙与横墙(轴线)交接处

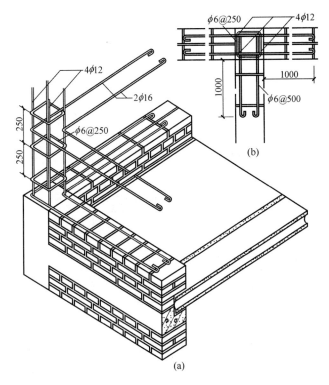

图 11-17 钢筋混凝土构造柱（mm）
(a) 外墙转角处；(b) 内外墙交接处

11.2.2 砌块墙

砌块墙是指利用预制厂生产的块材进行砌筑的墙体。其优点是砌块可充分利用工业废料和地方材料，且制作方便，施工简单，不需大型的起重运输设备，具有较大的灵活性，符合我国节能环保及墙体改革的要求。

1) 砌块的材料

砌块的材料有混凝土、加气混凝土、粉煤灰、煤矸石、石碴及其他工业废料等。规格、类型不统一，但使用以中、小型砌块中的空心砌块居多，如图 11-18 所示。在选择砌

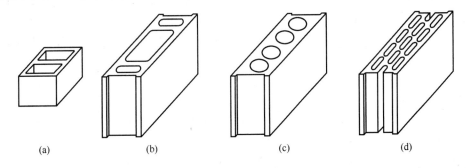

图 11-18 空心砌块的形式
(a)、(b) 单排方孔；(c) 单排圆孔；(d) 多排扁孔

块规格时，首先必须符合建筑模数的规定；其次是砌块的型号越少越好；另外砌块的尺寸应考虑生产工艺条件，施工和起吊能力以及砌筑时错缝、搭接的可能性；同时，要考虑砌体的强度、稳定性和热工性能等。

目前我国各地采用的砌块有①小型砌块，分实心砌块和空心砌块，其外形尺寸多为190mm×190mm×390mm，辅助块尺寸为90mm×190mm×190mm和190mm×190mm×190mm，空心砌块一般为单排孔；②中型砌块，有空心砌块和实心砌块之分，其尺寸由各地区使用材料的力学性能和成型工艺确定。在满足建筑热工和其他使用要求的基础上，力求形状简单、细部尺寸合理，空心砌块有单排方孔、单排圆孔和多排扁孔等形式。不同孔型的混凝土空心砌块的细部尺寸见表11-6。

混凝土空心砌块的细部尺寸　　　　　　　表11-6

项目	孔型		
	单排方孔	单排圆孔	多排孔
空心率(%)	50~60	40~50	35~45
壁厚 δ(mm)	25~35	25~30	25~35
肋距 h(mm)	10~12δ	d+30~40	

2) 砌块的组合与砌体构造

砌块的组合是根据建筑初步设计作砌块的试排工作，按建筑物的平面尺寸、层高，对墙体进行合理的分块和排列，以便正确选定砌块的规格、尺寸、数量等。

(1) 砌块墙体的组合

砌块墙体的组合应考虑：①排列整齐，考虑建筑物的立面要求及施工方便；②保证纵横墙交接咬砌牢固，以提高墙体的整体性。砌块上下搭接至少上层盖住下层砌块1/4长度，注意错缝，避免通缝，以保证墙体的强度和刚度；③应尽量使用统一规格的砌块，使其占砌块总数的70%以上，尽可能少镶砖，必须镶砖时，应分散、对称。

小型砌块多为人工砌筑，不需要特别组合。中型砌块的立面划分与起重能力有关，当起重能力在0.5t以下时可采用多皮划分，当起重能力在1.5t左右时，可采用四皮划分。

(2) 砌块墙的构造

砌块墙和砖墙一样，在构造上应增强其墙体的整体性与稳定性。

① 砌块墙的拼接

在中型砌块的两端一般设有封闭式的包浆槽，在砌筑、安装时，必须使竖缝填灌密实，水平缝砌筑饱满，保证连接。一般砌块采用M5级砂浆砌筑，灰缝厚一般为15~20mm。当垂直灰缝大于30mm时，须用C20细石混凝土灌实。在砌筑过程中出现局部不齐时，常以普通黏土砖填嵌。

中型砌块砌体应错缝搭接，搭缝长度不得小于150mm，小型砌块要求对孔错缝，搭缝长度不得小于90mm，当搭缝长度不足时，应在水平灰缝内增设 $\phi 4$ 的钢筋网片，如图11-19所示。砌块墙体的防潮层设置同砖砌体，同时，应以水泥砂浆作勒脚抹面。

② 过梁与圈梁

过梁既起承受门窗洞口上部荷载的作用，同时又是一种调节砌块。为加强砌块建筑的整体性，多层砌块建筑应设置圈梁。当圈梁与过梁位置接近时，往往将圈梁和过梁一并考虑。圈梁设置要求与砌体墙相同，见表11-4。

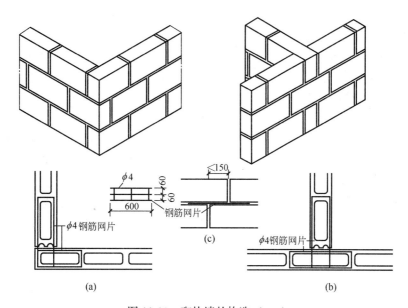

图 11-19 砌块墙的构造（mm）
(a) 转角搭砌；(b) 内外墙搭砌；(c) 搭缝长度不足时加钢筋网片

③ 构造柱

为加强砌块建筑的整体刚度和变形能力，常在外墙转角和必要的内、外墙交接处设置构造柱。构造柱多利用空心砌块上下孔洞对齐，在孔中配置不少于 1ϕ12 钢筋分层插入，并用 C20 细石混凝土分层填实，如图 11-20 所示。构造柱与圈梁、基础须有可靠的连接。

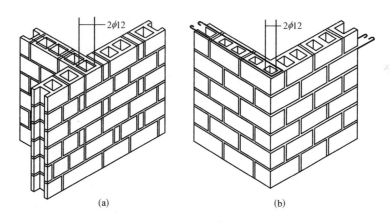

图 11-20 砌块墙构造柱
(a) 内外墙交接处构造柱；(b) 外墙转角处构造柱

11.3 幕　　墙

幕墙是公共建筑外墙的一种常见形式，建筑幕墙是由面板与支撑结构体系组成（图 11-21）、不承担主体结构所受作用的建筑外围护结构或装饰性结构。

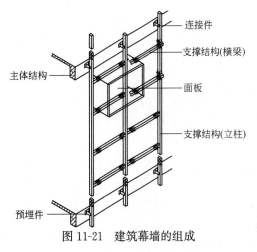

图 11-21 建筑幕墙的组成

建筑幕墙通过各种不同光学性能和色彩的玻璃以及不同质感、肌理的金属板材、石板等材料，使建筑更富有表现力、现代感。但玻璃幕墙产生光反射，在建筑密集区会造成光污染。

幕墙设计要满足以下要求：①满足强度和刚度要求。幕墙承受自重和风荷载，风荷载是它的主要荷载；②满足温度变形和结构变形要求。内外温差和温度变化会对幕墙框架和玻璃产生膨胀变形和温度应力；③满足围护功能要求。应具有较好的水密性、气密性，有保温、隔热和隔声能力；④必须符合防火规范要求；⑤美观，经济耐久，易于维修，便于擦洗。

幕墙按其面板材料分为玻璃幕墙、金属幕墙、石材幕墙、人造板材幕墙、组合幕墙等，其中玻璃幕墙根据其承重方式不同可分为框支撑式幕墙、点支撑式幕墙、全玻璃幕墙、双层通风玻璃幕墙。金属幕墙分为铝合金单板幕墙、铝塑复合板幕墙、铝合金蜂窝板幕墙。人造板材幕墙可分为瓷板幕墙、微晶玻璃板幕墙、陶板幕墙、石材蜂窝板幕墙、木纤维板幕墙等。

幕墙按施工方式分为构件式幕墙和单元式幕墙。

11.3.1 玻璃幕墙

1) 框支撑式玻璃幕墙

框支撑式玻璃幕墙是支撑立柱与建筑主体受力构件连接，再将面板与支撑构件连接的构造方式，按其立柱和横梁与面板的相对位置分为明框（外露框材）、隐框（不外露框材）、半隐框（竖向框材外露或横向框材外露）三种框支撑玻璃幕墙。其支撑结构组合示意见图 11-22。

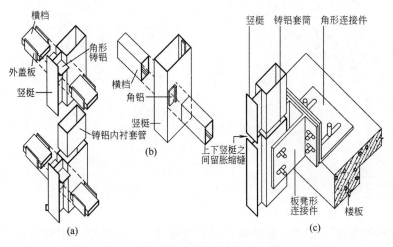

图 11-22 金属支撑结构组合示意图

2）点支撑式玻璃幕墙

点支撑式玻璃幕墙又称点式玻璃幕墙。其采用钢结构为支撑受力体系，钢结构上安装钢爪，面板玻璃四角开孔，钢爪上的紧固件穿过面板玻璃上的孔，紧固后将玻璃固定在钢爪上。其支撑结构示意见图11-23，节点构造见图11-24、图11-25。

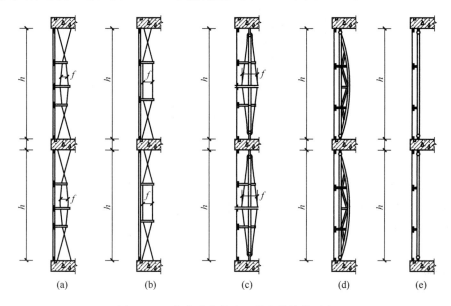

图 11-23　点式玻璃幕墙 5 种支撑结构示意
（a）拉索式；（b）拉杆式；（c）自平衡索桁架式；（d）桁架式；（e）立柱式

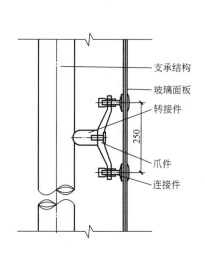

图 11-24　点式玻璃幕墙节点构造（mm）

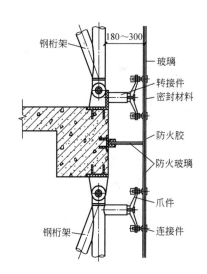

图 11-25　点式玻璃幕墙层间垂直节点构造（mm）

3）全玻璃幕墙

全玻璃幕墙是由大面积的玻璃面板和竖向玻璃肋组成的玻璃幕墙。玻璃肋起结构支承作用，代替了金属立框，故又称为"结构玻璃幕墙"。全玻璃幕墙的支承体系分为座地式和吊挂式，如图11-26、图11-27为全玻璃幕墙面玻璃与肋玻璃相交部位安装构造示意图。

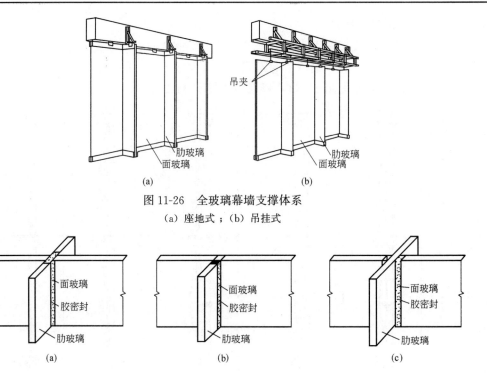

图 11-26 全玻璃幕墙支撑体系
(a) 座地式；(b) 吊挂式

图 11-27 面玻璃与肋玻璃相交部位处理

4）双层通风玻璃幕墙

双层通风玻璃幕墙是新型幕墙，通常可分为内循环和外循环两种形式，保温隔热和隔声效果好。内循环式（机械通风型）的外层幕墙宜采用封闭式中空玻璃幕墙，内层可为单层玻璃幕墙（或可开启的门窗），见图 11-28。外循环式的外层一般采用单层玻璃幕墙，内层采用中空玻璃与断桥隔热型材，见图 11-29。

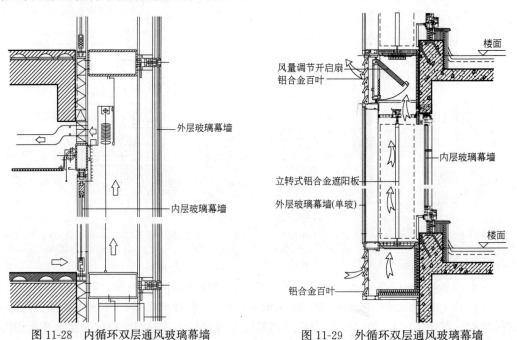

图 11-28 内循环双层通风玻璃幕墙

图 11-29 外循环双层通风玻璃幕墙

11.3.2 金属幕墙

金属幕墙是金属构架与金属板材组成的,其板材以铝合金板使用最为广泛,此外钢板、不锈钢板、钛合金板等亦有应用。

1) 铝合金板幕墙

铝合金板表面处理为氟碳喷涂或静电粉末喷涂,用粉末喷涂的铝板表面耐碰撞、耐摩擦,成本较低,缺点是紫外线照射下会均匀褪色。氟碳喷涂耐腐蚀性好,抗酸雨,抗紫外线照射,耐极热极冷性能好,使用寿命长,可以长期保持颜色均匀。其不足是漆层硬度、耐碰撞性、耐摩擦性能比粉末喷涂差。

(1) 单层铝板幕墙

幕墙用单层铝板厚度不小于2.5mm。为加强单层铝板的板面强度,在铝板背面,按需要设置边肋和中肋等加强肋。加强肋用同样铝合金材质的铝带或角铝制成,打孔后以铝合金螺栓与单板相连,使单块单层铝板能够做到较大的尺寸,并保持足够的刚度和平整度。

铝板与铝型材龙骨之间,沿周边应采用铆接、螺栓或胶粘与机械连接相结合的形式固定。铝板之间缝隙一般选用聚乙烯泡沫棒垫衬空隙,然后再用硅酮密封胶嵌缝。

(2) 复合铝板幕墙

铝塑复合板质轻、平整度好、美观、造价较低,应用广泛。铝塑复合板有普通型和防火型两类。普通型铝塑复合板两层0.5mm厚铝板中间夹一层2~5mm的聚乙烯塑料经热加工或冷加工而成。防火型铝塑复合板由两层0.5mm厚的铝板中间夹一层难燃或不燃材料而成。

(3) 蜂窝铝板幕墙

铝合金蜂窝板,是用两块铝板中间加不同材料制成的各种蜂窝状夹层。外侧板厚度一般为1.0~1.5mm,内侧板厚为0.8~1.0mm。蜂窝铝板具有较高的强度及保温、隔热、隔声效果好的特点。蜂窝铝板背面不用加强肋,其强度和刚度亦可达到要求。

2) 其他金属幕墙

(1) 钢板幕墙

作为幕墙板材,钢板造价较低。钢板的防腐措施有镀锌、镀铝或镀铝锌,在镀层外增加油漆涂层为彩色钢板,增加氟碳树脂涂层防腐耐候性更佳。

(2) 不锈钢和铜板幕墙

不锈钢和铜板板材造价高,应用较少。

(3) 钛合金板幕墙

钛合金是一种性质极为稳定、质轻、高强且加工性好的金属材料。其作为建筑材料,最大的问题是成本高。

11.3.3 石材幕墙

石材幕墙是由金属构架与石板组成的。石材幕墙施工安装采用干挂法,即用金属连接挂件将板材牢固悬挂在主体结构上或金属骨架上形成饰面,又可称为干挂石材幕墙。

石材幕墙由于石板(多为花岗岩)较重,金属骨架的立柱常用镀锌方钢、槽钢或角钢,横梁常采用角钢。立柱和横梁与主体的连接固定与玻璃幕墙的连接方法基本一致。

图11-30为石材幕墙立面,图11-31为石材用连接件与横梁连接的做法。

图 11-30 石材幕墙立面

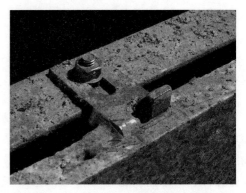
图 11-31 连接件与横梁连接的做法

11.4 隔墙与隔断

1) 隔墙

非承重的内墙通常称为隔墙，起着分隔房间的作用。根据所处位置隔墙应分别具有自重轻、隔声、防火、防潮、防水等不同的要求。

常见的隔墙可分为砌筑隔墙、骨架隔墙和条板隔墙等。图 11-32 所示为网架水泥聚苯

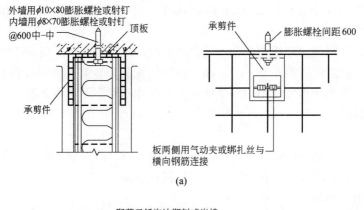
(a)

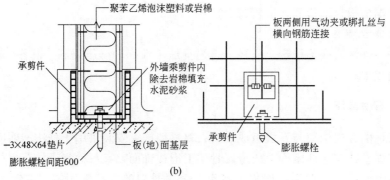
(b)

图 11-32 网架水泥聚苯乙烯夹芯板墙体构造（一）（mm）
(a) 与楼板顶部连接；(b) 与楼（地）面连接

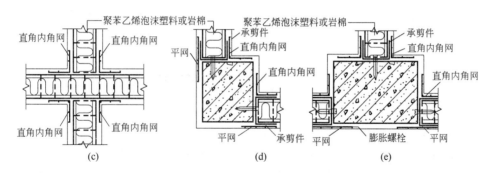

图 11-32 网架水泥聚苯乙烯夹芯板墙体构造（二）
(c) 十字墙节点；(d) 转角框架节点；(e) 框架节点

乙烯夹芯板墙体构造。

2）隔断

隔断是指分隔室内空间的装修构件。与隔墙有相似之处，但也有根本区别。隔断的作用在于使空间变化或遮挡视线。利用隔断分隔空间，可以增加空间的层次和深度，使空间既分又合，且互相连通，能创造一种似隔非隔、似断非断、虚虚实实的景象，是民用建筑中如住宅、办公室、旅馆、展览馆、餐厅、门诊部等在设计中常用的一种处理手法。

隔断的形式很多，常见的有屏风式隔断、镂空式隔断、玻璃墙式隔断、移动式隔断以及家具式隔断等。

第 12 章 楼层与地坪

楼层与地坪（楼地层）是水平分隔建筑空间的构件，楼层分隔上下两层空间，地坪是与土壤直接相连的水平构件。由于它们所处的位置不同、受力状况不同，因而结构层有所不同。楼层的结构层为楼板，楼板将所承受的荷载先传递给梁柱或墙，再由柱或墙的基础传给地基。地坪的结构层为垫层，垫层将所承受的荷载直接传给地基。楼层和地坪一般有相同的面层，供人们在上面活动。楼地层的基本组成见图 12-1。

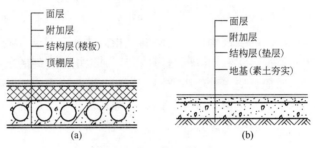

图 12-1 楼地层的基本组成
(a) 楼层；(b) 地坪

12.1 楼地层构造

12.1.1 楼层概述

1) 楼层的组成及设计要求

(1) 楼层的组成

楼层由面层、结构层、顶棚三个基本构造层次及附加层组成（图 12-1a）。

① 面层：又称楼面或地面，其作用是保护楼板并传递荷载，对室内有清洁及装饰作用。其做法和要求与地坪的面层相同。

② 结构层（楼板）：是承重部分，一般包括梁和板。主要功能是承受楼板层上的全部荷载，并将这些荷载传递给墙或柱，同时还对墙身起水平支撑作用，加强房屋的整体刚度。

③ 顶棚：除美观要求外，常安装灯具。

④ 附加层：根据构造和使用要求设置结合层、找平层、防水层、保温层、隔热层、隔声层、管道敷设层等不同构造层次。

(2) 楼层的设计要求

为保证楼板的正常使用，楼层必须符合以下设计要求：

① 必须具有足够的强度和刚度，以保证结构的安全性；

② 具有一定的隔声能力，避免楼层上下空间相互干扰；

③ 必须具有一定的防火能力，保证人员生命及财产的安全；

④ 有一定的热工要求，对有温、湿度要求的房间，应在楼层内设置保温材料；

⑤ 对有水侵袭的楼层，须具有防潮、防水能力，保证建筑物正常使用；

⑥ 对某些特殊要求，须具备相应的防腐蚀、防静电、防油、防爆（不发火）等能力；

⑦ 满足现代建筑的"智能化"要求，须合理安排各种设备管线的走向。

2) 楼板的类型

根据所采用的材料不同，楼板可分为木楼板、钢筋混凝土楼板及压型钢板组合楼板等多种形式（图 12-2）。目前，木楼板除木材产地外已很少采用；钢筋混凝土楼板具有强度高、刚度好及良好的可塑性和防火性，且便于工业化生产和机械化施工等，是目前我国工业与民用建筑中常采用的楼板形式。压型钢板组合楼板，是用截面为凹凸形的压型钢板与现浇混凝土组合形成整体性很强的一种楼板结构，在高层建筑中得到广泛的应用。

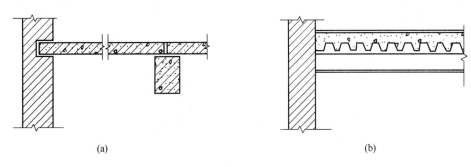

图 12-2 楼板的类型
(a) 钢筋混凝土楼板；(b) 压型钢板组合楼板

12.1.2 钢筋混凝土楼板和压型钢板组合楼板

钢筋混凝土楼板根据其施工方法不同，有现浇整体式钢筋混凝土楼板、预制装配式钢筋混凝土楼板和装配整体式钢筋混凝土楼板 3 种类型。

1) 现浇整体式钢筋混凝土楼板

现浇整体式钢筋混凝土楼板，是在施工现场经过支模、绑扎钢筋、浇灌混凝土、养护、拆模等施工程序而形成的楼板。其优点是整体性好，可以适应各种不规则的建筑平面，预留管道孔洞较方便；缺点是湿作业量大，工序繁多，需要养护，施工工期较长，而且受气候条件影响较大。

现浇整体式钢筋混凝土楼板，根据受力和传力情况，分为板式楼板、梁板式楼板、无梁楼板。

(1) 板式楼板：在墙体承重建筑中，当房间尺寸较小，荷载直接由楼板传递给墙体，这种楼板称板式楼板。它多用于跨度较小的房间或走廊，如居住建筑、公共建筑的走廊等，如图 12-3 所示。

(2) 梁板式楼板：当房间的跨度较大，为使楼板结构的受力与传力更加合理，常在楼板下设梁，以减小板的跨度，使楼板上的荷载先由板传递给梁，再由梁传递给墙或柱。这种楼板结构称梁板式楼板。梁有主梁、次梁之分（图 12-4）。

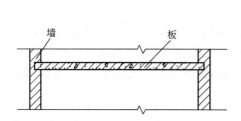
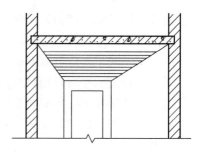

图 12-3 板式楼板

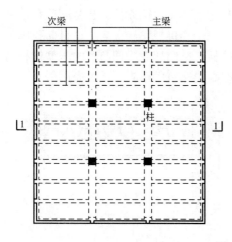
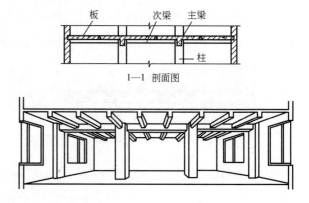

图 12-4 梁板式楼板

为了更充分地发挥楼板结构的效力，合理选择构件的截面尺寸至关重要。梁板式楼板常用的经济尺寸如下：

主梁的跨度一般为 5~9m，高度为跨度的 1/14~1/8；次梁的跨度即主梁的间距，一般为 4~6m，高度为跨度的 1/18~1/12。主次梁的宽高之比均为 1/3~1/2；板的跨度即为次梁的间距，一般为 1.8~3.6m，根据荷载的大小和施工要求，板厚一般为 60~200mm。

"井"式楼板，是梁板式楼板的一种特殊形式，其特点是不分主梁、次梁，梁双向布置、断面等高且相交，梁之间形成井字格（图 12-5）。梁的布置既可正交正放也可正交斜

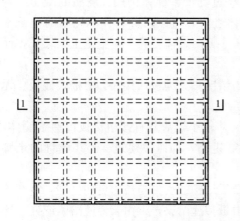
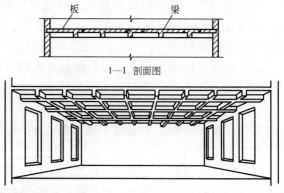

图 12-5 "井"式楼板

放,其跨度一般为10~30m,梁间距一般为3m左右。这种楼板外形规则、美观,而且梁的截面尺寸较小,从而相应提高了房间的净高。适用于建筑平面为方形或近似方形的大厅。

(3) 无梁楼板:是将现浇钢筋混凝土板直接支承在柱上的楼板结构。为了增大柱的支撑面积和减小板的跨度,常在柱顶增设柱帽和托板(图12-6)。无梁楼板顶棚平整,室内净高大,采光、通风好。其经济跨度为6m左右,板厚一般为120mm以上,多用于荷载较大的商店、仓库、展览馆等建筑中。

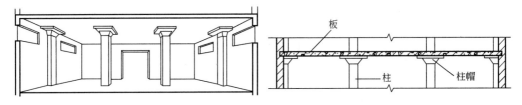

图12-6 无梁楼板

2) 预制装配式钢筋混凝土楼板

预制装配式钢筋混凝土楼板,是把楼板分成若干构件,在预制加工厂或施工现场外预先制作,然后运到施工现场进行安装的钢筋混凝土楼板。这样可节省模板、缩短工期,但整体性较差,一些抗震要求较高的地区不宜采用。

预制构件可分为预应力和非预应力两种。采用预应力构件,可推迟裂缝的出现和限制裂缝的开展,从而提高了构件的抗裂度和刚度。预应力与非预应力构件相比较,可节省钢材约30%~50%,可节省混凝土10%~30%,减轻了自重,降低了造价。

梁的截面形式有矩形、T形、倒T形,十字形等,设计时应根据不同的需要选用(图12-7)。

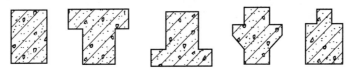

图12-7 梁的截面形式

(1) 预制板的类型有以下3种:

①实心平板:制作简单,一般用作走廊或小开间房屋的楼板,也可作架空搁板、管沟盖板等(图12-8)。

实心平板的板跨一般≤2.4m,板宽约为600~900mm,板厚为50~80mm。

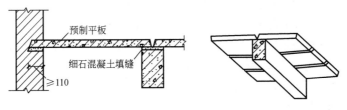

图12-8 实心平板(mm)

②槽形板:槽形板是一种梁板结合的构件,即在实心板的两侧设有纵肋,构成Π形

截面。荷载主要由板侧的纵肋承受，因此板可做得较薄。当板跨较大时，应在板纵肋之间增设横肋加强其刚度，为了便于搁置，常将板两端用端肋封闭（图12-9）。

槽形板的板跨度为3~7.2m，板宽为600~1200mm，板厚为25~30mm，肋高为120~300mm。

槽形板的搁置有正置与倒置两种：正置板底不平，多作吊顶；倒置板底平整，但需另作面板，可利用其肋间空隙填充保温或隔声材料。

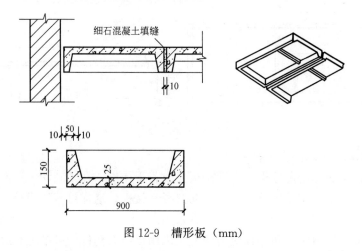

图12-9 槽形板（mm）

③空心板：空心板的受力特点（传力途径）与槽形板类似，荷载主要由板纵肋承受，但由于其传力更合理，自重小，且上下板面平整，因而应用广泛，如图12-10所示。

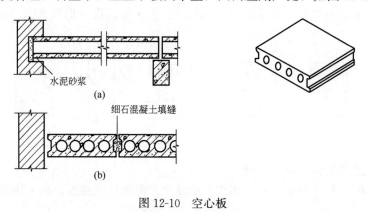

图12-10 空心板
(a) 纵剖面；(b) 横剖面

空心板有中型板与大型板之分。中型空心板的板跨≤4.2m，板宽为500~1500mm，板厚为90~120mm，圆孔直径为50~75mm，上表面板厚为20~30mm，下表面板厚为15~20mm。大型空心板板跨为4~7.2m，板宽为1200~1500mm，板厚为180~240mm。

为避免支座处板端压坏，板端孔内常用砖块、砂浆块、专制填块塞实。

(2) 预制板的布置与细部构造

① 预制板的布置

预制板的布置，首先应根据房间的开间、进深尺寸来确定板的支承方式，然后依据现有板的规格进行合理布置。板的支承方式有墙承式和梁承式两种（图12-11）。

当采用梁承式结构布置时,板在梁上的搁置方式一般有两种:板直接搁在矩形梁的梁顶上,板搁在花篮梁两侧挑耳上(图12-12)。

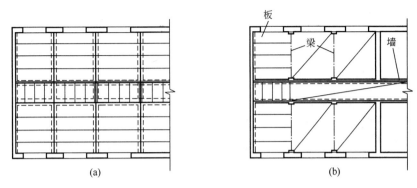

图 12-11 预制板的布置
(a) 墙承式;(b) 梁承式

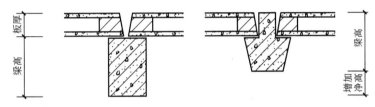

图 12-12 板在梁上的搁置

② 板缝差的处理

进行板的结构布置时,一般要求板的规格、类型越少越好。排板过程中,当板的横向尺寸(板宽方向)与房间平面尺寸出现差额即板缝差时,表12-1中给出了具体的解决方法,构造做法如图12-13所示。

板缝差解决办法　　　　表 12-1

序号	板缝差(mm)	解决方法
1	≤60	调整板缝宽度
2	60～120	沿墙边出挑两皮砖
3	120～200	局部现浇钢筋混凝土板带
4	≥200	重新选择板的规格

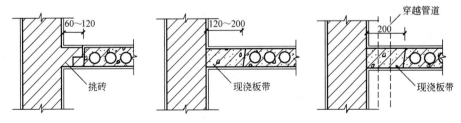

图 12-13 板缝差的构造做法 (mm)

③ 板的搁置

为了保证板与墙或梁有很好的连接,首先应使板有足够的搁置长度。板在墙上的搁置长度外墙不应小于 120mm，内墙不应小于 100mm，板在梁上的搁置长度不应小于 80mm；同时，必须在墙或梁上铺约 20mm 厚的水泥砂浆（俗称坐浆）；此外，用锚固钢筋（又称拉结钢筋）将板与板以及板与墙、梁锚固在一起，以增强房屋的整体刚度（图 12-14）。

板的接缝有端缝与侧缝两种，板缝一般用砂浆或细石混凝土灌缝。侧缝一般有三种形式：V 形缝、U 形缝、凹形缝（图 12-15）。

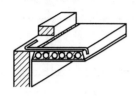 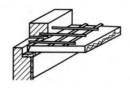 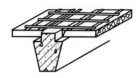

图 12-14　锚固钢筋的配置

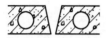  

图 12-15　板侧缝形式

④ 楼板与隔墙的构造关系

当房间设置隔墙时，应首先考虑采用轻质隔墙，可直接置于楼板上；若采用自重较大的材料时，须考虑隔墙的位置，置于梁上或楼板受力合理处。

3) 装配整体式钢筋混凝土楼板

装配整体式钢筋混凝土楼板是一种预制装配和现浇相结合的楼板类型，兼有现浇与预制的双重优越性，目前常用的有预制薄板叠合楼板、压型钢板组合楼板。

由于现浇钢筋混凝土楼板要耗费大量模板，施工工期长，而预制装配式楼板整体性差；结合前两者的优点采用预制薄板（或压型钢板）与现浇混凝土面层叠合而成的装配整体式楼板，极大地提高了房屋的刚度和整体性，既节约了模板，又加快了施工进度。

(1) 预制薄板叠合楼板

预制薄板叠合楼板是将预制薄板吊装就位后再现浇一层钢筋混凝土，将其浇结成一个整体的楼板（图 12-16）。预制薄板既作为永久性模板承受施工荷载，其内配有受力钢筋，亦可作为整个楼板结构的受力层；现浇层内只需配置少量的支座负弯矩筋和构造筋。

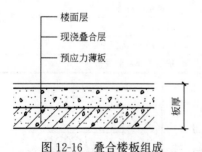

图 12-16　叠合楼板组成

预制薄板宽为 1.1~1.8m，薄板厚为 50~70mm。板面上常作刻槽或露三角形结合钢筋以加强连接（图 12-17）。现浇叠合层厚度一般为 70~120mm。叠合楼板的经济跨度一般为 4~6m，最大可达 9m。叠合楼板总厚度以大于或等于预制薄板厚度的两倍为宜，一般为 150~250mm。

(2) 压型钢板组合楼板

压型钢板组合楼板：是钢板与混凝土组合的楼板。系利用压型钢板作衬板（简称钢衬

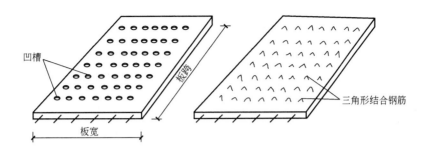

图 12-17 叠合楼板的预制薄板

板）与混凝土浇筑在一起，支撑在钢梁上构成的整体型楼板结构。主要适用于大空间、高层民用建筑及大跨工业厂房中。

压型钢板两面镀锌，冷压成梯形截面。板宽为 500～1000mm，肋或肢高 35～150mm。钢衬板有单层钢衬板和双层钢衬板之分（图 12-18）。

① 压型钢板组合楼板的特点

压型钢板以衬板形式作为混凝土楼板的永久性模板，施工时又是施工的台板，简化了施工程序，加快了施工进度。压型钢板组合楼板可使混凝土、钢衬板共同受力，即混凝土承受剪力和压力，钢衬板层承受下部的拉弯应力。因此钢衬板起着模板和受拉钢筋的双重作用。此外，还可利用压型钢板肋间的空隙敷设室内电力管线，亦可在钢衬板底部焊接悬吊管道、通风管和吊顶的支托，从而充分利用了楼板结构中的空间。

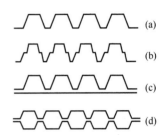

图 12-18 压型钢衬板的形式
(a) 楔形板；(b) 肢形板；
(c) 楔形板与平板形成孔格式衬板；
(d) 双楔形板形成孔格式衬板

② 压型钢板组合楼板的构造

压型钢板组合楼板主要由面层、楼板（包括现浇混凝土和钢衬板）与钢梁等几部分组成，可根据需要设吊顶棚（图 12-19）。

组合楼板的构造形式根据压型钢板形式的不同有单层钢衬板组合楼板和双层钢衬板组合楼板，如图 12-20、图 12-21 所示。

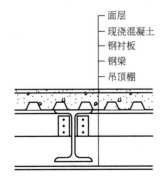

图 12-19 压型钢板组合楼板的组成

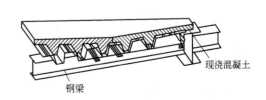

图 12-20 单层钢衬板组合楼板

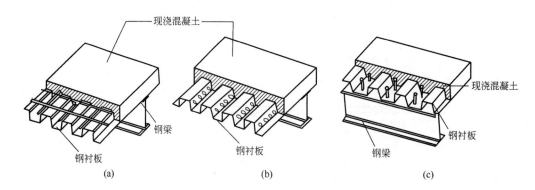

图 12-21 双层钢衬板组合楼板
(a) 楔形板与平板组合成的孔格式组合楼板；(b) 双楔形板组成的孔格式组合楼板；
(c) 钢衬板加销钉式组合楼板

12.1.3 地坪构造

地坪是指建筑物底层与土壤接触的结构构件，它承受着地坪上的荷载，并均匀传给地基。

地坪是由面层、垫层和地基三个基本层次及附加层所构成（图 12-1b）。

面层及附加层与楼层的构造和要求一致。

垫层是地坪的结构层，起着承重和传力的作用。通常采用 C15 混凝土 60~80mm 厚，荷载大时可相应增加厚度或配筋。混凝土垫层应设缩缝，缝宽一般为 5~20mm；纵缝间距为 3~6m，横缝间距为 6~12m。

地基：承受底层地面荷载的土层。

12.2 楼地面防水构造

有水侵蚀的房间，如厨房、卫生间、浴室等，用水频繁，室内地面出现积水的概率高，容易发生渗漏现象。设计时需要对这些房间的楼地面、墙面采取有效的防水措施。室内进行防水设防区域不应跨越变形缝等可出现较大变形的部位。室内楼地面防水做法应符合表 12-2 的规定。

室内楼地面防水做法　　　　　　　表 12-2

防水等级	防水做法	防水层		
		防水卷材	防水涂料	水泥基防水材料
一级	不应少于 2 道	防水涂料或防水卷材不应少于 1 道		
二级	不应少于 1 道	任选		

注：本表选自《建筑与市政工程防水通用规范》GB 55030—2022。

1) 楼地面排水做法

要解决有水房间楼地面的防水问题，首先应保证楼地面排水路线通畅。为便于排水，有水房间的楼地面应设有 1% 的排水坡度，并应坡向地漏。为防止室内积水外溢，有水房间的楼地面标高应比其他房间或走廊低 20~30mm，如图 12-22（b）所示，当有水房间的地面不便降低时，亦可在门口处做出高 20~30mm 的门槛。

2) 楼地面防水构造

由于有水房间通常也会有较多的卫生洁具和管道，因此楼地面防水构造主要以防水涂料为主，也可使用卷材和防水砂浆。为防止水的渗漏，楼板宜采用现浇板，并在面层和结构层之间设防水层（图 12-22a），并将防水层沿房间四周向墙面延伸 250mm。淋浴区墙面防水层翻起高度不应小于 2000mm，且不低于淋浴喷淋口高度。洗池盆等用水处墙面防水层翻起高度不应小于 1200mm。当遇到开门处，防水层应铺出门外不少于 250mm，如图 12-22（b）所示。有水房间的地面常采用水泥地面、水磨石地面、马赛克地面、地板砖等，以减少水的渗透。

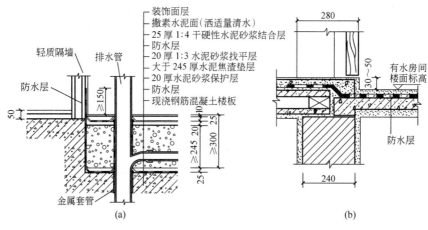

图 12-22 有水房间楼地面防水处理（mm）
(a) 住宅卫生间结构板下降；(b) 有水房间地面降低

图 12-22（a）是住宅卫生间楼地面设计中常用的降板法，即将结构板下降 300mm 以上，并用水泥焦渣等轻质材料作垫层，水平管道可藏于垫层中。为了防范地面积水和管道漏水，分别设有上下两道防水层。

3) 立管穿楼板处防水构造

立管穿楼板处的防水处理一般采用两种方法：一是在管道周围用 C20 干硬性细石混凝捣固密实，再用防水涂料作密封处理，如图 12-23（a）；二是当有热力管穿过楼板时，为防止由于温度变化，引起管壁周围材料胀缩变形，应在楼板穿管的位置预埋套管，以保

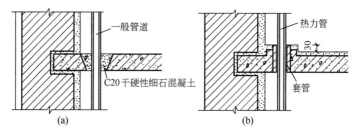

图 12-23 管道穿楼板时的处理
(a) 普通管道的处理；(b) 热力管道的处理

证热水管能自由伸缩而不致造成混凝土开裂。套管比楼面高出 20mm 以上，如图 12-23 (b) 所示。地漏的管道根部应采取密封防水措施。

12.3 阳台与雨篷

12.3.1 阳台

阳台是有楼层的建筑中，从室内直接向室外开敞的平台，供人们晾晒衣物、休息及其他活动之用。

1) 阳台的结构

阳台的结构形式及其布置应与建筑物的楼地板结构布置统一考虑，有现浇与预制之分，见图 12-24、图 12-25。

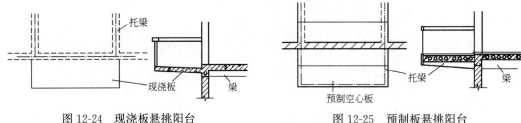

图 12-24　现浇板悬挑阳台　　　　图 12-25　预制板悬挑阳台

2) 阳台的构造

(1) 阳台栏杆、栏板形式

阳台临空的部位须设置栏杆或栏板，建筑阳台栏杆、栏板净高不应低于 1.10m。栏杆（栏板）的形式多样，风格应与整体建筑协调统一（图 12-26）。

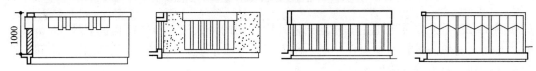

图 12-26　栏板、栏杆的形式（mm）

(2) 阳台的细部构造

阳台的细部构造主要包括栏杆（栏板）压顶的做法、栏杆与阳台板的连接等，见图 12-27、图 12-28。

(3) 阳台的排水

为防止雨水流入室内，设计时应将阳台标高低于室内地面 20～30mm，并在阳台一侧下方设置排水孔，见图 12-29、图 12-30。

12.3.2 雨篷

雨篷是建筑物外门顶部水平挡雨构件，有独立式和悬挑式的。悬挑式多采用钢筋混凝土悬臂板，有板式和梁板式之分，其悬臂长度一般为 1～1.5m。为防止雨篷产生倾覆，常将雨篷与入口处门过梁（或圈梁）浇筑在一起如图 12-31～图 12-33 所示。若为柱上梁板式雨篷，为了美观，多为反梁构件。

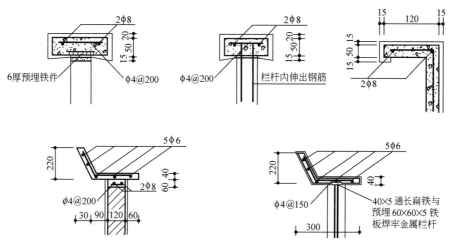

图 12-27 栏杆（栏板）压顶的做法（mm）

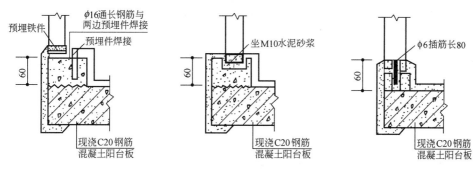

图 12-28 栏杆与阳台板的连接（mm）

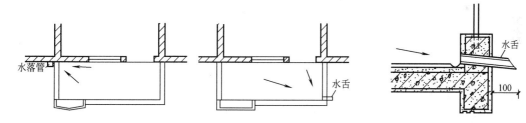

图 12-29 阳台的排水方式

图 12-30 水舌排水构造（mm）

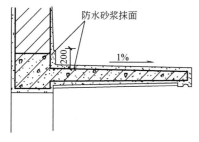

图 12-31 板式雨篷（mm）

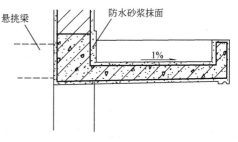

图 12-32 梁板式雨篷

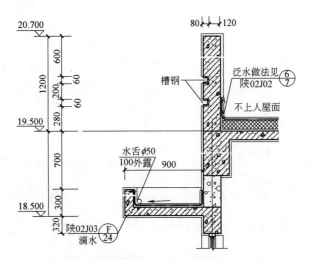

图 12-33 西安曲江中学教学楼雨篷设计图

第 13 章 楼梯与电梯

建筑物不同楼层之间的联系，需要有上、下交通设施，该项设施有楼梯、电梯、自动扶梯、台阶、坡道以及爬梯等。楼梯作为竖向交通和人员紧急疏散的主要交通设施，使用最为广泛。楼梯的设计要求有：坚固、耐久、安全、防火；做到上下通行方便，能搬运必要的家具物品，有足够的通行和疏散能力；另外，楼梯应有一定的美观性。电梯用于层数较多或有特种需要的建筑物中，而且即使设有电梯或自动扶梯为主要交通设施的建筑物，也必须同时设置楼梯，以便紧急疏散时使用。在建筑物入口处，因室内外地面的高差而设置的踏步段，称为台阶。为方便车辆、轮椅通行，可增设坡道，坡道也可用于多层车库和医疗建筑中的无障碍交通设施。爬梯专用于检修等。

13.1 楼梯的组成和尺度

13.1.1 楼梯的组成

楼梯主要由楼梯梯段、楼梯平台及栏杆扶手3个部分组成（图13-1）。

1）楼梯梯段

梯段是供建筑物楼层间上下通行的通道，主要解决建筑空间的垂直高差，由踏步组成，踏步分为踏面（供行走时踏脚的水平部分）和踢面（形成踏步高差的垂直部分）。

为了减轻疲劳，每个梯段的踏步级数不应超过18级，但也不应少于2级，因为个数太少不易被人们察觉，容易摔倒。

2）梯段平台

楼梯平台是指连接两个梯段之间的水平部分。平台用作楼梯转折、连通某个楼层或供使用者稍事休息。平台的标高有时与某个楼层相一致，有时介于两个楼层之间。与楼层标高相一致的平台称为楼层平台，介于两个楼层之间的平台称为休息平台或中间平台。

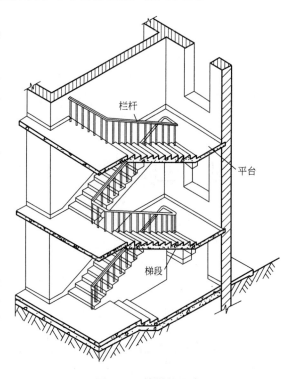

图 13-1 楼梯的组成

3）栏杆扶手

栏杆是设置在楼梯梯段和平台边缘处起安全保障的围护构件。扶手一般设于栏杆顶部，也可附设于墙上，称为靠墙扶手。

13.1.2 楼梯尺度

1）楼梯坡度和踏步尺寸

楼梯的坡度是指梯段中各级踏步前缘的假定连线与水平面形成的夹角。坡度大小应适中，坡度过大，行走易疲劳；坡度过小，楼梯占用的建筑面积增加，不经济。楼梯的坡度范围在 25°～45°，最适宜的踢面高度与踏面宽度比为 1∶2 左右。坡度较小时（小于 10°）可将楼梯改为坡道。坡度大于 45°为爬梯，楼梯、爬梯、坡道等的坡度范围见图 13-2。

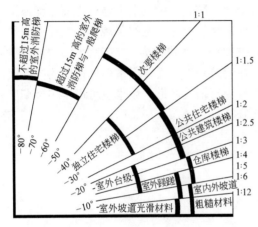

图 13-2 坡度范围

楼梯坡度应根据使用要求和行走舒适性等方面来确定。用角度表示楼梯的坡度虽然准确、形象，但不宜在实际工程中操作，因此通常用踏步的尺寸来表述楼梯的坡度。

踏步（图 13-3）的踏面（踏步宽度）与成人的平均脚长相适应，一般不宜小于 260mm。为了适应人们上下楼时脚的活动情况，踏面宜适当宽一些，常用 260～320mm。在不改变梯段长度的情况下，为加宽踏面，可将踏步的前缘挑出，形成突缘，挑出长度一般为 20～25mm，也可将踢面做成倾斜面，见图 13-3（b）、（c）。踏步高度一般宜在 140～175mm 之间，各级踏步高度均应相同。在通常情况下踏步尺寸可根据经验公式：$b+2h=600～620mm$，600～620mm 为一般人的平均步距，室内楼梯选用低值，室外台阶选用高值。

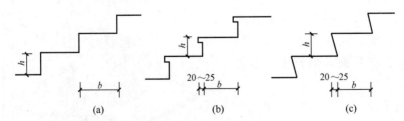

图 13-3 踏步形式（mm）
(a) 一般踏步形式；(b) 带踏口踏步形式；(c) 斜踢面踏步形式

楼梯常用踏步宽度和高度可以参照表 13-1 中的数据使用。

踏步常用尺寸　　表 13-1

名称	住宅	幼儿园	学校、办公楼	医院	剧院、会堂
踏步高 h(mm)	150～175	120～130	140～165	120～150	120～150
踏步宽 b(mm)	260～300	260～280	280～380	300～350	300～350

对于如弧形楼梯，踏步两端宽度不一，特别是内径较小的楼梯来说，要求距离内侧扶手中心 250mm 处踏面宽度应不小于 220mm。

2) 梯段和平台尺寸

(1) 梯段的尺寸

梯段的宽度取决于同时通过的人流股数及家具、设备搬运所需空间尺寸。供单人通行的楼梯净宽度应不小于 900mm，双人通行为 1100mm，三人通行 1650mm。梯段的净宽是指楼梯扶手中心线至墙面或靠墙扶手中心线的水平距离。

梯段的水平投影长度取决于梯段的踏步数及其踏面宽度。如果梯段踏步数为 n 步，则该梯段的水平投影长度为 $b\times(n-1)$，b 为踏面宽度。

为了施工方便，楼梯的两个梯段之间应有一定的距离，这个空间称为梯井，其宽度一般为 0～200mm。

(2) 平台的尺寸

平台的长度一般等同于楼梯间的开间尺寸，宽度应不小于梯段的净宽度，并不得小于 1.2m，直跑楼梯的中间平台宽度不应小于 0.9m。另外，在下列情况下应适当加大平台宽度，以防碰撞。

① 有突出的结构构件影响到平台的实际深度时（图 13-4a）。

② 楼层平台通向多个出入口或有门向平台方向开启时（图 13-4b）。

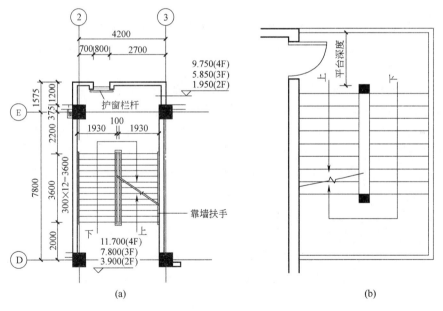

图 13-4 楼梯平台的尺度
(a) 西安曲江中学 1 号楼梯；(b) 楼梯平台有门

(3) 楼梯栏杆扶手的尺寸

楼梯栏杆扶手的高度是指从踏步前缘至扶手顶面的垂直距离，其高度应不小于 1100mm。在幼儿园建筑中，需要在 500～600mm 高度再增设一道扶手，以适应儿童的身高（图 13-5）。当楼梯段的宽度大于 1650mm 时，应增设靠墙扶手；楼梯段宽度超过 2200mm 时，还应增设中间扶手。

（4）净空高度

楼梯各部分的净高关系到行走安全和通行的便利，它是楼梯设计中的重点也是难点。楼梯的净高包括梯段部位和平台部位的净高，其中梯段部位净高不应小于2200mm，平台下净高应不小于2000mm（图13-6）。

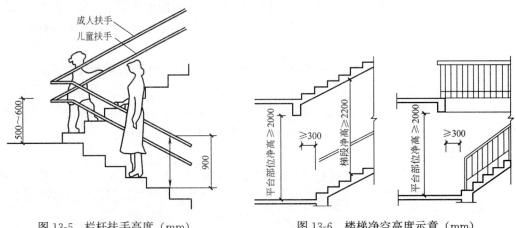

图13-5 栏杆扶手高度（mm）　　　图13-6 楼梯净空高度示意（mm）

当底层休息平台下做出入口时，为使平台下净高满足要求，可以采用以下几种处理方法：

① 采用长短跑梯段。增加底层楼梯第一跑的踏步数量，使底层楼梯的两个梯段形成长短跑，以此抬高底层休息平台的标高（图13-7a）。当楼梯间进深不足以布置加长后的梯段时，可以将休息平台外挑。

② 局部降低平台下地坪标高。充分利用室内外高差，将部分室外台阶移至室内。为防止雨水流入室内，应使室内最低点的标高高出室外地面标高不小于0.1m（图13-7b）。

③ 采用长短跑和降低平台下地坪标高相结合的方法。在实际工程中，经常将以上两种方法结合起来，统筹考虑解决楼梯平台下部通道的高度问题（图13-7c）。

④ 底层采用直跑楼梯。当底层层高较低（一般不大于3000mm）时可将底层楼梯由双跑改为直跑，二层以上恢复双跑。这样做可将平台下的高度问题较好地解决（图13-7d），但要注意踏步连续数量不应超过18步。

（5）楼梯设计步骤与实例

楼梯的设计步骤是：①根据房屋性质、耐火等级和使用人数，计算楼梯的宽度；②根据房屋类别，确定楼梯的坡度，即确定踏步尺寸；③根据房屋的层高，计算每层级数（踢面数）；④根据房屋类别和楼梯在平面中的位置，确定楼梯形式；⑤确定平台的宽度和标高；⑥计算楼梯段的水平投影长度和楼梯间的最小进深净尺寸；⑦计算楼梯间开间最小净尺寸；⑧按模数制规定，确定楼梯间的开间和进深的尺寸；⑨绘制楼梯平面图和剖面图。

【实例1】 某6层住宅楼的楼梯间开间为2.7m，层高为2.8m，室内外地坪高差为0.75m，平台梁高为0.3m。假定楼梯间四周承重墙均为240mm，试设计一个双跑楼梯，要求楼梯底层休息平台下作出入口（《住宅设计规范》GB 50096—2011要求楼梯梯段净宽应大于等于1100mm，平台净宽应大于等于1200mm）。

【解】 若按等跑楼梯布置，则底层楼梯平台下净空高度为1400－300＝1100mm，小

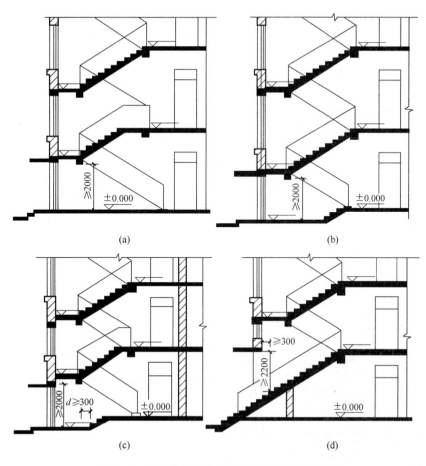

图 13-7 底层休息平台下作出入口的处理方式

于 2000mm，不能满足出入口净高要求。为了增加其空间高度，可以采用降低该处地坪的标高，一般将室外台阶内移数步。如果还不能满足要求，再将楼梯设计成不等跑梯段，增加第一跑的踏步级数，进一步提高出入口平台梁底的净空高度，并使内移台阶的起步踢面与平台梁的距离 $d \geqslant 300$mm。

如图 13-8 所示，H 为楼梯平台下所需净空高度，可按以下公式确定：

$$H = h_1 + h_2 - h_3 \geqslant 2000 \text{mm}$$

式中 h_1——楼梯第一跑垂直高度（休息平台面距室内地坪的垂直高度）；

h_2——室外台阶向室内移动的总高度；

h_3——平台梁截面高度，一般为 300mm。

已知该住宅楼层高为 2.8m，假设踏步高度为 175mm，宽度为 260mm，则踢面级数为 $2800 \div 175 = 16$ 级。取 $h_2 = 150 \times 4 = 600$mm，因 $h_3 = 300$mm，则

$$H = h_1 + h_2 - h_3 = h_1 + 600 - 300 = h_1 + 300$$

因 $H \geqslant 2000$mm，即 $h_1 + 300 \geqslant 2000$mm，则 $h_1 \geqslant 1700$mm。第一跑的踢面级数为 $1700 \div 175 = 9.7 \approx 10$ 级，取 10 级踢面，则 $h_1 = 175 \times 10 = 1750mm>1700$mm。代入以上公式，则

$H = h_1 + h_2 - h_3 = 1750 + 600 - 300 = 2050\text{mm} > 2000\text{mm}$,能满足使用要求。

第二跑高度为 $175 \times 6 = 1050\text{mm}$。这时,第一跑与楼层平台梁间净高度可能不满足大于 2000mm 的要求。在结构合理的条件下,可将楼层平台梁位置向内移,使第二跑形成折板(梁式楼梯形成折梁),以保证人们在第一跑上下时有足够的净空高度,见图 13-8。

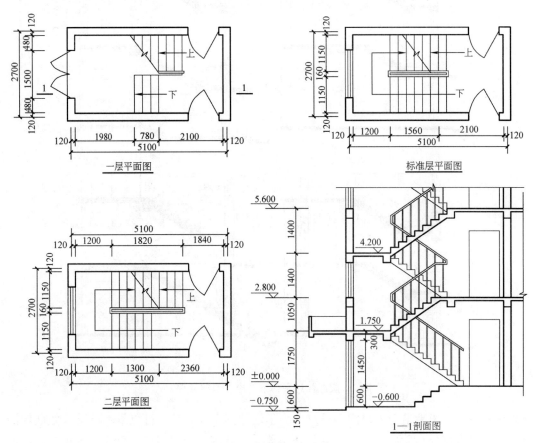

图 13-8 楼梯设计实例

2 层以上楼梯采用等跑楼梯。因一层楼梯休息平台提高,应验算一、二层之间楼梯休息平台部位的净高是否满足通行要求。2 层楼梯休息平台标高为 $2.8 + 1.4 = 4.2\text{m}$,与一层休息平台的高差为 $4.2 - 1.75 = 2.45\text{m}$,其净高为 $2.45 - 0.3 = 2.15 > 2.0\text{m}$,满足通行要求。

梯段净宽 B 为楼梯间开间减去墙厚和两扶手中心线间的水平投影距离(包括梯井在内)除以 2。取两扶手中心线水平投影距离为 160mm,则梯段净宽 $B = (2700 - 120 - 160 - 120) \div 2 = 1150 > 1100\text{mm}$,满足规范要求。

楼梯间进深 L 应根据底层楼梯第一跑水平投影长度加休息平台和楼层平台宽度及墙体厚度来确定,其中平台宽度 D 应大于等于梯段的净宽。因规范要求平台宽度 $D \geqslant 1200\text{mm}$,而 $B = 1150\text{mm}$,所以取 $D = 1200\text{mm}$,则楼梯间进深 $L = 120 + 1200 + (10 - 1) \times 260 + 1200 + 120 = 4980\text{mm}$。根据建筑模数制的要求,其进深应符合 3M 的倍数,故取楼梯间进深 $L = 5100\text{mm}$,从而较计算值多出了 120mm。一般情况,将多出的尺寸加到楼层平台处,以利于住户的进出。

【**实例 2**】 西安曲江中学教学楼 1 号楼梯如图 13-9 所示。

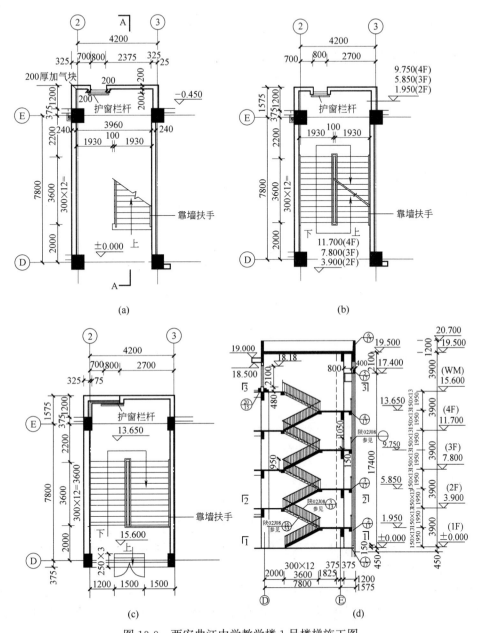

图 13-9 西安曲江中学教学楼 1 号楼梯施工图
(a) 首层楼梯平面图;(b) 二至四层楼梯平面图;(c) 顶层楼梯平面图;(d) A—A 剖面图

13.2 钢筋混凝土楼梯构造

楼梯的形式虽然很多,但基本组成相同。研究清楚最常用的双跑平行楼梯的构造,就可以掌握楼梯的基本构造,其他形式楼梯的构造也就触类旁通了。

楼梯可以用木材、钢材、钢筋混凝土或多种材料混合制作。由于钢筋混凝土楼梯具有较好的结构刚度和强度，理想的耐久、耐火性能，并且在施工、造型和造价等方面也有较多优势，故应用最为普遍。

钢筋混凝土楼梯按施工方法不同，主要有现浇整体式和预制装配式两类。

13.2.1 现浇整体式钢筋混凝土楼梯

现浇整体式钢筋混凝土楼梯按楼段的结构形式不同，可分为板式楼梯和梁板式楼梯两种（图 13-10）。

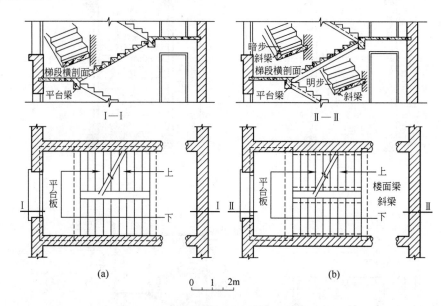

图 13-10 现浇整体式钢筋混凝土楼梯形式
(a) 板式；(b) 梁板式

1) 板式楼梯

板式楼梯通常由梯段板、平台梁和平台板组成。梯段板是一块带踏步的斜板，它承受着梯段的全部荷载，然后通过平台梁将荷载传给墙体或柱子，如图 13-11（a）。必要时，也可取消梯段板一端或两端的平台梁，使平台板与梯段板连为一体，形成折线形的板，直接支承于墙或梁上（图 13-11b）。

近年来在一些公共建筑和庭院建筑中，出现了一种悬臂板式楼梯，其特点是梯段和平台均无支承，完全靠上下楼梯段与平台组成的空间板式结构与上下层楼板结构共同来受力，造型新颖、空间感好（图 13-12）。

图 13-13 为现浇扭板钢筋混凝土弧形楼梯，一般用于观感要求高的建筑，特别是公共大厅中。为了使梯段边沿线条轻盈，可在靠近边沿处局部减薄板厚进行出挑。板式楼梯的梯段底面平整，外形简洁，便于支模施工。当梯段跨度不大时（一般不超过 3m）常采用。当梯段跨度较大时，梯段板厚度增加，自重较大，经济性较差，常采用梁板式楼梯。

2) 梁板式楼梯

梁板式楼梯是由踏步板和梯段斜梁（简称梯梁）组成。梯段的荷载由踏步板传递给斜梁，斜梁再将荷载传给平台梁，最后，平台梁将荷载传给墙体或柱子。

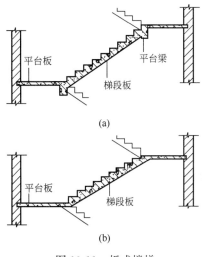

图 13-11 板式楼梯

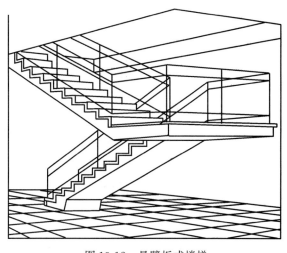

图 13-12 悬臂板式楼梯

梯梁通常设两根，分别布置在踏步板的两端。梯梁与踏步板在竖向的相对位置有两种：

（1）斜梁在踏步板之下，踏步外露，称为明步式，如图 13-14（a）所示。

（2）斜梁在踏步板之上，形成反梁，踏步包在里面，称为暗步式如图 13-14（b）所示。

斜梁也可以只设一根，通常有两种形式：一种是踏步板的一端设斜梁，另一端搁置在墙上，省去一根斜梁，可减少用料和模板，但施工不便；另一种是用单梁悬挑踏步板，即斜梁布置在踏步板中部或一端，踏步板悬挑，这种形式也称现浇梁悬臂式楼梯，如图 13-15 所示。

当荷载或梯段跨度较大时，梁板式楼梯比板式楼梯的钢筋和混凝土用量少、自重轻，比较经济。但梁板式楼梯在支模、绑扎钢筋等施工操作方面较板式楼梯复杂。

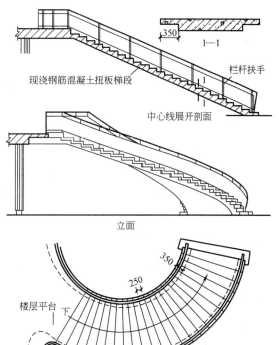

图 13-13 现浇扭板钢筋混凝土弧形楼梯（mm）

13.2.2 预制装配式钢筋混凝土楼梯

预制装配式钢筋混凝土楼梯按其构造方式可分为梁承式、墙承式和墙悬臂式等类型。

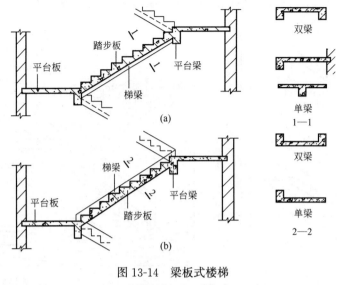

图 13-14 梁板式楼梯
(a) 明步式；(b) 暗步式

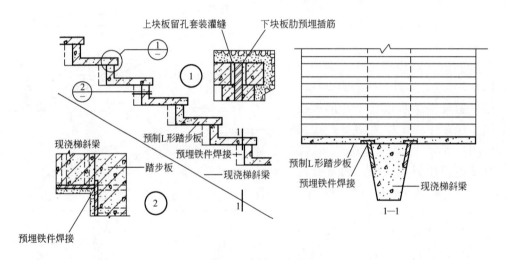

图 13-15 现浇梁悬臂式楼梯

1) 梁承式预制装配式钢筋混凝土楼梯

梁承式预制装配式钢筋混凝土楼梯指梯段由平台梁支承的楼梯构造方式。由于在楼梯平台与斜向楼梯段交汇处设置了平台梁，避免了构件转折处受力不合理和节点处理的困难。预制构件可按梯段（板式或梁板式梯段）、平台梁、平台板 3 个部分进行划分，如图 13-16 所示。

(1) 梯段

① 梁板式梯段

梁板式梯段由斜梁和踏步板组成。一般在踏步板两端各设一根斜梁，踏步板支承在斜梁上。由于构件小型化，不需大型起重设备即可安装，施工简便，如图 13-16（a）所示。

A. 踏步板：踏步板断面形式有一字形、L 形、倒 L 形、三角形等，断面厚度根据受

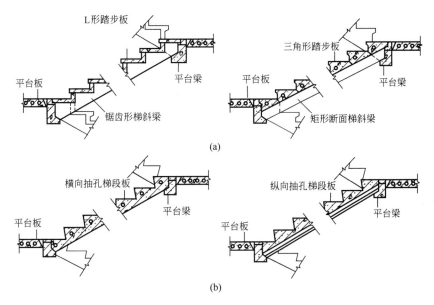

图 13-16 梁承式预制装配式钢筋混凝土楼梯
(a) 梁板式梯段；(b) 板式梯段

力情况约为 40~80mm（图 13-17）。一字形踏步板断面制作简单，踢面可漏空或用砖填充，但其受力不太合理，仅用于简易楼梯、室外楼梯等。L 形与倒 L 形断面踏步板为平板带肋形式构件，较一字形断面踏步板受力合理，其缺点是底面呈折线形，不平整。三角形断面踏步板使梯段底面平整、简洁。为减轻自重，常将三角形断面踏步板做成空心构件。

B. 斜梁：斜梁一般为矩形断面，也可做成锯齿形断面。用于搁置一字形、L 形、倒 L 形断面踏步板的楼梯斜

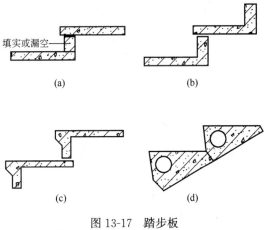

图 13-17 踏步板
(a) 一字形；(b) L 形；(c) 倒 L 形；(d) 三角形

梁为锯齿形断面构件，用于搁置三角形断面踏步板的斜梁为矩形断面构件（图 13-18）。斜梁一般按 $L/12$ 估算其断面有效高度，L 为斜梁水平投影跨度。

② 板式梯段

板式梯段为带踏步的钢筋混凝土锯齿形板，其上下端直接支承在平台梁上，如图 13-16（b）、图 13-19 所示。由于没有斜梁，梯段底面平整，结构厚度小，其有效断面厚度可按板跨 1/30~1/12 估算，并且使平台梁截面高度相应减小，从而增大了平台下净空高度。

为了减轻梯段板自重，也可将梯段板做成空心构件，有横向抽孔和纵向抽孔两种方式。横向抽孔较纵向抽孔合理易行，较为常用，如图 13-19 所示。

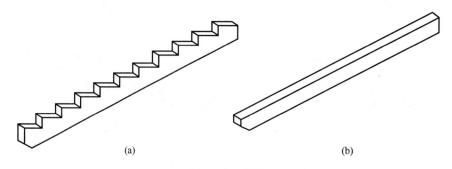

图 13-18 斜梁

(a) 搁置一字形、L 形、倒 L 形断面踏步板；(b) 搁置三角形断面踏步板

(2) 平台梁

为了便于支承斜梁或梯段板，平衡梯段水平分力并减少平台梁所占结构空间，一般将平台梁做成 L 形断面，如图 13-20 所示。其构造高度按 $L/12$ 估算（L 为平台梁跨度）。

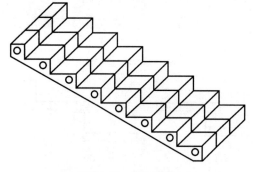

图 13-19 板式梯段

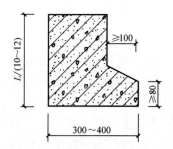

图 13-20 平台梁断面形式示意（mm）

(3) 平台板

平台板可根据需要采用钢筋混凝土空心板、槽板或平板。需要注意的是，在平台上有管道井处，不宜布置空心板。平台板一般平行于平台梁布置，以利于加强楼梯间整体刚度（图 13-21a），也可以垂直于平台梁布置（图 13-21b）。

(4) 梯段与平台梁节点处理

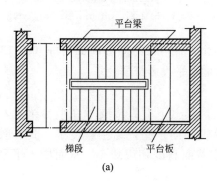

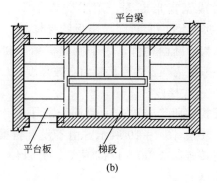

图 13-21 平台板布置示意

(a) 平台板平行于平台梁；(b) 平台板垂直于平台梁

梯段与平台梁节点处理是构造处理的关键。就两梯段之间的关系而言，一般有梯段齐步和错步两种方式。就平台梁与梯段之间的关系而言，有埋步和不埋步两种方式，如图 13-22 所示。

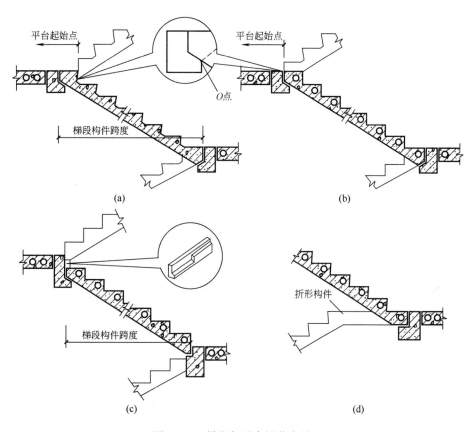

图 13-22　梯段与平台梁节点处理
(a) 楼梯齐步并埋步；(b) 梯段错一步；(c) 楼梯齐步不埋步；(d) 梯段错多步

(5) 构件连接

由于楼梯是主要交通部件，对其坚固耐久、安全可靠的要求较高，特别是在地震区建筑中更需引起重视。并且梯段为倾斜构件，故需加强各构件之间的连接，提高其整体性。如图 13-23 所示。

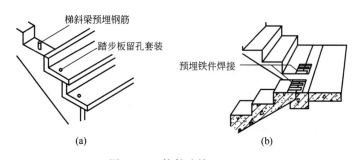

图 13-23　构件连接（一）
(a) 踏步板与楼梯斜梁连接；(b) 梯段与平台梁连接

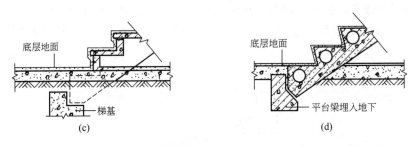

图 13-23 构件连接（二）
(c) 梯段与梯基连接；(d) 平台梁代替梯基

2) 墙承式预制装配式钢筋混凝土楼梯

墙承式预制装配式钢筋混凝土楼梯指预制钢筋混凝土踏步板直接搁置在墙上的一种楼梯形式，如图 13-24 所示。其踏步板一般采用一字形、L 形或三角形断面。

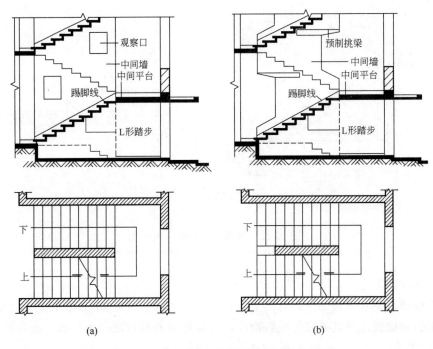

图 13-24 墙承式预制装配式钢筋混凝土楼梯
(a) 中间墙上设观察口；(b) 中间墙局部收进

这种楼梯形式由于踏步两端均有墙体支承，不需设平台梁和斜梁，也不必设栏杆，需要时设靠墙扶手，可节约钢材和混凝土。但由于每块踏步板直接安装入墙体，对墙体砌筑和施工速度影响较大。同时，踏步板入墙端形状、尺寸与墙体砌块模数不容易吻合，砌筑质量不易保证，影响砌体强度。

由于在楼梯之间有墙，楼梯搬运家具不方便，也阻挡视线，上下人流易相撞。通常在中间墙上开设观察口，如图 13-24（a）所示，也可将中间墙两端靠平台部分局部收进，如图 13-24（b）所示，以方便使用。

3) 墙悬臂式预制装配式钢筋混凝土楼梯

墙悬臂式预制装配式钢筋混凝土楼梯，指预制钢筋混凝土踏步板一端嵌固于楼梯间侧墙上、另一端凌空悬挑的楼梯形式，如图13-25所示。

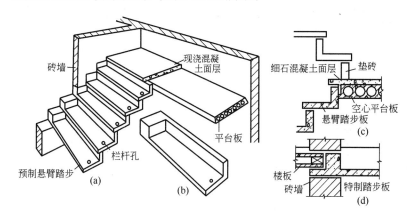

图13-25 墙悬臂式预制装配式钢筋混凝土楼梯
(a) 悬臂踏步楼梯示意；(b) 踏步构件；(c) 平台转换处剖面；(d) 遇楼板处构造

墙悬臂式预制装配钢筋混凝土楼梯无平台梁和斜梁，也无中间墙，楼梯间空间轻巧空透，结构占空间少，在住宅建筑中使用较多。但其楼梯间整体刚度差，不能用于有抗震设防要求的地区。由于需随墙体砌筑安装踏步板，并需设临时支撑，施工比较麻烦。

这种楼梯用于嵌固踏步板的墙体厚度不应小于240mm，踏步板悬挑长度一般≤1800mm，以保证嵌固端牢固。

踏步板一般采用L形或倒L形带肋断面形式，其入墙嵌固端一般做成矩形断面，嵌入深度≥240mm，砌墙砖的等级≥MU10，砌筑砂浆等级≥M5，如图13-25（a）、(b) 所示。

为了加强踏步板之间的整体性，在构造上需将单块踏步板互相连接起来。可在踏步板悬臂端留孔，用插筋套接，并用高强度等级水泥砂浆嵌固。在梯段起步或末步处，根据所采用的踏步断面是L形或倒L形，需填砖处理如图13-25（c）所示。

在楼层平台与梯段交接处，由于楼梯间侧墙另一面常有房间楼板支承在该墙上，其入墙位置与踏步板入墙位置冲突，需对此块踏步板做特殊处理，如图13-25（d）所示。

13.2.3 楼梯的细部构造

1) 踏步面层及防滑构造

楼梯踏步面层应便于行走、耐磨、防滑并保持清洁。踏步面层的材料，视装修要求而定，一般与门厅或走道的楼地面材料一致，常用的有水泥砂浆、水磨石、大理石和防滑砖等（图13-26）。

为防止行人使用楼梯时滑倒，踏步表面应有防滑措施，特别是人流量大或踏步表面光滑的楼梯，必须对踏步表面进行处理。处理的方法通常是在接近踏口处设置防滑条，防滑条的材料主要有：金刚砂、橡皮条和金属材料等。也可用带槽的金属材料包住踏口，这样既防滑又起保护作用。在踏步两端靠近栏杆（或墙）100～150mm处一般不设防滑条（图13-27）。

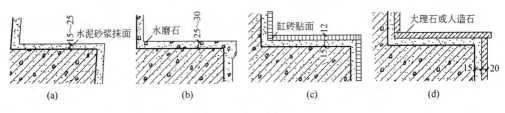

图 13-26 踏步面层（mm）

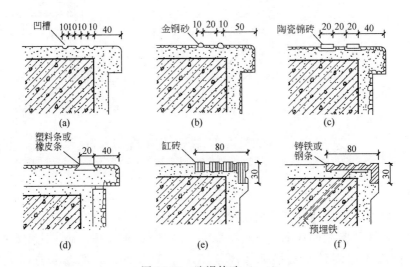

图 13-27 防滑构造（mm）

(a) 防滑凹槽；(b) 金刚砂防滑条；(c) 贴陶瓷锦砖防滑条；(d) 嵌橡皮防滑条；
(e) 缸砖包口；(f) 铸铁包口

2）栏杆和扶手的构造

（1）栏杆构造

楼梯栏杆有空花栏杆、栏板和组合式栏杆 3 种。

① 空花栏杆

空花栏杆一般采用圆钢、方钢、扁钢和钢管等金属材料做成。常用断面尺寸为：圆钢 $\phi16 \sim \phi25$，方钢 $15 \sim 25$ mm，扁钢（$30 \sim 50$）mm $\times$（$3 \sim 6$）mm，钢管 $\phi20 \sim \phi50$ mm。

在儿童活动的场所，为防止儿童穿过栏杆空当发生危险事故，栏杆垂直杆件间的净距不应大于 110mm，且不应采用易于攀登的花饰。

空花栏杆的形式见图 13-28。

栏杆与梯段应有可靠的连接，具体方法有以下几种：

A. 预埋铁件焊接：将栏杆的立杆与梯段中预埋的钢板或套管焊接在一起，如图 13-29（a）所示。

B. 预留孔洞插接：将端部做成开脚或倒刺插入梯段预留的孔洞内，用水泥砂浆或细石混凝土填实，如图 13-29（b）所示。

C. 螺栓连接：用螺栓将栏杆固定在梯段上，固定方式有若干种，如用板底螺帽栓紧贯穿踏板的栏杆等，如图 13-29（c）所示。

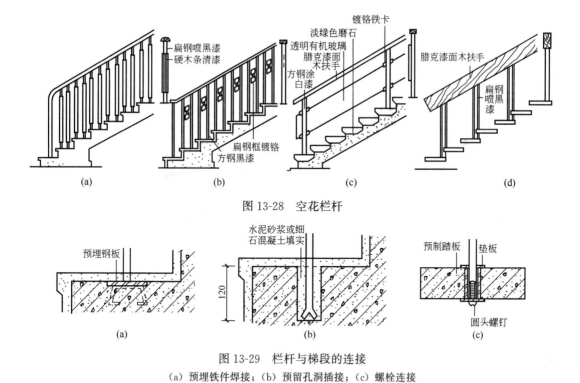

图 13-28 空花栏杆

图 13-29 栏杆与梯段的连接
(a) 预埋铁件焊接；(b) 预留孔洞插接；(c) 螺栓连接

② 栏板

栏板通常采用现浇或预制的钢筋混凝土板，钢丝网水泥板或砖砌栏板，也可采用具有较好装饰性的有机玻璃、钢化玻璃等作为栏板。

钢丝网水泥栏板是在钢筋骨架的侧面先铺钢丝网，后抹水泥砂浆而成，如图 13-30（a）所示。

砖砌栏板是用砖侧砌成 1/4 砖厚，为增加其整体稳定性，通常在栏板中加设钢筋网，并且用现浇的钢筋混凝土扶手连成整体，如图 13-30（b）所示。

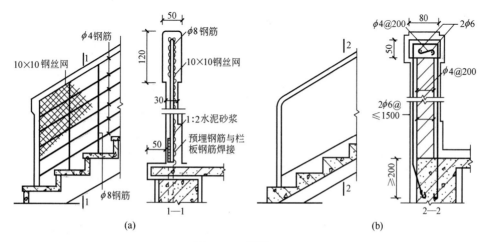

图 13-30 栏板（mm）
(a) 钢丝网水泥栏板；(b) 砖砌栏板（60mm 厚）

③ 组合式栏杆

组合式栏杆是将空花栏杆与栏板组合而成的一种栏杆形式，如图 13-31 所示。

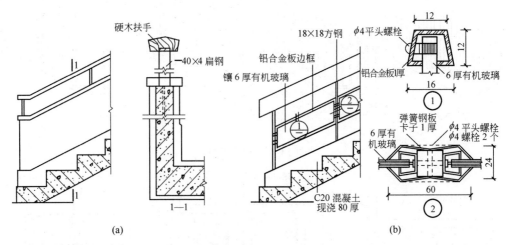

图 13-31　组合式栏杆（mm）
(a) 金属栏杆与钢筋混凝土栏板组合；(b) 金属栏杆与有机玻璃组合

（2）扶手构造

扶手位于栏杆顶部。空花栏杆顶部的扶手一般采用硬木、塑料和金属材料制作。扶手的断面形式和尺寸应方便手握抓牢，扶手顶面宽一般为 40~90mm（图 13-32a、b、c）。栏板顶部的扶手可用水泥砂浆或水磨石抹面而成，也可用天然石材或人造石材、木板贴面而成（图 13-32d、e、f）。

扶手与栏杆应有可靠的连接，其方法视扶手和栏杆的材料而定。硬木扶手与金属栏杆的连接，通常是在金属栏杆的顶端先焊接一根扁钢，然后用木螺钉将扁钢与扶手连接在一

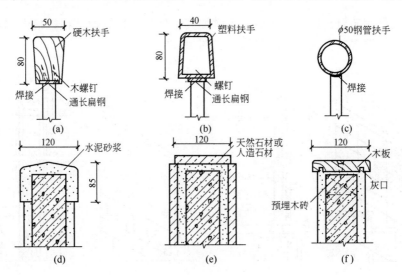

图 13-32　扶手的形式（mm）
(a) 硬木扶手；(b) 塑料扶手；(c) 金属扶手；(d) 水泥砂浆（水磨石）扶手；
(e) 天然石材或人造石材扶手；(f) 木板扶手

起。塑料扶手与金属栏杆的连接方法和硬木扶手类似。金属扶手与金属栏杆多用焊接。

楼梯顶层的楼层平台临空一侧,应设置水平栏杆扶手,扶手端部与墙应固定在一起。其方法为:在墙上预留孔洞,将扶手和栏杆插入洞内,用水泥砂浆或细石混凝土填实。也可将扁钢用木螺钉固定于墙内预埋的防腐木砖上。若为钢筋混凝土墙或柱,则可采用预埋铁件焊接(图13-33)。

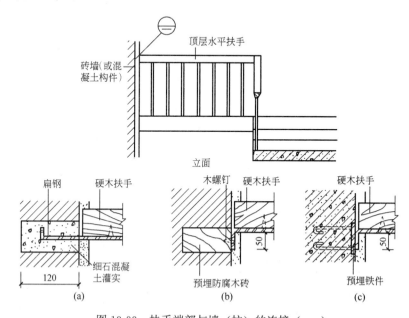

图 13-33 扶手端部与墙(柱)的连接(mm)
(a) 预留孔洞插接;(b) 预埋防腐木砖木螺钉连接;(c) 预埋铁件焊接

靠墙扶手是通过连接件固定于墙上。连接件通常直接埋入墙上的预留孔内,也可用预埋螺栓连接。连接件与扶手的连接构造同栏杆与扶手的连接(图13-34)。

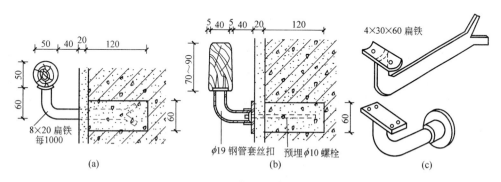

图 13-34 靠墙扶手(mm)
(a) 圆木扶手;(b) 条木扶手;(c) 扶手铁脚

(3) 栏杆扶手的转弯处理

在平行楼梯的平台转弯处,当上下行楼梯段的踏口相平齐时,为保持上下行梯段的扶手高度一致,常用的处理方法是将平台处的栏杆设置到平台边缘以内半个踏步宽的位置上(图13-35b)。这种处理方法,扶手连接简单,省工省料。但由于栏杆伸入平台半个踏步

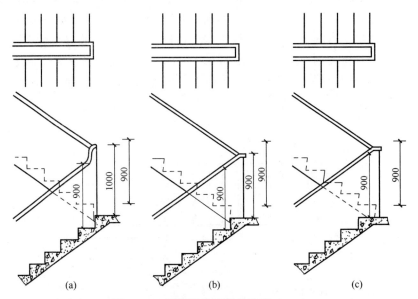

图 13-35 转折处扶手高差处理（mm）
(a) 鹤颈扶手；(b) 栏杆扶手伸出踏步半步；(c) 上下梯段错开一步

宽，使平台的通行宽度减小，会给人流通行和家具设备搬运带来不便。

若不改变平台的通行宽度，则应将平台处的栏杆紧靠平台边缘设置。此时，在这一位置上下行梯段的扶手顶面标高不同，形成高差。处理高差的方法有几种，采用鹤颈扶手（图 13-35a）或是将上下行梯段踏步错开一步（图 13-35c），这样扶手的连接比较简单、方便，但却增加了楼梯的长度。

13.3 台阶与坡道构造

13.3.1 台阶

一般建筑物的室内地面都高于室外地面。为了便于出入，应根据室内外高差来设置台阶。在台阶和出入口之间一般设置平台，作为缓冲，平台表面应向外倾斜约 1%～4% 坡度，以利排水。台阶踏步应平缓，每级高度一般为 100～150mm，踏面宽度为 400～300mm。

台阶应采用具有抗冻性能好和表面结实耐磨的材料，如混凝土、天然石、缸砖等。大量性的民用建筑以采用混凝土台阶最为广泛（图 13-36）。

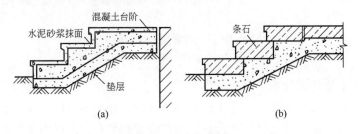

图 13-36 台阶类型
(a) 混凝土台阶；(b) 天然石台阶

台阶的基础，一般情况下较为简单，只要挖去腐殖土做一垫层即可。

13.3.2 坡道

室外门前为便于车辆进出，或医院室内地坪高差不大，为便于病人车辆通行，常做坡道，也有台阶和坡道同时应用者，如图 13-37 所示。

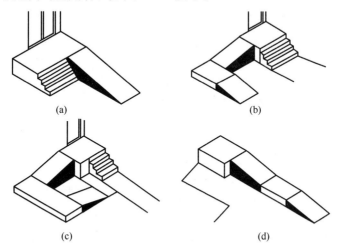

图 13-37 坡道的形式
(a) 一字形坡道；(b) L 形坡道；(c) U 形坡道；(d) 一字形多段式坡道

坡道的坡度与使用要求、面层材料及构造做法有关。室内坡道坡度不宜大于 1∶8，室外坡道坡度不宜大于 1∶10，对于残疾人通行的坡道，应符合《无障碍设计规范》GB 50763—2012 的相关规定。

室外坡道的材料和构造与台阶类似，当坡道对防滑要求较高或坡度较大时，可设置防滑条或做成锯齿形（礓磋）坡面，见图 13-38。

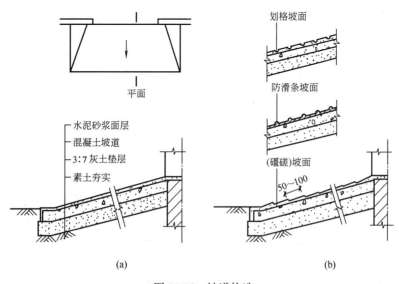

图 13-38 坡道构造
(a) 混凝土坡道；(b) 混凝土防滑坡道

13.4 电梯与自动扶梯

电梯、自动扶梯和坡道式自动扶梯等设施，用于人员在楼层间的快速和便捷通行，有些大型建筑还在楼层内设置了自动人行道，以缓解水平通行距离过长的问题，这些设施为人们提供了方便快捷的使用状态。本节仅介绍最常用的电梯和自动扶梯。

13.4.1 电梯

电梯是一种以电动机为动力的垂直升降机，装有箱状吊舱（轿厢）。多层或高层建筑中常设有电梯。电梯按使用功能有乘客、载货两大类，除普通乘客电梯外尚有医院专用的病床电梯等（图13-39）。

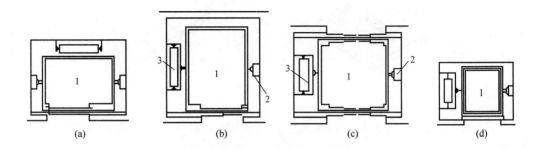

图13-39 电梯分类与井道平面
(a) 客梯；(b) 病床梯；(c) 货梯；(d) 小型杂物梯
1—电梯轿厢；2—导轨及撑架；3—平衡重

电梯按防火要求有普通电梯和消防电梯。前者不具备防火功能，发生火灾时禁止人们搭乘逃生。消防电梯通常具备有完善的消防功能，发生火灾时，供消防人员使用。

电梯是一种机械装置，不属于建筑的基本构件。这里仅就电梯的井道、门套和机房的设计与构造问题分述如下。

1) 电梯井道

电梯井道是电梯运行的通道，其内除电梯轿厢及出入口楼层厅门外尚安装有导轨、平衡重及缓冲器等，如图13-40所示。

(1) 井道的防火　电梯井道是穿通各层的垂直通道，火灾中火焰及烟气容易从中蔓延，形成烟囱效应。因此井道围护构件应根据有关防火规定进行设计，其耐火极限一般应不小于2h。高层建筑一组电梯超过两部时，电梯井道应用墙隔开。

(2) 井道的隔声　为了减轻机器运行时对建筑物产生振动和噪声，应采用适当的减振隔声措施。一般情况下，在机房机座下设置弹性垫层来达到减振和隔声目的（图13-41a）。电梯运行速度超过1.5m/s者，除设弹性垫层外，还应在机房与井道间设隔声层，高度为1300~1500mm（图13-41b）。

电梯井道外侧应避免作为居室，否则应采取隔声措施。最好楼板与井道壁脱开，另做隔声墙，简单做法也有只在井道外加砌加气混凝土砌块衬墙隔声的。

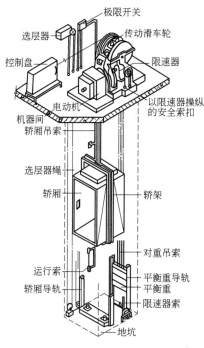

图 13-40 电梯井道内部透视示意

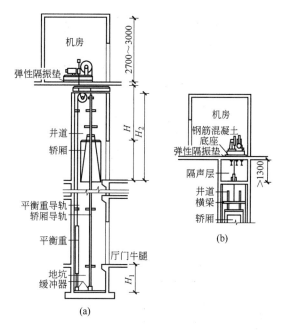

图 13-41 电梯机房隔振、隔声处理（mm）
(a) 无隔声层（通过电梯门剖面）；
(b) 有隔声层（平行电梯门剖面）

(3) 井道的通风 井道除设排烟通风口外，还要考虑电梯运行中井道内空气流通问题。一般运行速度 2m/s 以上的乘客电梯，在井道的顶部和底坑应有不小于 300mm×600mm 的通风孔，上部可以和排烟孔（井道面积的 3.5%）结合。

(4) 井道的检修 为了安装、检修和缓冲，井道的上、下均须留有必要的空间（图 13-40、图 13-41），其尺寸与电梯运行速度以及产品供应商有关。

井道坑壁及坑底均须考虑防水处理。消防电梯的井道地坑还应有不小于 $2m^3$ 的积水空间，并应设排水设施，以保证消防电梯的正常运行。

2）电梯门套

电梯厅门门套装修构造的做法应与电梯厅的装修统一考虑。可用大理石或金属装修（图 13-42）。电梯门一般为双扇推拉门，宽 900~1300mm，有中央分开推向两边的，和双扇推向同一边的两种。推拉门的滑槽常安置在门套下楼板边梁如牛腿状挑出部分，构造见图 13-43。

3）电梯机房

电梯机房一般设置在电梯井道的顶部（图 13-40），少数也有设在底层井道旁边者（通常称为无机房电梯，见图 13-44）。机房的平面尺寸须根据机械设备尺寸的安排及管理、维修等因素决定，一般至少有两个面每边宽出 600mm 以上（图 13-45）。机房的净空高度多为 2.5~3.5m。

为了便于安装和维修，电梯机房的楼板应按机器设备要求的部位预留孔洞，屋面板顶棚上应设置吊装构件。机房围护构件的防火要求与井道一致。消防电梯机房与普通电梯机房应进行有效的防火分隔保证消防电梯正常运行。

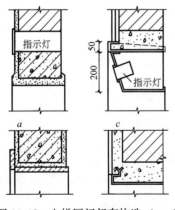

图 13-42 电梯厅门门套构造（mm）

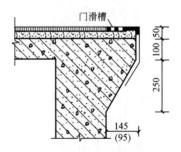

图 13-43 电梯门滑槽构造（mm）
（括号内数字为中分式推拉门尺寸）

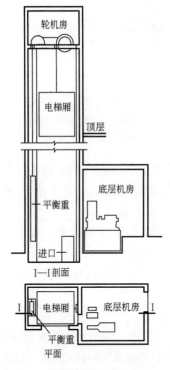

图 13-44 底层机房示意

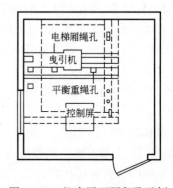

图 13-45 机房平面预留孔示例

13.4.2 自动扶梯

自动扶梯由梯路（变型的板式输送机）和两旁的扶手（变形的带式输送机）组成，是一种以运输带方式运送行人的运输工具。自动扶梯适用于大量人流上下的建筑物，如火车站、航站楼、地铁站、大百货商店及展览馆等。一般自动扶梯均可正逆方向运行，即可作为提升及下降使用。在机器停止运转时，可作临时性的普通楼梯使用，但不能作为安全疏散通道。

自动扶梯是电动机械牵动梯路及扶手带上下运行。机房悬在楼板下面,因此这部分楼板一般做成钢制活动地板。

自动扶梯的倾角一般为30°,按输送人员股数多少可分为单人梯及双人梯两种,基本尺寸详见图13-46,规格型号见表13-2。

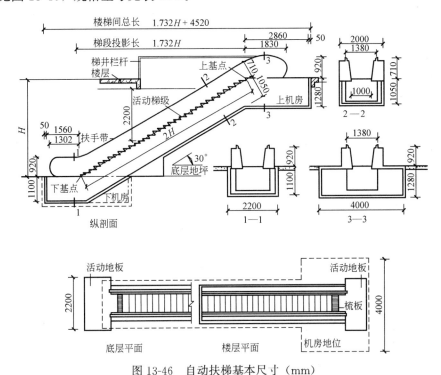

图13-46 自动扶梯基本尺寸(mm)

自动扶梯规格型号　　　　　　表13-2

梯形	输送能力 (人/h)	提升高度 (m)	速度 (m/s)	扶梯宽度	
				净宽 B(mm)	外宽 $B1$(mm)
单人梯	5000	3~10	0.5	600	1350
双人梯	8000	3~8.5	0.5	1000	1750

13.5 无障碍设计简介

无障碍设计这个概念名称始见于1974年,是联合国组织提出的设计新主张,强调在科学技术高度发展的现代社会,一切有关人类衣食住行的公共空间环境以及各类建筑设施、设备的规划设计,都必须充分考虑具有不同程度生理伤残缺陷者和正常活动能力衰退者(如残疾人、老年人)群众的使用需求,配备能够应答、满足这些需求的服务功能与装置,营造一个充满爱与关怀,切实保障人类安全、方便、舒适的现代生活环境。

无障碍设计的理想目标是"无障碍"。基于对人类行为、意识与动作反应的细致研究,致力于优化一切为人所用的物与环境的设计,在使用操作界面上清除那些让使用者感到困惑、困难的"障碍",为使用者提供最大可能的方便,这就是无障碍设计的基本思想。

从建设部门来看，无障碍设计多指无障碍设施，主要是建筑物和道路等相关的设施。从整个社会来说，无障碍设计多指无障碍环境。

1) 建筑物无障碍实施范围

各类公共建筑的室外场地、建筑入口、走道、楼梯、公共活动用房和公共服务设施等部位应进行无障碍设计。具体有无障碍入口、无障碍专用厕所、无障碍电梯、轮椅席位、无障碍住房套型、残疾人住房等。

下面主要将无障碍设计中一些有关坡道、楼梯、台阶等的特殊构造问题作简要介绍。

2) 坡道

坡道是最适合残疾人轮椅通过的设施，它还适合于借助拐杖和导盲棍通过的残疾人。

(1) 坡道的坡度

我国对便于残疾人通行的坡道的坡度标准定为不大于 1/12，同时还规定与之相匹配的每段坡道的最大高度为 750mm，最大坡段水平长度为 9000mm。

(2) 坡道的宽度及平台宽度

为便于残疾人使用轮椅顺利通过，室内坡道的最小宽度应不小于 900mm，室外坡道的最小宽度应不小于 1500mm。图 13-47 表示室外坡道所应具有的最小尺度。

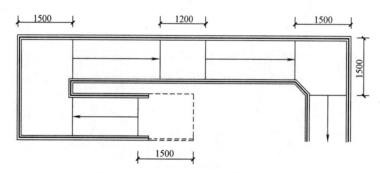

图 13-47　室外坡道的最小尺度（mm）

3) 楼梯形式及扶手栏杆

(1) 楼梯形式及相关尺寸

供借助拐杖者及视力残疾者使用的楼梯，不宜采用弧形梯段或在中间平台上设置扇步（图 13-48），应采用直行形式，例如双跑楼梯、成直角折行的楼梯、直跑楼梯等（图 13-49）。

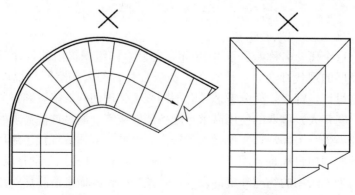

图 13-48　弧形楼梯及扇步不宜使用示意图

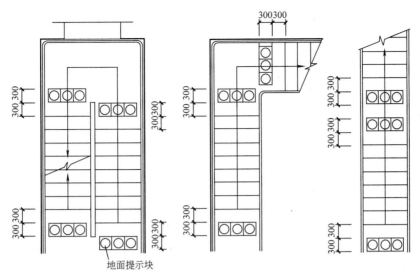

图 13-49　适宜的楼梯形式（mm）

楼梯的坡度应尽量平缓，其坡度宜在 35°以下，踢面高不宜大于 160mm，且每步踏步应保持等高。楼梯的梯段宽度不宜小于 1200mm。

(2) 踏步设计注意事项

楼梯踏步应选用合理的构造形式及饰面材料，无直角突沿，以防发生勾绊行人或其助行工具的意外事故（图 13-50）；踏步表面不滑，不得积水，防滑条不得高出踏面 5mm 以上。

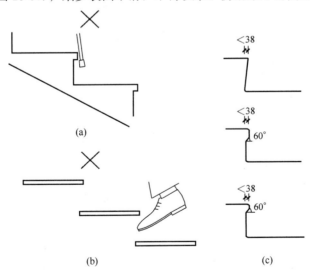

图 13-50　踏步的构造形式

(a) 有直角突缘不可用；(b) 踏步无踢面不可用；(c) 踏步线形光滑流畅可用

(3) 楼梯、坡道栏杆扶手

楼梯、坡道的栏杆扶手应坚固适用，且应在两侧都设有扶手。公共楼梯可设上下双层扶手。在楼梯梯段（或坡道的坡段）的起始及终结处，扶手应自其前缘向前伸出 300mm 以上，两个相邻梯段的扶手应该连通；扶手末端应向下或伸向墙面（图 13-51）。扶手的断面形式应便于抓握（图 13-52）。

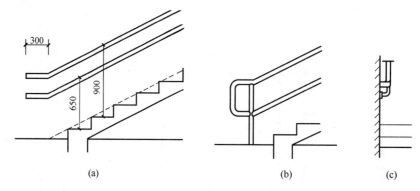

图 13-51　扶手构造（mm）
(a) 扶手高度及起始、终结步处外伸尺寸；(b) 扶手末端向下；(c) 扶手末端伸向墙面

（4）导盲块的设置

导盲块又称地面提示块，一般设置在有障碍物、需要转折和存在高差等场所，利用其表面上的特殊构造形式，向视力残疾者提供触摸信息，提示行走、停步或需改变行进方向等（图 13-53）。图 13-49 中已经标明了导盲块在楼梯中的位置，同样在坡道上也适用。

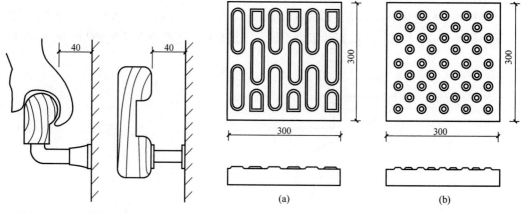

图 13-52　扶手断面形式（mm）

图 13-53　导盲块示意（mm）
(a) 地面提示行进块；(b) 地面提示停步块

（5）构件边缘处理

鉴于安全方面的考虑，凡有凌空处的构件边缘都应该向上翻起，包括楼梯段和坡道的凌空一面、室内外平台的凌空边缘等。这样可以防止拐杖或导盲棍等工具向外滑出，对轮椅也是一种制约（图 13-54）。

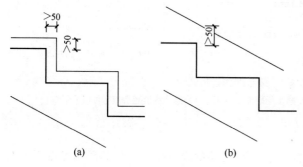

图 13-54　构件边缘处理图（mm）
(a) 立缘；(b) 踏脚板

第 14 章 屋　　顶

屋顶是房屋最上层起覆盖作用的围护结构,用以防风、沙、雨、雪、日晒等对室内的侵袭。屋顶又是房屋最上层的承重结构,用以承受自重和屋顶上的其他荷载,同时对房屋上部起着水平加固作用。

1）屋顶的设计要求

屋顶作为外围护结构,应满足防水、保温、隔热以及隔声、防火等要求。屋顶作为承重结构,还应满足承重构件的强度、刚度和整体稳定性要求。

2）屋顶的类型

屋顶主要是由屋面和支承结构所组成。屋顶的形式由支承结构和构造方式的不同而成各异形态。常见的屋顶类型有平屋顶、坡屋顶、曲面屋顶等（图 14-1）。

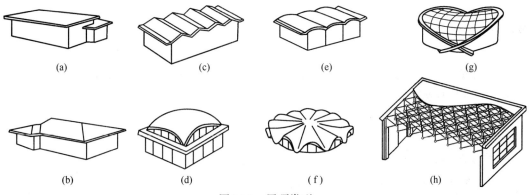

图 14-1　屋顶类型

(a) 平屋顶；(b) 坡屋顶；(c) 折板屋顶；(d) 球壳屋顶；(e) 筒壳屋顶；(f) 抛物面壳屋顶；(g) 悬索屋顶；(h) 网架屋顶

3）屋面的坡度

屋面的坡度,主要与屋面材料、屋顶结构形式、施工方法、建筑造型等有关系。其中屋面防水材料与屋面坡度的关系比较大。一般情况,屋面防水材料的透水性越差,单块面积越大,搭接缝隙越小,屋面排水坡度亦越小。

常见的屋面坡度范围如图 14-2 所示。通常我们将屋面坡度＞10% 的称为坡屋顶,坡度≤10% 的称为平屋顶。

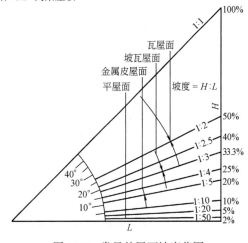

图 14-2　常见的屋面坡度范围

14.1 平屋顶

平屋顶是一种较常见的屋顶形式，建筑外观简洁，结构和构造较坡屋顶简单。

1）平屋顶组成

平屋顶主要由屋面层、附加层、结构层和顶棚层组成（图14-3）。

① 屋面层：主要是防水层。

② 附加层：根据不同要求设置的保温层、隔热层、隔汽层、找平层、结合层等。

③ 结构层：承受屋顶荷载并将荷载传递给墙或柱。

④ 顶棚层：作用与构造做法与楼层的顶棚层相同。

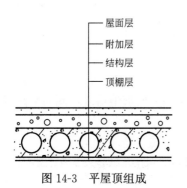

图14-3 平屋顶组成

2）平屋顶排水

（1）排水找坡

要使屋面排水通畅，首先应选择合适的排水坡度。常根据屋面材料的防水性能和功能需求而定，屋面的坡度不应小于2%。平屋顶排水找坡方式有两种：搁置找坡和垫置找坡。

① 搁置找坡：又称结构找坡，是把支承屋面板的墙或梁做成一定的坡度，屋面板直接铺设在其上形成的坡度。这种做法省工省料、较为经济，适用于平面形状较简单的建筑物，如图14-4、图14-5所示。

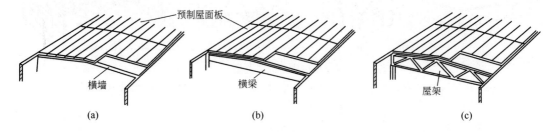

图14-4 搁置找坡（一）
（a）横墙搁置屋面板；（b）横梁搁置屋面板；（c）屋架搁置屋面板

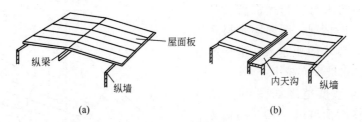

图14-5 搁置找坡（二）
（a）纵墙、纵梁搁置屋面板；（b）内外纵墙搁置屋面板

② 垫置找坡：又称材料找坡，是在水平的屋面板上，采用价廉质轻的材料铺垫成一

定的坡度，上面再做防水层（图14-6）。设保温层的地区，可利用保温材料来形成坡度。

（2）排水方式

平屋顶的排水坡度较小，要把雨水尽快地排出，就要组织好屋面的排水系统，选择合理的排水方式。屋面排水方式有两种：无组织排水和有组织排水。

① 无组织排水：又称自由落水，屋面的雨水由檐口自由滴落到室外地面。这种做法构造简单、经济，一般适用于低层和雨水少的地区（图14-7）。

图14-6 垫置找坡

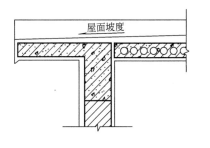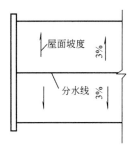

图14-7 无组织排水

② 有组织排水：是将屋面划分成若干个排水区，按一定的排水坡度把屋面雨水有组织地排到檐沟或雨水口，通过雨水管排泄到散水或明沟中（图14-8）。

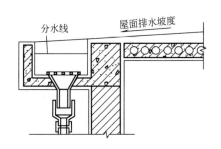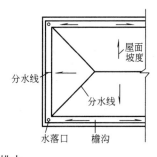

图14-8 有组织排水

14.2 坡 屋 顶

14.2.1 坡屋顶的形式

坡屋顶是由一个倾斜面或几个倾斜面相互交接形成的屋顶，又称斜屋顶。根据斜面数量的多少，可分为单坡屋顶、双坡屋顶、四坡屋顶及其他形式。

1）单坡屋顶：雨水仅向一侧排下（图14-9），一般用于民居或辅助性建筑上。

2）双坡屋顶：是由两个交接的斜屋面组成，雨

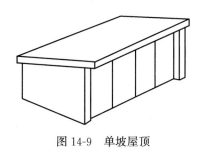

图14-9 单坡屋顶

水向两侧排下。根据屋面（檐口）和山墙的处理方式不同分为：悬山屋顶、硬山屋顶（图14-10）。

（1）悬山屋顶，是两端屋面伸出山墙外的一种屋顶形式，又称不厦两头。挑檐可保护墙身、有利排水、兼有一定的遮阳作用。

（2）硬山屋顶，是两端屋面不伸出山墙且山墙高出屋面的一种屋顶形式。

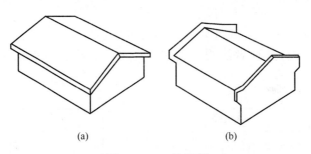

图 14-10 双坡屋顶
（a）悬山屋顶；（b）硬山屋顶

3）四坡屋顶：是由四个坡面交接组成的，雨水向四个方向排下的坡屋顶，构造较为复杂（图 14-11）。

（1）庑殿顶，又称四阿、五脊殿，是一条正脊与四条垂脊组成的四坡屋顶（图14-11a）。庑殿顶是古建筑屋顶形式中最高等级，为宫殿、寺庙等大型建筑群中主要殿阁所采用。一些大型殿宇常采用重檐做法，称重檐庑殿顶。

（2）歇山顶，屋顶上半部为两坡顶，下半部为四坡顶，共有九条脊，故又称九脊顶（图 14-11b）。屋顶等级仅次于庑殿顶，常用于宫殿、寺庙等大型建筑群中，大型殿宇常采用重檐做法，称重檐歇山顶。

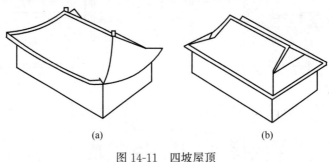

图 14-11 四坡屋顶
（a）庑殿顶；（b）歇山顶

14.2.2 坡屋顶的组成与构造

坡屋顶主要由结构层、屋面层、顶棚层和附加层组成（图 14-12）。

（1）结构层：承受屋顶荷载并将荷载传递给墙或柱，一般有屋架或大梁、檩条、椽子等。

（2）屋面层：是屋顶上的覆盖层，直接承受自然气候的作用。

（3）顶棚层：是屋顶下面的遮盖部分，使室内上部平整，起装饰作用，构造做法与楼层的顶棚层基本相同。

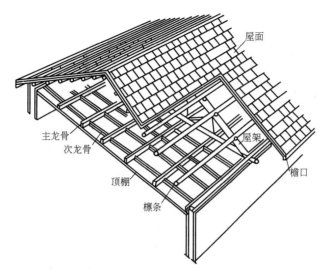

图 14-12 坡屋顶基本组成

（4）附加层：根据不同情况而设置的保温层、隔热层、隔汽层、找平层、结合层等。

1）坡屋顶的承重结构系统

（1）有檩体系屋顶

有檩体系屋顶，是由屋架（屋面梁）、檩条、屋面板组成的屋顶结构体系（图 14-13）。其特点是构件小、重量轻、容易吊装，但施工繁琐、整体刚度较差。

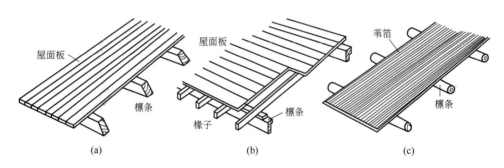

图 14-13 有檩体系屋顶
(a) 支承屋面板；(b) 支承椽子、屋面板；(c) 支承苇箔

有檩体系屋顶的结构支承体系有山墙支承、屋架支承、梁架支承。

① 山墙支承：山墙常指房屋的横墙，利用山墙砌成尖顶形状直接搁置檩条，又称"硬山搁檩"（图 14-14）。这种做法简单经济，一般适用于多数相同开间并列的房屋，如宿舍、办公室等。

② 屋架支承：一般建筑常采用三角形屋架，上面铺设檩条（图 14-15）。通常屋架搁置在房屋纵向外墙或柱墩上，使建筑有较大的使用空间（图 14-16）。

③ 梁架支承：我国传统的屋顶结构形式，以柱和梁形成梁架支承檩条，每隔两根或三根檩条立一柱，并利用檩条及连系梁（枋），把整个房屋形成一个整体骨架（图 14-17）。墙只起围护和分隔作用，不承重，因此这种结构形式有"墙倒屋不塌"之称。

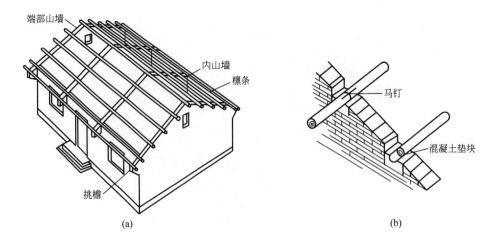

图 14-14 山墙支承
（a）山墙支檩屋顶；（b）檩条在山墙上的搁置形式

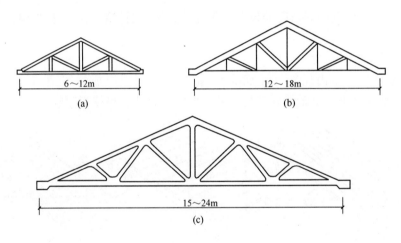

图 14-15 屋架类型
（a）木屋架；（b）钢木屋架；（c）钢筋混凝土屋架

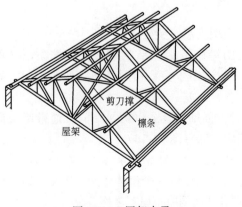

图 14-16 屋架支承

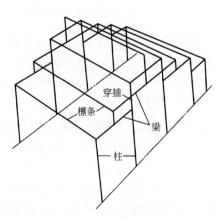

图 14-17 梁架支承

(2) 无檩体系屋顶

无檩体系屋顶，是大型屋面板直接铺设在屋架（或屋面梁）上的屋顶体系（图 14-18）。

大型屋面板的经济尺寸为 6m×1.5m，其特点是屋顶较重、构件大、数量少、刚度好，工业化程度高，安装速度快，是目前大、中型厂房广泛采用的屋顶形式。

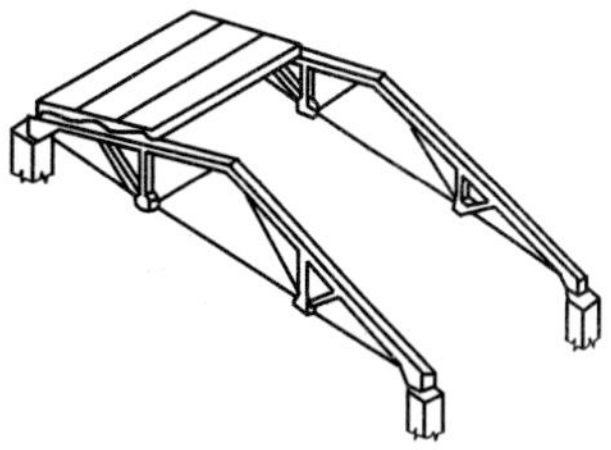

2) 坡屋顶的屋面层

坡屋顶的屋面材料种类较多，常见的有以下几种类型（图 14-19）：

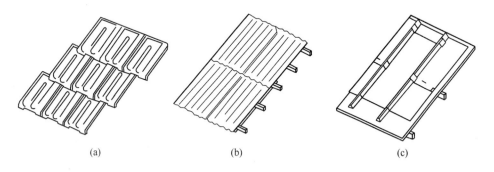

图 14-18 无檩体系屋顶

图 14-19 常见屋面的类型
(a) 平瓦屋面；(b) 波瓦屋面；(c) 金属板屋面

(1) 瓦屋面，有平瓦、波瓦、小青瓦、石片瓦等。这些瓦大多数由黏土烧制而成，也有由天然石板制成的。一般平面尺寸不大，常在 200～500mm 左右，排水坡度不应小于 30%。

(2) 沥青瓦屋面，沥青瓦应具有自粘胶带或互相搭接的连锁构造，常用排水坡度不应小于 20%。

(3) 金属板屋面，有镀锌铁皮、涂膜薄钢板、铝合金皮和不锈钢皮等。压型金属板接缝采用咬口锁边连接时，排水坡度常不宜小于 5%，采用紧固件连接时，排水坡度常不宜小于 10%。

3) 坡屋顶的构造

坡屋顶中，因面层材料和基层不同，应采用不同的构造做法及细部处理，如图 14-20～图 14-29 所示。

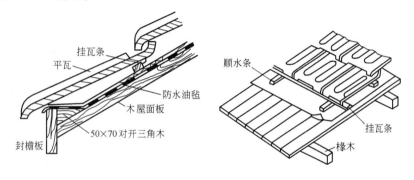

图 14-20 木屋面板做基层的平瓦屋面（mm）

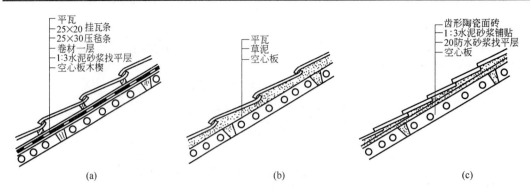

图 14-21 钢筋混凝土屋面板铺瓦屋面（mm）
(a) 木条挂瓦；(b) 草泥窝瓦；(c) 砂浆粘瓦

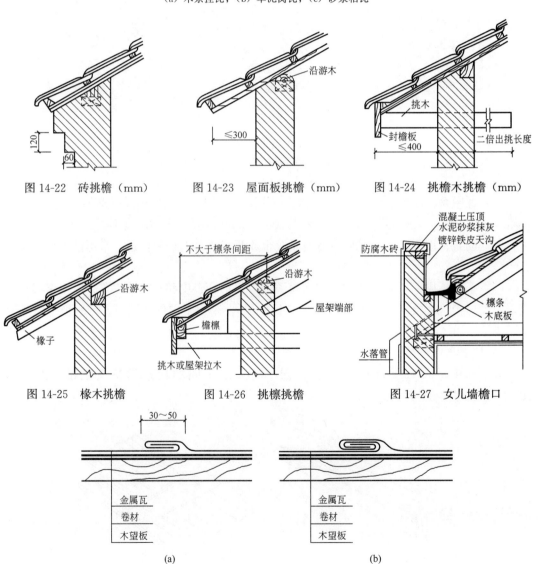

图 14-22 砖挑檐（mm）　　图 14-23 屋面板挑檐（mm）　　图 14-24 挑檐木挑檐（mm）

图 14-25 椽木挑檐　　图 14-26 挑檩挑檐　　图 14-27 女儿墙檐口

图 14-28 金属板屋面咬口锁边连接（mm）
(a) 单平咬口；(b) 双平咬口

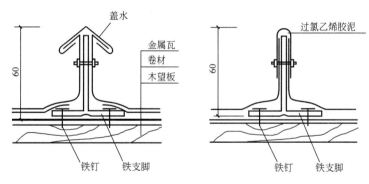

图 14-29　金属板屋面紧固件连接（mm）

14.3　屋面防水构造

屋面防水按防水层的材料性质可分为刚性防水、柔性防水。柔性防水又包括卷材防水和涂膜防水，卷材防水材料常用的有沥青防水卷材、聚合物改性沥青卷材、合成高分子类卷材，涂膜防水常用的有聚合物沥青类防水涂料、合成高分子防水涂料等。

14.3.1　屋面防水等级和设防要求

屋面工程防水设计工作年限不应低于 20 年，设防标准取决于屋面防水等级，其与防水使用环境和工程类别有关。防水等级较高的建筑要求多道设防，并要求屋面防水层的耐久性较好，或按规定同时选取两种或两种以上防水方案，详见表 14-1。

平屋面防水等级和设防要求　　　　　　　　表 14-1

项目	屋面防水等级		
	一级	二级	三级
设防要求	不应少于三道	不应少于二道	不应少于一道
防水层选用材料	卷材防水层不应少于一道	卷材防水层不应少于一道	任选

14.3.2　刚性防水屋面

刚性防水材料是指以水泥、砂石为原材料，或其内掺入少量外加剂、高分子聚合物等材料，通过调整配合比、抑制或减少孔隙率、改变孔隙特征、增加各原材料界面间的密实性等做法，配制成具有一定抗渗透能力的水泥砂浆或混凝土类防水材料。这种屋面具有构造简单、施工方便、造价低廉的优点，但对温度变化和结构变形较敏感，容易产生裂缝而渗水，不适用于有较大振动或冲击的建筑屋面。刚性防水屋面主要适用于防水等级为三级的屋面防水，也可用作一、二级屋面多道防水设防中的一道防水层。

1) 刚性防水屋面构造

刚性防水屋面一般由结构层、找平层、隔离层和防水层等组成，如图 14-30 所示。

(1) 结构层：一般采用现浇或预制装配的钢筋混凝土屋面板，宜采用结构找坡。

(2) 找平层：通常在结构层上用 20mm 厚 1∶3 水泥砂浆找平。

(3) 隔离层：一般采用 3~5mm 厚纸筋灰，或采用低标号砂浆，也可在薄砂层上干铺一层卷材。

(4) 防水层：常用厚度不小于 40mm 厚 C20 防水混凝土，双向配置 $\phi 4 \sim \phi 6 @ 100 \sim 200mm$ 钢筋网片，并做分格缝。

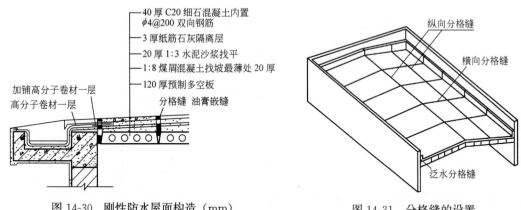

图 14-30 刚性防水屋面构造（mm） 图 14-31 分格缝的设置

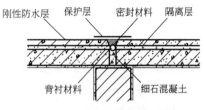

图 14-32 刚性防水屋面分格缝构造

2) 刚性防水屋面细部构造

刚性防水屋面的细部构造包括屋面防水层的分格缝、泛水、檐口、雨水口等部位的构造处理。

(1) 屋面分格缝做法

屋面分格缝实质上是在屋面防水层上设置的变形缝。其目的在于：防止温度变形引起防水层开裂；防止结构变形将防水层拉坏。

因此，屋面分格缝位置应设在温度变形允许范围以内和结构变形敏感部位。分格缝间距不宜大于 6m，且应在预制板支承端、屋面转折处、现浇板与预制板交接处、泛水与墙体交接处等部位设缝。图 14-31 是在采用横墙承重的民用建筑中，屋面分格缝的设置。

分格缝的构造可参见图 14-32，设计时还应注意：①防水层内的钢筋在分格缝处应断开；②缝内用弹性材料填塞，油膏封口；③缝口表面宜用宽 200~300mm 的防水卷材铺贴盖缝。

(2) 屋面泛水构造

屋面泛水是指屋面防水层向垂直面延伸，形成立铺的防水层。通常屋面突出物（如女儿墙、楼梯间、检修孔等）与屋面的交接处是屋面防水的薄弱环节，设计时必须加强。刚性防水层与屋面凸出物之间须留有变形缝，并通过另铺贴附加卷材盖缝形成泛水。刚性防水屋面泛水应有足够的高度，一般不应小于 250mm；卷材泛水应嵌入墙上的凹槽内，并用压条及水泥钉固定。图 14-33 是刚性防水屋面女儿墙和变形缝处的泛水做法，除加铺卷材外，还应用油膏嵌缝，或在缝内填塞其他弹性材料。

(3) 屋面檐口构造

刚性防水屋面檐口的形式一般有自由落水挑檐口、挑檐沟外排水檐口、女儿墙外排水檐口等。

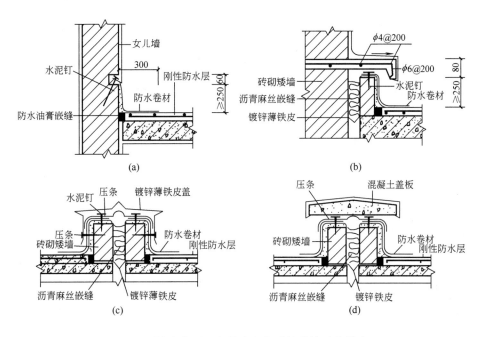

图 14-33 刚性防水屋面女儿墙和变形缝处的泛水做法（mm）
(a) 女儿墙泛水；(b) 高低屋面变形缝泛水；(c) 横向变形缝泛水之一；(d) 横向变形缝泛水之二

① 自由落水挑檐口：在现浇或预制钢筋混凝土挑檐板上做防水层（图 14-34），并应做好滴水处理。

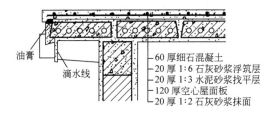

图 14-34 自由落水挑檐口（mm）

② 挑檐沟外排水檐口：檐沟一般采用现浇或预制的钢筋混凝土槽形天沟板，在沟底用低强度混凝土或水泥焦渣垫置纵向排水坡度，铺好隔离层后再浇筑防水层，屋面防水层应出挑并做好滴水（图 14-35）。

③ 女儿墙外排水檐口：有女儿墙时通常在檐口处做成天沟，天沟内需设有纵向排水坡度。

（4）雨水口构造：刚性防水屋面的雨水口有直管式和弯管式两种做法。直管式一般用于挑檐沟外排水的雨水口，弯管式用于女儿墙外排水的雨水口。为防止雨水从雨水口套管与沟底接缝处渗漏，应在雨水口周边加铺柔性防水层，并将其延伸至套管内壁。檐口处浇筑的混凝土防水层应覆盖于附加的柔性防水层之上，并将防水层和雨水口之间用油膏嵌实（图 14-36）。

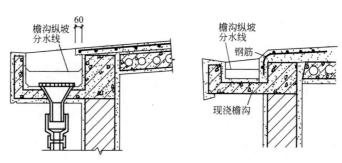

图 14-35 挑檐沟外排水檐口（mm）

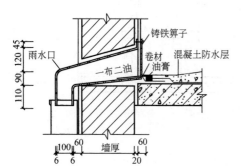

图 14-36 刚性防水屋面弯管式
雨水口构造（mm）

14.3.3 卷材防水屋面

1) 卷材防水屋面材料

常见的防水卷材有沥青防水卷材（简称沥青卷材或油毡卷材）、聚合物改性沥青防水卷材（简称改性沥青卷材）、合成高分子防水卷材（简称高分子卷材）三大系列。

（1）沥青防水卷材：即用原纸、纤维织物、纤维毡等胎体材料浸涂沥青，表面撒布粉状、粒状或片状材料制成可卷曲的防水材料。常见的有纸胎石油沥青防水卷材（使用寿命较短，目前工程中较少使用）、玻璃布胎沥青防水卷材（简称玻璃布油毡）、玻纤胎沥青防水卷材（简称玻纤胎油毡）等。

（2）聚合物改性沥青防水卷材：即用合成高分子聚合物改性沥青为涂盖层，纤维毡、纤维织物或塑料薄膜为胎体，粉状、粒状、片状或塑料膜为覆面材料制成可卷曲的片状防水材料。常用的有 SBS 改性沥青防水卷材、APP 改性沥青防水卷材。

改性沥青卷材弹性好，耐候性强，防水效果好，可适应微小变形，经济实用。

（3）合成高分子防水卷材：即用合成橡胶、合成树脂、或它们两者的共混体为基料，加入适量化学助剂和填充剂等，采用橡胶或塑料加工工艺制成的可卷曲的片状防水材料。其中常见的有三元乙丙橡胶防水卷材、氯化聚乙烯—橡胶共混防水卷材、增强氯化聚乙烯防水卷材、聚氯乙烯防水卷材等。

合成高分子防水卷材具有重量轻，适用温度范围（−20～80℃）大，耐候性好，抗拉强度高（2～18.2MPa），延伸率大（可达 45%）等优点，但造价较高。

2) 卷材防水屋面构造

卷材防水屋面的构造层次包括结构层、找坡层、找平层、结合层、防水层和保护层等，如图 14-37 所示。

（1）结构层：通常为预制或现浇钢筋混凝土屋面板。

（2）找坡层：通常是在结构层上铺 1∶6 或 1∶8 的水泥焦渣或水泥膨胀蛭石。屋顶也可采用结构找坡。

（3）找平层：一般采用 20mm 厚 1∶3 水泥砂浆。当下部为松散材料时，找平层厚度应加大到 30～35mm，分层施工。

(4) 结合层：视防水层材料而定。

(5) 防水层：一般选择改性沥青防水卷材或高分子防水卷材，卷材厚度应满足屋面防水等级的要求。

(6) 保护层：当屋面为不上人屋面时，保护层可根据卷材的性质选择浅色涂料、铝箔、绿豆砂、蛭石或云母等材料；当屋面为上人屋面时，通常应采用40mm厚C20细石混凝土或20~25mm厚1:2.5水泥砂浆，但应做好分格和配筋处理，并用油膏嵌缝。还可以选择大阶砖、预制混凝土薄板等块材。

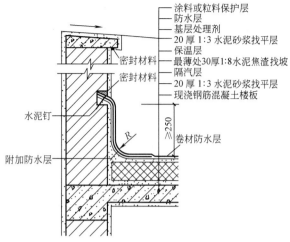

图14-37 女儿墙卷材防水屋面构造（mm）

3) 卷材防水屋面细部构造

卷材防水屋面的细部构造包括屋面泛水、檐口、雨水口、变形缝、检修口、出入口等部位的构造处理。

(1) 屋面泛水构造

泛水做法如图14-37、图14-38所示，应注意以下几个方面：

① 屋面在泛水处应加铺一道附加卷材，泛水高度不小于250mm；

② 屋面与垂直墙面交接处的水泥砂浆应抹成圆弧或45°斜面，上刷卷材胶粘剂，使卷材铺贴牢固，以免卷材架空或折断；圆弧半径因防水材料而异（表14-2）。

卷材防水找平层圆弧半径（mm）	表14-2
卷材种类	圆弧半径 R
沥青防水卷材	100~150
高聚物改性沥青防水卷材	50
合成高分子防水卷材	20

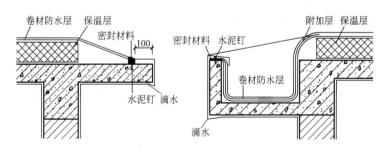

图14-38 卷材防水屋面挑檐和挑檐沟构造（mm）

③ 做好泛水上口的卷材收头固定，防止卷材从垂直墙面下滑。一般做法是：将卷材的收头压入垂直墙面的凹槽内，用防水压条和水泥钉固定，再用密封材料填塞封严，外抹水泥砂浆保护。

(2) 屋面檐口构造

卷材防水屋面的檐口构造应注意处理好卷材的收口固定，并做好滴水（图 14-38）。女儿墙檐口构造的关键是泛水的构造处理，其顶部通常做混凝土压顶，并坡向屋面（图 14-37）。

(3) 雨水口构造

卷材防水屋面的雨水口也是有直管式和弯管式两种。直管式雨水口为防止其周边漏水，应加铺一层卷材并贴入连接管内 100mm，雨水口上用定型铸铁罩或铁丝球盖住，并用油膏嵌缝。弯管式雨水口穿过女儿墙预留孔洞内，屋面防水层应铺入雨水口内壁四周不小于 100mm，并安装铸铁算子以防杂物流入造成堵塞（图 14-39）。

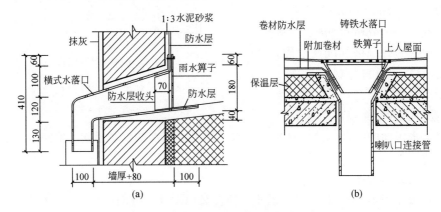

图 14-39 卷材防水屋面雨水口构造（mm）
(a) 弯管式雨水口；(b) 直管式雨水口

(4) 屋面变形缝处构造

图 14-40（a）是等高屋面横向变形缝的构造，即先用伸缩片盖缝，在变形缝两侧砌筑

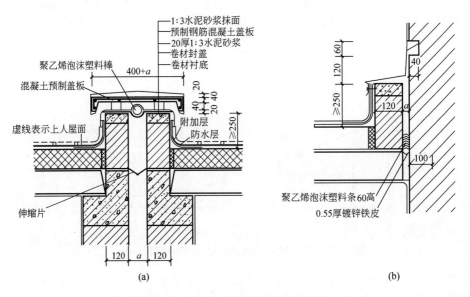

图 14-40 卷材防水屋面变形缝构造（mm）
(a) 屋面横向变形缝构造；(b) 屋面高低缝构造

附加墙，高度不低于泛水高度（250mm），完成油毡收头。附加墙顶部应先铺一层附加卷材，再做盖缝处理。图14-40（b）是高低缝的泛水构造，与横向变形缝不同的是只需在低屋面上砌筑附加墙，盖缝的镀锌铁皮在高跨墙上固定。

（5）屋面检修口、屋面出入口构造

不上人屋面应设屋面检修口。检修口四周用砖砌筑孔壁，高度不应小于泛水高度，孔壁外侧的防水层应做泛水，并用镀锌铁皮收头（图14-41）。

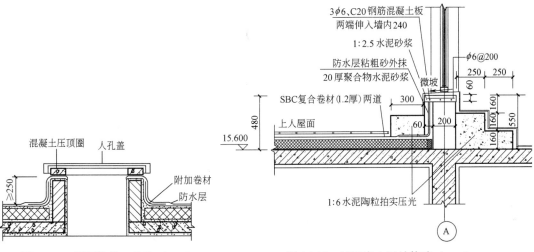

图14-41 屋面检修口构造（mm）

图14-42 屋面出入口处构造（mm）

出屋面楼梯间需设屋顶出入口。楼梯间的室内地面应高出室外或作门槛，防水层的构造做法与泛水做法相似（图14-42）。

14.3.4 涂膜防水屋面

涂膜防水屋面又称涂料防水屋面。它的构造层次包括结构层、找坡层、找平层、结合层、防水层和保护层。其中结构层、找坡层、找平层和保护层的做法与卷材防水屋面相同。结合层主要采用与防水层所用涂料相同的材料经稀释后打底；防水层的材料和厚度根据屋面防水等级确定（图14-43）。

涂膜防水屋面的泛水构造与卷材防水屋面基本相同，但屋面与垂直墙面交接处应加铺附加卷材，加强防水，如图14-44所示涂膜防水女儿墙泛水构造、图14-45涂膜防水挑檐防水构造、图14-46涂膜防水屋面变形缝构造。

涂膜防水只能提高构件表面的防水能力，当基层由于温度变形或结构变形而开裂时，也会引起涂膜防水层的破坏，出现渗漏，因此涂膜防水找平层需要设分格缝，分格缝宽度一般为20mm，纵横间距不应大于6m，找平层分格缝上增设带有胎体增强材料的空铺层，其空铺宽度为100mm。

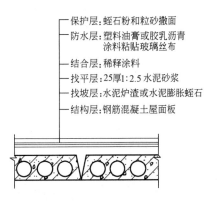

图14-43 涂膜防水屋面构造

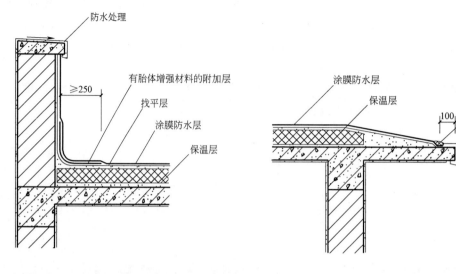

图 14-44 涂膜防水女儿墙泛水构造（mm）　　图 14-45 涂膜防水挑檐防水构造（mm）

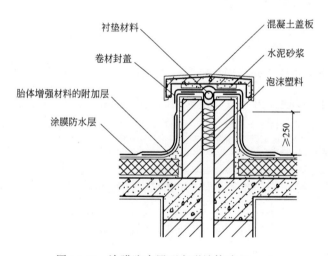

图 14-46 涂膜防水屋面变形缝构造（mm）

14.4 屋面保温构造

屋面在冬季存在着比任何朝向墙面都大的长波辐射散热，再加之对流换热，降低了屋顶的外表面温度，影响了冬季室内热环境的舒适度，增加了建筑物采暖能耗值，因此，需对屋顶进行构造处理。

1) **屋面保温材料**

屋面应选择轻质、高效的保温材料，以保证屋面保温性能和使用要求。按保温层材料的不同把保温层分为三类，即板状材料保温层、纤维材料保温层和整体材料保温层（表 14-3）。

常用屋面保温材料   表 14-3

保温层	保温材料
板状材料保温层	聚苯乙烯泡沫塑料,硬质聚氨酯泡沫塑料,膨胀珍珠岩制品,泡沫玻璃制品,加气混凝土砌块,泡沫混凝土砌块
纤维材料保温层	玻璃棉制品,岩棉、矿渣棉制品
整体材料保温层	喷涂硬泡聚氨酯,现浇泡沫混凝土

2) 屋面保温构造

(1) 平屋顶保温构造

平屋顶的屋面坡度较缓,宜在屋面的结构层上放置保温层。根据保温层与防水层的位置关系,有两种处理方式:

① 正置式保温屋面:工程中常用的保温材料如水泥膨胀珍珠岩、矿棉、岩棉等都是非憎水性的,这类保温材料如果吸湿后,其导热系数将陡增,所以普通保温屋面中需要将保温层放在结构层之上,防水层之下,成为封闭的保温层。这种方式通常叫作正置式保温,也叫作内置式保温。图 14-47 为正置式保温屋面。

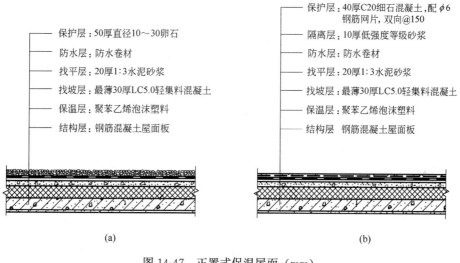

图 14-47 正置式保温屋面(mm)
(a) 正置式不上人屋面;(b) 正置式上人屋面

当严寒及寒冷地区屋面结构内侧可能出现冷凝,或其他地区室内湿气有可能透过屋面结构层进入保温层时,应设置隔汽层。然而,设置隔汽层的屋顶,可能出现一些不利情况:由于结构层的变形和开裂,隔汽层会出现移位、裂隙、老化和腐烂等现象;保温层的下面设置隔汽层以后,保温层的上下两个面都被绝缘层封住,内部的湿气反而排不出去,均将导致隔汽层局部或全部失效的情况。另外一种情况是冬季采暖房屋室内湿度高,蒸汽分压力大,有了隔汽层会导致室内湿气排不出去,使结构层产生凝结现象。因此,对于封闭式保温层或保温层干燥有困难的屋面,宜采取排汽构造措施。

排汽构造有以下几种做法:

A. 隔汽层下设透气层

就是在结构层和隔汽层之间，设一透气层，使室内透过结构层的蒸汽得以流通扩散，压力得以平衡，并设有出口，把余压排泄出去。透气层的构造方法可用带砂砾油毡、波瓦等与基层结合，也可在找平层中做透气道（图14-48）。

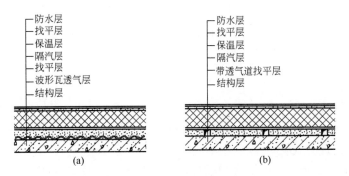

图14-48 隔汽层下设透气层
(a) 隔汽层下找平层设波瓦透气层；(b) 隔汽层下找平层带透气道找平层

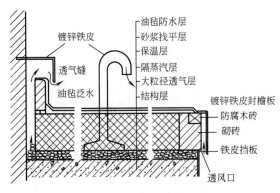

图14-49 檐口、中间和墙边设透气口

透气层的出入口一般设在檐口或靠女儿墙根部处。房屋进深大于10m者，中间也要设透气口，如图14-49所示。但是透气口不能太大，否则冷空气渗入，失去保温作用，更不允许由此把雨水引入。

B. 保温层设透气层

在保温层中设透气层是为了把保温层内的湿气排泄出去（图14-50）。简单的处理方法，也可把防水层的基层油毡用花油法铺贴或做带砂砾油毡基层。讲究一些，可在保温层上加一砾石或陶粒透气层或在保温层上部或中间做通道；如保温层为现浇或块状材料，可在保温层做槽，槽深者可在槽内填以粗质玻璃纤维或炉渣之类，既可保温又可透气。在保温层中设透气层也要做通风口，一般在檐口和屋脊需设通风口。

C. 保温层上设架空通风透气层

这种体系是把设在保温层上面的透气层扩大成为一个有一定空间的架空通风隔层（图14-50d），这样就有助于把保温层和室内透入保温层的水蒸气通过这层通风的透气层排泄出去。通风层在夏季还可以作为隔热降温层把屋面传下来的热量排走。这种体系在坡屋顶和平屋顶均可采用。

正置式保温屋面构造复杂，防水材料暴露于最上层，加速其老化，缩短了防水层的使用寿命，故应在防水层上加做保护层，这又将增加额外的投资。对于封闭式保温层而言，施工中很难做到其含水率相当于自然风干状态下的含水率，会出现防水层起泡现象；如采用排汽屋面的话，则屋面上伸出大量排汽孔，不仅影响屋面使用和观瞻，而且人为地破坏了防水层的整体性。

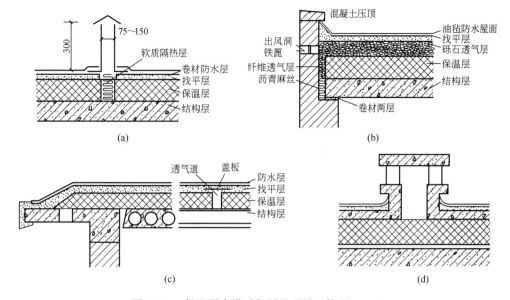

图 14-50 保温层内设透气层及通风口构造（mm）
(a) 保温层设透气道（内填软质保温材料）及镀锌铁皮通风口；(b) 砾石透气层及女儿墙出风口；
(c) 保温层设透气道及檐下出风口；(d) 中间透气口

② 倒置式保温屋面：倒置式保温屋面 20 世纪 60 年代开始在德国和美国被采用，其特点是保温层做在防水层之上，构造层次自下而上依次为结构层、找坡层、找平层、防水层、保温层和保护层。倒置式屋面不仅有可能消除内部结露，而且又使防水层得到保护，从而大大提高其耐久性，但在严寒及多雪地区不宜采用。倒置式保温屋面因其保温材料价格较高，一般适用于高标准建筑的保温屋面。

倒置式屋面保温层的设计厚度应按计算厚度增加 25% 取值，且最小厚度不得小于 25mm。保温层应采用表观密度小、压缩强度大、导热系数小、吸水率低，且长期浸水不变质的保温材料，如聚苯乙烯泡沫塑料板、硬泡聚氨酯板等，不得采用如加气混凝土或泡沫混凝土这类松散、吸湿性强的保温材料。

保温层上应铺设防护层，以防止保温层表面破损和延缓其老化过程。保护层应选择有一定重量、足以压住保温层的材料，使之不致在下雨时漂浮起来。采用卵石做保护层时，与保温层之间应铺设耐穿刺、耐久性好、防腐性能好的聚酯纤维无纺布或纤维织物进行隔离保护（图 14-51）；采用混凝土板或地砖等材料做保护层时，可用砂浆铺砌（图 14-52）。

防水层下应设找平层，结构找坡的屋面可采用原浆表面抹平、压光，也可采用水泥砂浆或细石混凝土，其厚度宜为 15~40mm。找平层应设分格缝，缝宽宜为 10~20mm，纵横缝的间距不宜大于 6m，纵横缝应用密封材料嵌填。在突出屋面结构的交接处以及基层的转角处均应做成圆弧，圆弧半径不宜小于 130mm。

倒置式屋面应优先选择结构找坡。当坡度大于 3% 时，应在结构层采取防止防水层、保温层及保护层下滑的措施；坡度大于 10% 时，应沿垂直于坡度方向设置防滑条，防滑条应与结构层可靠连接。当屋面采用材料找坡时，坡度宜为 3%，最薄处找坡层厚度不得小于30mm。找坡宜采用轻质材料或保温材料。

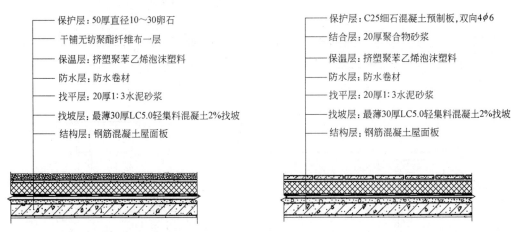

图 14-51　倒置式保温屋面（不上人屋面）（mm）　　图 14-52　倒置式保温屋面（上人屋面）（mm）

（2）坡屋顶保温构造

坡屋顶保温可采用硬质聚苯乙烯泡沫塑料保温板、硬质聚氨酯泡沫保温板、喷涂硬泡聚氨酯、岩棉、矿渣棉或玻璃棉等。装配式轻型坡屋面宜采用轻质保温材料。

坡屋顶的保温层一般布置在瓦材下面、檩条之间或吊顶棚上面。以下几个坡屋顶保温的例子可供参考：

① 块瓦屋面

块瓦屋面的保温层上铺设细石混凝土保护层做持钉层时，防水垫层应铺设在持钉层上，构造层依次为块瓦、挂瓦条、顺水条、防水垫层、持钉层、保温层、屋面板（图14-53）。

保温层镶嵌在顺水条之间时，应在保温层上铺设防水垫层，构造层依次为块瓦、挂瓦条、防水垫层、保温层、顺水条、屋面板（图14-54）。

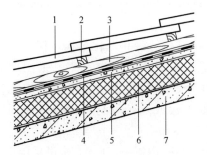 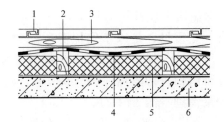

图 14-53　块瓦屋面保温构造（1）　　　　　图 14-54　块瓦屋面保温构造（2）
1—块瓦；2—挂瓦条；3—顺水条；4—防水垫层；　　1—块瓦；2—顺水条；3—挂瓦条；4—防水垫层；
　5—持钉层；6—保温层；7—屋面板　　　　　　　　　　　5—保温层；6—屋面板

② 波形瓦屋面

波形瓦屋面承重层为混凝土屋面板和木屋面板时，宜设置外保温层；不设屋面板的屋面，可设置内保温层。

屋面板上铺设保温层，保温层上做细石混凝土持钉层时，防水垫层应铺设在持钉层上，波形瓦应固定在持钉层上，构造层依次为波形瓦、防水垫层、持钉层、保温层、屋面板（图14-55）。

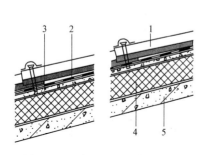

图 14-55　波形瓦屋面保温构造
1—波形瓦；2—防水垫层；3—持钉层；
4—保温层；5—屋面板

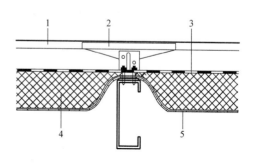

图 14-56　压型金属板屋面保温构造
1—金属屋面板；2—固定支架；3—透气防水垫层；
4—保温层；5—承托网

③ 金属板屋面

金属板屋面的板材主要包括压型金属板和金属面绝热夹芯板。

压型金属板屋面的保温层应设置在金属屋面板的下方，构造层次包括：金属屋面板、固定支架、透气防水垫层、保温层和承托网（图14-56～图14-58）。

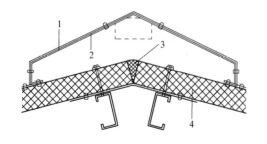

图 14-57　金属面绝热夹芯板屋脊
1—屋脊盖板；2—屋脊盖板支架；3—聚苯乙烯泡沫条；
4—夹芯屋面板

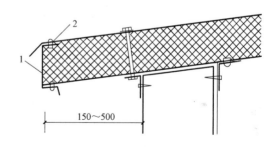

图 14-58　金属面绝热夹芯板檐口（mm）
1—金属屋面；2—铆钉封板

金属面绝热夹芯板屋面屋脊构造应包括：屋脊盖板、屋脊盖板支架、夹芯屋面板等。夹芯板顺坡长向搭接，坡度小于10%时，搭接长度不应小于300mm；坡度大于等于10%时，搭接长度不应小于250mm。

④ 防水卷材屋面

防水卷材屋面适用于防水等级为一级和二级的单层防水卷材设防的坡屋面，屋面板可采用压型钢板或现浇钢筋混凝土板等。保温材料可采用硬质岩棉板、硬质矿渣棉板、硬质玻璃棉板、硬质泡沫聚氨酯保温板及硬质泡沫聚苯乙烯保温板等板材。

山墙顶部泛水卷材应铺设至外墙外沿（图14-59）。檐口部位应设置外包泛水。

⑤ 装配式轻型屋面

装配式轻型坡屋面的保温层宜做内保温设计，在屋面内部铺设玻璃棉等轻质保温材料为主,保温材料可在吊顶上方水平铺设(图14-60),施工便捷,节省材料。在保温层下宜设置隔汽层。为确保保温材料和屋面板的干燥、防止水汽凝结和增加屋顶隔热性能,宜对屋面板(或屋面面层)和保温材料之间的空腔采取通风措施。

在装配式轻型坡屋面设计中要确保屋顶保温层和外墙保温层的连续性,防止连接处产生冷桥。

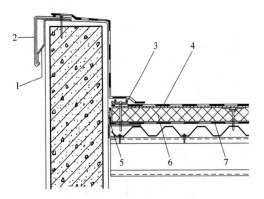 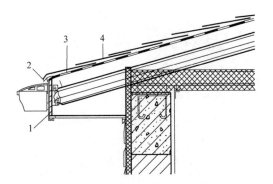

图14-59 防水卷材屋面保温构造
1—钢板连接件;2—复合钢板;3—固定件;4—防水卷材
5—收边加强钢板;6—保温层;7—隔汽层

图14-60 装配式轻型屋面保温构造
1—封檐板;2—金属泛水板;3—防水垫层;4—轻质瓦

14.5 屋面隔热构造

夏季,特别是我国南方炎热地区,太阳辐射热使得屋顶的温度剧烈升高,影响室内生活和工作的条件。因此,应对屋顶进行构造处理,以降低屋顶的热量对室内的影响。

1)实体材料隔热屋顶

利用实体材料的蓄热性能及热稳定性、传导过程中的时间延迟、材料中热量的散发等性能,可以使实体材料的隔热屋顶在太阳辐射下,内表面温度比外表面温度有一定的降低。内表面出现高温的时间常会延迟3~5h,如图14-61(a)、(b)所示。晚间室内气温降低时,屋顶内的蓄热又要向室内散发,故只能适合于夜间不使用的房间。否则,到晚间,由实体材料所蓄存的热量将向室内散发出来,使得室内温度大大超过室外已降低下来的气温,反而不如没有设置隔热层的房屋。因此,晚间使用的房屋如住宅等,不可采用实体材料隔热层。

以下几个实体材料隔热的例子可供参考:

(1)种植屋面

种植屋面不宜设置为倒置式屋面,也不宜采用松散状绝热材料,可采用喷涂硬泡聚氨酯、硬泡聚氨酯板、挤塑聚苯乙烯泡沫塑料板、岩棉板等材料。

种植屋面的防水层应采用耐腐蚀、耐霉烂、防植物根系穿刺、耐水性好的防水材料;种植屋面的防水层一般应做二道设防;若采用卷材做防水层时,其接缝宜采用热风焊接法,卷材防水层上部应设细石混凝土保护层。防水层的泛水应高出种植土150mm。

种植屋面坡度不宜大于3%,以免种植介质流失,如图14-62、图14-63所示。坡度20%以上的屋面可做成梯田式。多雨地区在种植土下应另设排水层。

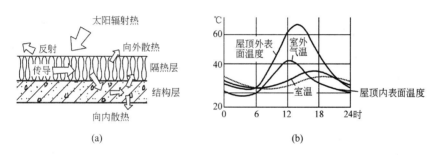

图 14-61 实体材料隔热屋顶原理
(a) 实体材料隔热屋顶的传热示意；(b) 实体材料隔热屋顶的温度变化曲线

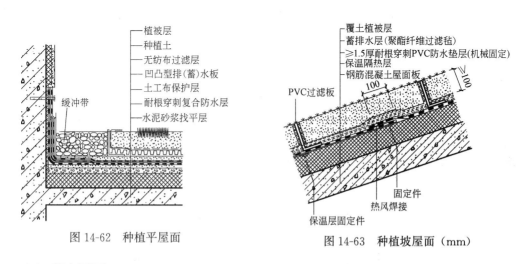

图 14-62 种植平屋面　　　图 14-63 种植坡屋面（mm）

（2）蓄水屋面

蓄水屋面如图 14-64 所示。水的热容量大，且水在蒸发时要吸收大量的汽化潜热，所以能起到隔热作用。而这些热量大部分从屋顶所吸收的太阳辐射热中摄取，这样大大减少了经屋顶传入室内的热量，降低了屋顶的内表面温度。

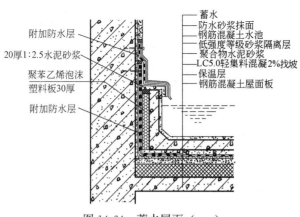

图 14-64 蓄水屋面（mm）

在屋面防水等级为一级、二级时，或在寒冷地区、地震地区和振动较大的建筑物上，不宜采用蓄水屋面。蓄水屋面应采用刚性防水层，或在卷材、涂膜防水层上再做刚性复合防水层。

蓄水屋面的蓄水深度以150～200mm为宜，泛水的防水层高度，应高出溢水口100mm。蓄水屋面应划分为若干蓄水区，每区的边长不宜大于10m，变形缝两侧应分成两个互不连通的蓄水区。蓄水池应设人行通道。

此外还有大阶砖（图14-65）或混凝土板实铺屋面，可做上人屋顶，以及砾石屋面（图14-66）。

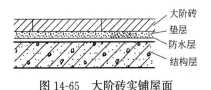

图14-65　大阶砖实铺屋面

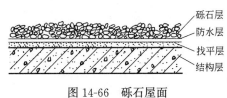

图14-66　砾石屋面

2）通风隔热屋顶

通风隔热屋顶是在屋顶设置通风间层，使其上层表面遮挡阳光辐射，同时利用风压和热压作用将间层中的热空气不断带走，使通过屋面板传入室内的热量大为减少，从而达到隔热降温的目的（图14-67）。通风间层的设置通常有两种方式：一种是在屋面上做架空通风隔热间层，另一种是利用吊顶棚内的空间作通风间层。

（1）架空通风隔热间层

架空通风隔热间层设于屋面防水层上，架空层内的空气可以自由流通。

架空隔热层宜在屋顶有良好通风的建筑物上采用，不宜在寒冷地区采用。架空隔热层的高度宜为180～300mm，架空板与女儿墙的距离不应小于250mm。房屋进深大于10m时，中部须设通风口，以加强通风效果。进风口宜设置在当地炎热季节最大频率风向的正压区，出风口宜设置在负压区。

瓦屋面可做成双层，可以把屋面的夏季太阳辐射热从通风中带走一些，使瓦底面的温度有所降低（图14-68）。采用槽形板上设置弧形大瓦，室内可得到斜的较平整的平面，又可利用槽形板空挡通风，而且还可把瓦间渗入雨水排泄出屋面（图14-69）。采用椽子或檩条下钉纤维板的通风隔热屋顶（图14-70）。以上做法均于屋檐设进风口，屋脊设出风口，做成通风屋脊方能有效。

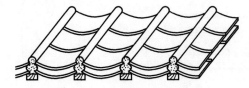

图14-68　双层瓦通风隔热屋顶

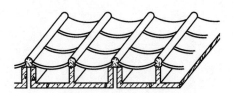

图14-69　槽形板大瓦通风隔热屋顶

平屋顶一般采用预制板块架空搁在防水层上，它对结构层和防水层有保护作用。一般有平面和曲面形状两种。平面的为大阶砖或预制混凝土平板，用垫块支架，如图14-71

(a) 所示。通常垫块支在板的四角，架空层内空气纵横方向都可流通时，容易形成紊流，影响通风风速。如果把垫块铺成条状，使气流进出正负关系明显，气流可更为通畅。

曲面、折面形状通风层，可以用砖在平屋顶上砌拱作通风隔热层；也可以用细石混凝土做成E形、拱形或三角形等预制板，盖在平屋顶上作为通风屋顶，如图14-71（b）、（c）、（d）、（e）、图14-72所示，施工较为方便，用料也省。

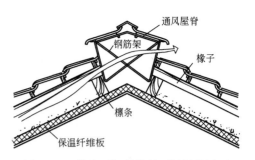

图14-70 檩条下钉纤维板通风隔热屋顶

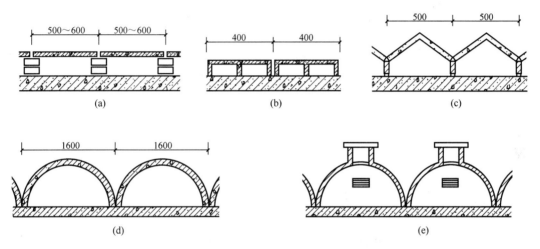

图14-71 架空通风隔热屋顶（mm）
(a) 架空预制板；(b) 架空混凝土E形板；(c) 架空钢丝网水泥折板；(d) 钢筋混凝土半圆拱；(e) 砖拱

（2）吊顶棚通风隔热

山墙或屋脊须设通风口，平屋顶、坡屋顶均可采用。优点是防水层可直接做在结构层上；缺点是，防水层与结构层均易受到气候直接影响而变形（图14-73、图14-74）。

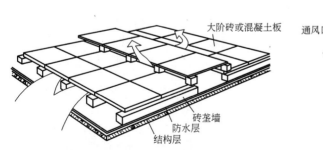

图14-72 架空隔热层与通风桥

图14-73 平屋顶吊顶棚通风隔热

3）反射降温屋顶

利用表面材料的颜色和光滑度对热辐射的反射作用，对平屋顶的隔热降温也有一定的效果。例如屋面采用淡色砾石铺面或用石灰水刷白对反射降温都有一定效果。如果在通风

 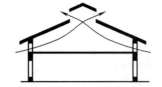 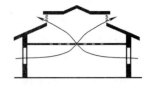

图 15-74　坡屋顶吊顶棚通风隔热

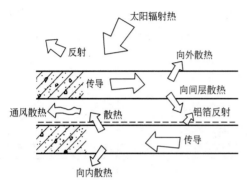

图 14-75　铝箔屋顶反射降温示意

屋面中的基层加一层铝箔（图 14-75），则可利用其第二次反射作用，对屋顶的隔热效果将有进一步的改善。

4）蒸发散热降温屋顶

在建筑屋面铺设一层多孔材料，如松散的砂层或固体的加气混凝土层等，此层材料在人工淋雨或天然降水以后蓄水。当受太阳辐射和室外热空气的换热作用时，材料层中的水分会逐渐迁移至材料层的表面，蒸发带走大量的汽化潜热（图 14-76）。

（1）淋水屋面

屋脊处装水管在白天温度高时向屋面上淋水，形成一层流水层，利用流水层的反射吸收和蒸发以及流水的排泄，可降低屋面温度。

（2）喷雾屋面

在屋面上系统地安装排水管和喷嘴（图 14-77），夏日喷出的水在屋面上空形成细小的水雾层，雾结成水滴落下又在屋面上形成一层流水层，水滴落下时，从周围的空气中吸取热量，又同时蒸发，因而降低了屋面上空的气温和提高了它的相对湿度，此外雾状水滴也多少会吸收和反射一部分太阳辐射热；水滴落到屋面后，与淋水屋面一样，再从屋面上吸取热量流走，进一步降低了表面温度，因此它的隔热效果更好。

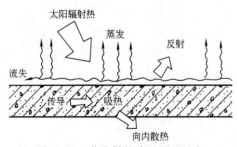

图 14-76　蒸发散热降温原理示意

图 14-77　喷雾屋面

第 15 章 门 与 窗

15.1 概 述

15.1.1 门窗的作用和设计要求

外墙门窗是建筑物的"眼睛"。作为房屋建筑中的两个围护构件。门的主要功能是交通出入、分隔和联系建筑空间，并兼有采光、通风和隔声作用。窗的主要功能是采光、通风、观察和递物。它们在不同使用条件要求下，还有保温、隔热、隔声、防水、防火、防尘、防爆、防毒、防辐射及防盗等功能。防火门按耐火等级分：甲级门的耐火极限为 1.2h，乙级门为 0.9h，丙级门为 0.6h。此外，门窗的大小、比例尺度、位置、数量、材料、造型、排列组合方式对建筑物的造型和装修效果影响很大。

在构造上，门窗应满足以下主要设计要求：
1) 开启方便，关闭紧密；
2) 功能合理，便于清洁与维修；
3) 坚固耐用；
4) 符合《建筑模数协调标准》GB/T 50002—2013 要求。

15.1.2 门窗的类型与开启方式

1) 门的类型与开启方式

门的类型常按材料分：有木门、钢门、铝合金门、塑钢门和玻璃门。木质门亲切宜人；钢门尤其是彩钢门，强度高，表面质感细腻，美观大方；铝合金门尺寸精确，密闭性好；玻璃门平整透光，美观大方。

门的开启方式主要是由使用要求决定的，常见的有如图 15-1 所示的几种：

(1) 平开门 制作简便，开关灵活，构造简单，大量用于人行、车行之门，有单、双扇及内开、外开之分。

(2) 弹簧门 门扇装设有弹簧铰链，能自动关闭，开关灵活，使用方便，适用于人流频繁或要求自动关闭的场所。弹簧门有单面、双面及地弹簧门之分。常用的弹簧铰链有单面弹簧、双面弹簧、地弹簧等数种（图 15-2）。其构造如图 15-3 所示。

(3) 推拉门 门扇在轨道上水平滑行，开启不占室内空间，但构造复杂，五金零件数量多。居住类建筑中使用较广泛。

(4) 转门 3 至 4 扇门组合在中部的垂直轴上，作水平旋转，其特点是对隔绝室内外气流有一定作用，但构造复杂，造价昂贵，多见于标准较高的、设有集中空调或采暖的公共建筑的外门。

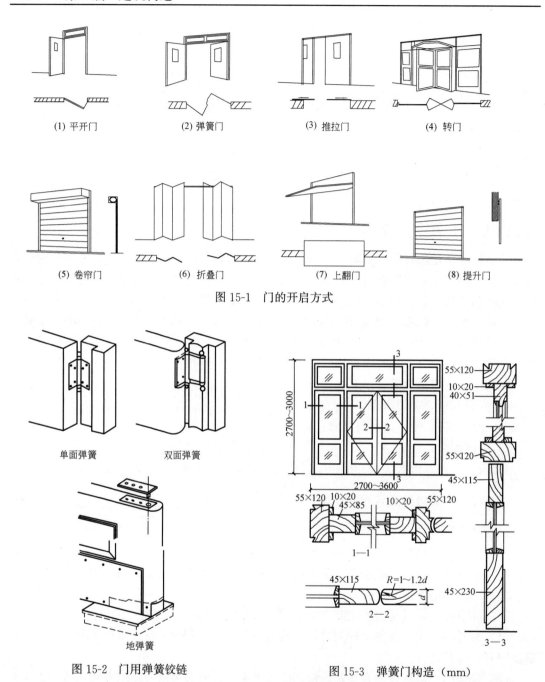

图 15-1 门的开启方式

图 15-2 门用弹簧铰链

图 15-3 弹簧门构造（mm）

（5）卷帘门　其门扇是由一块块的连锁金属片条或木板组成，分页片式和空格式。帘板两端放在门两边的滑槽内，开启时由门洞上部的卷动辊轴将门扇页片卷起，可用电动或人力操作。当采用电动开关时，必须考虑停电时手动开关的备用措施。卷帘门开启时不占空间，适用于非频繁开启的高大洞口，但制作较复杂、造价较高，故多用作商业建筑外门和厂房大门。

（6）折叠门　分为侧挂式和推拉式两种。由多扇门构成，每扇门宽度500～1000mm，一般以600mm为宜，适用于宽度较大的洞口。侧挂式折叠门与普通平开门相似，只是门扇之间用铰链相连而成。当用普通铰链时，一般只能挂两扇门，洞口较大就不适用。如果所挂门扇数较多，则需要用特制铰链。

推拉式折叠门与推拉门构造相似，在门顶或门底装滑轮及导向装置，每扇门之间连一铰链，开启时门扇通过滑轮沿着导向装置移动。

折叠门开启时占空间小，但构造复杂，一般在商业建筑或公共建筑中作灵活分隔空间用。

（7）上翻门　特点是充分利用上部空间，门扇不占地面面积，但五金安装要求较高。经常用在库房大门等不需要经常开关的门口。

（8）提升门　特点是开启门扇沿轨道上升，不占使用面积，在使用要求较高的建筑中应用较多。

感应电子自动门是利用电脑、光电感应装置等高科技发展起来的一种新型、高级自动门。按其感应原理不同可分为微波传感、超声波传感和远红外传感三种类型；按感应方式可分为探测传感器装置和踏板式传感器装置。同时，还应设计遇到停电时门扇能手动开启的机械传动装置。

供残疾人通行的门不得采用旋转门，也不宜采用弹簧门，门扇和五金等配件应考虑便于残疾人开关。行动不便者可使用的门依次为：自动门、推拉门、折叠门、平开门及无障碍旋转门（这种门空间大、速度慢，有无障碍感应器和控制按钮）。

2）窗的类型与开启方式

窗的材料类型与门相似。窗的开启方式主要取决于窗扇转动五金的位置及转动方式，通常有图 15-4 所示的几种：

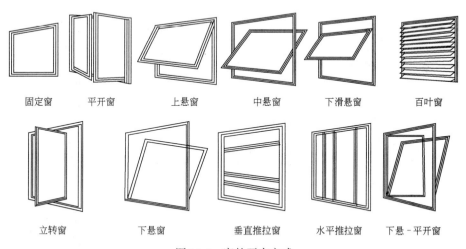

图 15-4　窗的开启方式

（1）固定窗　固定窗无窗扇、不能开启。窗玻璃直接嵌固在窗框上，不能通风。固定窗构造简单，密闭性好，多与门亮子和开启窗配合使用。

（2）平开窗　铰链安装在窗扇一侧与窗框相连，向外或向内水平开启。有单扇、双扇、多扇及向内开与向外开之分。平开窗构造简单，开启灵活，制作维修均方便，民用建筑中使用广泛。

（3）悬窗　根据铰链和转轴位置的不同，可分为上悬窗、中悬窗和下悬窗（图 15-5）。

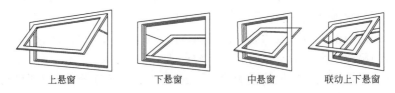

图 15-5 悬窗

(4) 百叶窗 主要用于遮阳、防雨及通风，采光差。百叶窗可用金属、木材、钢筋混凝土等材料制作，有固定式和活动式两种形式。工业建筑中多用固定式百叶窗，叶片常做成 45°或 60°。

(5) 立悬窗 窗扇沿垂直轴旋转，通风效果优良，但防雨和密闭性较差，且不易安装纱窗，故民用建筑使用不多。

(6) 推拉窗 窗扇沿导轨或滑槽滑动，分水平推拉和垂直推拉两种，推拉窗开启时不占空间，窗扇受力状态好，适于安装大玻璃，通常用于金属及塑料窗。木推拉窗构造复杂，窗扇难密闭。

(7) 双层窗 双层窗通常用于有保温、隔声要求的建筑以及恒温室、冷库、隔声室中。采用双层窗可降低冬季的热损失。双层窗由于窗扇和窗樘的构造不同，通常可分为子母窗扇、内外开窗、大小扇双层内外开窗和中空玻璃窗，如图 15-6～图 15-8 所示。

为房间采光和美化造型而设置的凸出外墙的窗称为飘窗。

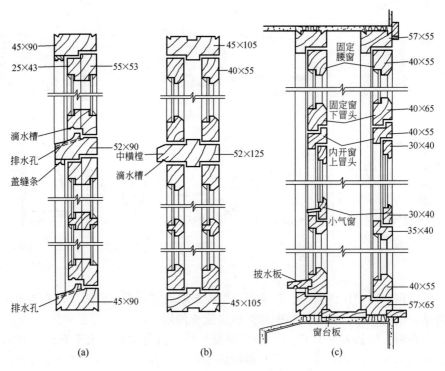

图 15-6 双层窗断面形式（mm）

(a) 内开子母窗扇；(b) 内外开窗扇；(c) 大小扇双层内开窗

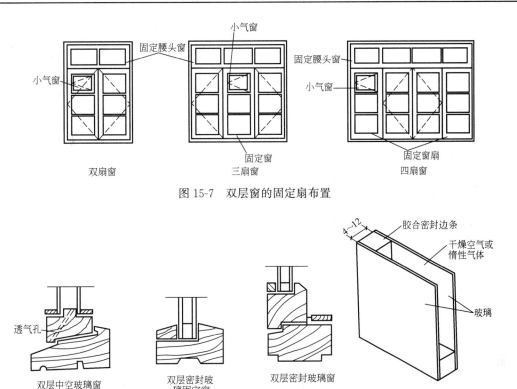

图 15-7 双层窗的固定扇布置

图 15-8 中空玻璃窗

15.1.3 门窗的组成与尺度

门一般是由门框、门扇、亮子和五金配件等部分组成，如图 15-9 所示为平开木门的构造组成。

门扇通常有玻璃门、镶板门、夹板门、百叶门和纱门等。亮子又称腰头窗，在门的上方，供通风和辅助采光用，有固定、平开及上悬、中悬、下悬等方式。门框是门扇及亮子与墙洞的联系构件，有时还有贴脸和筒子板等装修构件。五金零件形式多样，通常有铰链、门锁、插销、风钩、拉手、停门器等。门的尺寸应根据交通需要、家具规格及安全疏散要求来设计。常用的平开木门的洞口宽一般在 700~3300mm，高度则保持在 2100~3300mm。单扇门的宽度一般不超过 1000mm，门扇高度不低于 2000mm，带亮子的门的亮子高度为 300~600mm。公共建筑和工业建筑的门可按需要适当提高，具体尺寸可查阅当地标准图集。

窗子一般由窗框、窗扇、玻璃和五金配件组成，图 15-10 给出了平开木窗的构造组成。窗扇有玻璃窗扇、纱窗扇、板窗扇和百叶窗扇等。在窗扇和窗框间为了转动和启闭中的临时固定装有铰链、风钩、插销、拉手以及导轨、转轴、滑轮等五金零件。窗框与墙连接处，根据不同的要求，有时要加设窗台、贴脸、窗帘盒等。平开窗一般为单层玻璃窗，为防止蚊蝇，还可加设纱窗，为遮阳还可设置百叶窗；为保温或隔声需要，可设置双层窗。一般平开的窗扇宽度为 400~600mm，高度为 800~1500mm，亮子窗高为 300~600mm。固定窗和推拉窗扇尺寸可适当大些。窗洞口常用宽度 600~2400mm，高度则为 900~2100mm。选用时可查阅当地标准图集。图 15-11 为我国平开木窗标准尺寸表，仅供参考。

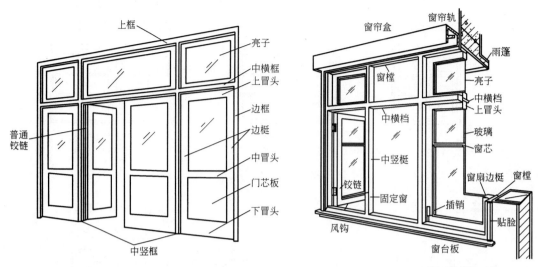

图15-9 平开木门的构造组成　　图15-10 平开木窗的构造组成

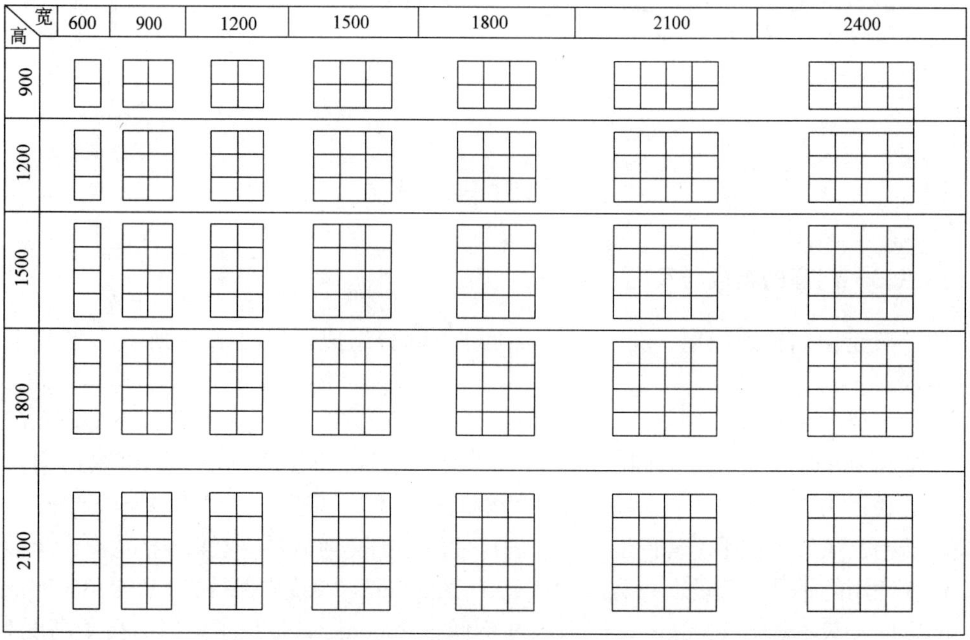

图15-11 平开木窗标准尺寸表（mm）

15.2 铝合金及塑钢门窗

15.2.1 铝合金门窗

1) 铝合金门窗的特点和设计要求

铝合金门窗轻质高强，用料省，具有良好的气密性和水密性，隔声、隔热、耐腐蚀性能都较普通钢、木门窗有显著的提高。铝合金型材经阳极氧化和封孔处理后呈银白色金属光泽，不需要涂漆、氧化层不褪色、不脱落、不需要经常维修保护，还可以通过表面着色和涂膜处理获得多种不同色彩和花纹，具有良好的装饰效果。铝合金门窗由铝合金型材在工厂或工地加工而成，强度高、刚度好、坚固耐用，开闭轻便灵活，安装速度快，因此目前使用非常广泛。

铝合金门窗的设计要求

（1）应根据使用和安全要求确定铝合金门窗的风压强度、抗雨水渗漏性能、抗空气渗透性能等综合指标。

（2）组合门窗设计宜采用定型产品门窗作为组合单元。非定型产品的设计应考虑洞口最大尺寸和开启扇最大尺寸的选择和控制。

（3）外墙门窗的安装高度应有限制。必要时，还应进行风洞模型试验。

（4）铝合金门窗框料传热系数大，一般不宜单独作为节能门窗的框料，而应采取表面喷塑或其他处理技术来提高热阻，或采用导热系数小的材料及利用空气层截断铝合金型材的热桥。

2）铝合金门窗的材料构造与安装

铝合金门窗是铝型材经下料、打孔、铣槽、攻丝等加工过程制作成门窗框料的构件，与连接件、密封件、开闭五金件一起组合装配成的门窗。

铝合金门窗系列名称是以铝合金门窗框的断面高度构造尺寸来区别各种铝合金门窗的称谓，如平开门门框构造尺寸为 50mm 宽，即称为 50 系列铝合金平开门，推拉窗窗框构造尺寸 90mm 宽，即称为 90 系列铝合金推拉窗，推拉窗常用的有 90 系列、70 系列、60 系列、55 系列等。实际工程中，通常根据不同地区、不同气候、不同环境、不同建筑物的使用要求选用相适应的门窗框产品。

（1）铝合金门窗材料与构造

目前多采用断热型铝合金门窗（图 15-12），其门窗框是铝型材采用非金属材料将其进行断热，有穿条式和灌注式两种，前者在框中采用高强度增强尼龙隔热条，后者用聚氨

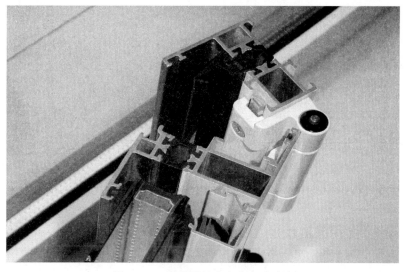

图 15-12　断热型铝合金中空玻璃窗

基甲酸乙酯灌注。市场上的断热铝型材以穿条式为主。还有一种采用塑料绝缘夹层的复合材料门窗（图15-13）。

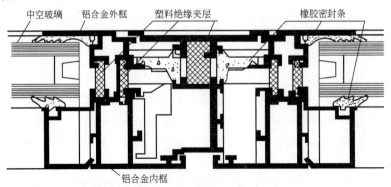

图15-13 内夹塑料绝缘夹层的铝合金窗断面

推拉窗在下框或中横框两端铣切100mm，或在中间开设其他形式的排水孔，使雨水及时排除。图15-14为1500mm×1250mm的铝合金水平推拉窗的构造，由9种不同断面

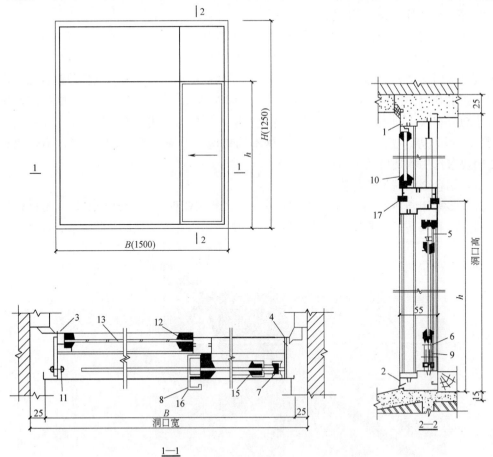

图15-14 铝合金水平推拉窗的构造（mm）

1—上框；2—下框；3、4—左右边框；5—上冒头；6—下冒头；7—边梃；8、16—中梃；9—活动滚轮
10、15—尼龙密封条；11—尼龙圆头钉；12—橡皮压条；13—平板玻璃；14—开闭锁
（推拉窗框间锁，图中显示不出）；17—塑料垫块

的铝合金型材组合而成。

在铝合金窗的各项标准中，对型材影响最大的是强度标准，应根据各地的基本风压和建筑物的体型、高度、开启方式及使用要求制定相应的标准，再进行设计与加工。

(2) 铝合金门窗安装

① 门窗框安装

门窗安装时，将门窗框在抹灰前立于门窗洞处，与墙内预埋件对应，然后临时固定。经检验确定门窗框水平、垂直、无翘曲后，用连接件将铝合金框固定在墙（柱、梁）上，连接件固定可采用焊接、膨胀螺栓或射钉等方法（图15-15）。

门窗框固定好后，门窗洞四周的缝隙一般采用软质保温材料填塞，如泡沫塑料条、泡沫聚氨酯条、矿棉毡条和玻璃丝毡条等，分层填实，外表留5～8mm深的槽口用密封膏密封。

门窗框与墙体等的连接固定，每边不得少于两点，且间距不得大于0.7m。在基本风压大于或等于0.7kPa的地区，不得大于0.5m；边框端部的第一固定点距端部的距离不得大于0.2m。

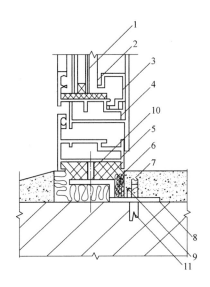

图15-15 铝合金门窗安装
1—玻璃；2—橡胶条；3—压条；4—内扇；5—外框；6—密封膏；7—砂浆；8—地脚；9—软填料；10—塑料垫；11—膨胀螺栓

② 玻璃安装

安装玻璃时，当单块玻璃面积尺寸较小时以手工就位安装，当玻璃面积尺寸较大时，可采用专用玻璃吸盘将玻璃就位，要求就位的玻璃内外两侧的间隙不应小于2mm。

窗扇与玻璃的密封材料有塔形橡胶封条和玻璃胶两种。这两种材料不但具有密封作用，还兼有固定材料的作用。

在安装窗扇玻璃时，先要检查玻璃尺寸，然后从窗扇一侧将玻璃装入内侧的槽口，并紧固连接好边框。

15.2.2 塑钢门窗及彩板门窗

塑钢门窗是采用添加多种耐候耐腐蚀等添加剂的塑料，经挤压成型有钢内衬的型材组装制成的门窗（图15-16），具有耐水、耐腐蚀、阻燃、抗冲击、不需表面涂装等优点，保温隔热性能也比铝合金门窗好。普通塑钢门窗的抗弯曲变形能力较差，因此，尺寸较大的塑钢门窗或用于风压较大部位时，需在塑料型材中衬加强筋来提高门窗的刚度。加强筋可用金属型材，也可用硬质塑料型材，增强型材的长度应比门窗型材长度略短，以不妨碍门窗型材端部的联结。墙与门窗框封填做法宜采用矿棉或泡沫塑料等软质材料，再用密封胶封缝，以提高塑钢门窗的密封性能，并避免塑钢门窗变形造成的开裂。塑钢门窗玻璃的安装和铝合金门窗相似。

彩板门窗是以彩色镀锌钢板经机械加工而成的门窗。它具有自重轻、硬度高、采光面积大、防尘、隔声、保温、气密性好、造型美观、色彩绚丽、耐腐蚀等特点。

 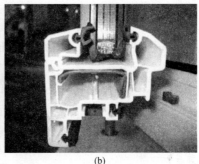

图 15-16 塑钢窗断面实物照片
(a) 塑钢窗钢内衬、出水槽、中空玻璃；(b) 塑钢窗钢内衬、中空玻璃内加干燥剂

彩板门窗断面形式复杂，种类较多，通常在出厂前就已将玻璃装好，在施工现场进行成品安装。

15.3 木门的构造

15.3.1 门框

门框又称门樘，一般由两根边梃和上槛组成。门樘断面形状，基本上与窗樘类同，只是门的负载较窗大，必要时尺寸可适当加大。门樘与墙的结合位置，一般都做在开门方向的一边，与抹灰面齐平，这样门开启的角度较大（图 15-17）。

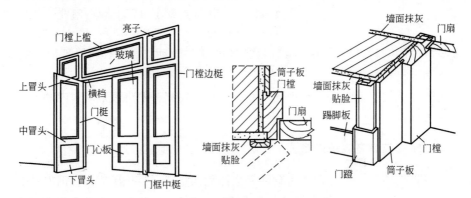

图 15-17 门的构造

15.3.2 门扇

1) 镶板门、玻璃门、纱门和百叶门

这些都是最常见的几种门扇，主要骨架由上下冒头和两根边梃组成框子，有时中间还有一条或几条横冒头或一条竖向中梃，在其中镶装门心板、玻璃、纱或百叶板，组成各种门扇。

门扇边框内安装门心板者一般称镶板门，又称肚板门。门心板可用 10～15mm 厚木板拼装成整块,镶入边框。板缝要结合紧密,不可因日后木板干缩而露缝。一般为平缝胶结。如能做高低缝或企口缝结合则可缝隙露明。现在门心板多已用多层胶合板、硬质纤维板或其他人造板等所代替。门心板在门框的镶嵌结合可用暗槽、单面槽以及双边压条构造形式。图 15-18 是镶板门构造。

2) 夹板门

中间为轻型骨架双面贴薄板的门。一般广泛适用于房屋的内门;作为外门则须注意使用防水的面板及胶合材料。

(1) 夹板门的骨架,一般用厚度 32~35mm,宽 34~60mm 木料做框子,内为格形纵横肋条,肋宽同框料,厚为 10~25mm,视肋距而定,肋距约在 200~400mm 之间,装锁处须另加附加木(图 15-19)。为了不使门格内温湿度变化产生内应力,一般在骨架间需设有通风连贯孔。为了节约木材和减轻自重,还可用与边框同宽的浸塑纸粘成整齐的蜂窝形网格,填在框格内,两面用胶料贴板,成为蜂窝纸夹板门(图 15-20)。

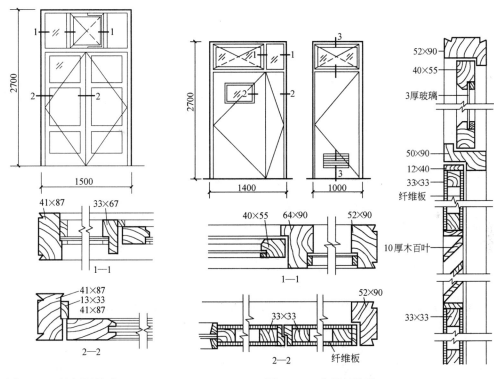

图 15-18 镶板门构造(mm)　　图 15-19 夹板门构造(mm)

(2) 夹板门的面板,一般为胶合板、硬质纤维板或塑料板,用胶结材料双面胶结。有的胶合板面层的木纹有一定装饰效果。夹板门的四周一般采用 15~20mm 厚木条镶边可较为整齐美观。

(3) 夹板门镶玻璃及百叶,根据使用功能上的需要,夹板门亦可加做局部玻璃或百叶。

一般在镶玻璃及百叶处,均做一小框子,玻璃两边还要做压条。

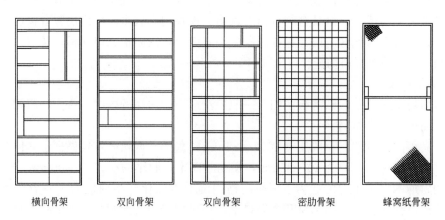

图 15-20 夹板门骨架形式

15.4 建筑遮阳

在我国南方炎热地区,建筑物的某些部位或构件如窗口、外廊、橱窗、中庭屋顶和玻璃幕墙等需要调节太阳直射辐射。最常见与最具代表性的是窗口遮阳。

目前一般建筑以气温 29℃、日辐射强度 $280W/m^2$ 左右作为是否必要设遮阳的参考界限。

1) 建筑遮阳的目的和方法

建筑遮阳是为防止直射阳光照入室内,减少太阳辐射热,避免夏季室内过热,或产生眩光以及保护室内物品不受阳光照射而采取的一种建筑措施。

设置遮阳目的:①避免建筑围护结构被过度加热而通过二次辐射和对流的方式加大室内热负荷,降低建筑围护结构日温度波幅,起到防止围护结构开裂,延长其使用寿命的作用;②有效防止太阳辐射进入室内,改善室内热环境,降低建筑的夏季空调制冷负荷;③防止眩光,改善室内光环境;④防止直射阳光,尤其是其中的紫外线对室内物品的危害。

遮阳的方法很多,结合规划及设计,确定好朝向,采取必要的绿化,巧妙地利用挑檐、外廊、阳台等是最好的遮阳;设置苇、竹、木、布制作的简易遮阳应注意与环境和建筑的结合;设置耐久的遮阳板即构件遮阳。

在窗前设置遮阳板进行遮阳,对采光、通风都会带来不利影响。因此,设计遮阳设施时应对采光、通风、日照、经济、美观等作通盘考虑,以达到功能、技术和艺术的统一。

2) 建筑遮阳的类型

建筑遮阳类型和形式有很多,按安装方式不同可分为永久性和临时性两大类;永久性遮阳是指在建筑围护结构上各部位安装的长期使用的遮阳构件。临时性遮阳是指在窗口设置的布帘、竹帘、软百叶、帆布等。

夏季太阳辐射造成室内过热的途径:一是通过窗口直接进入室内;二是加热外围护结构表面。按遮挡太阳辐射传热途径不同可分为:窗口遮阳(图 15-21、图 15-22);屋顶遮阳;墙面遮阳(图 15-23);入口遮阳(图 15-24)。

图 15-21　窗口遮阳（一）

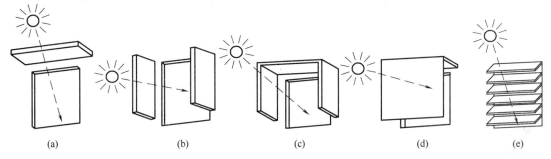

(a)　　　　　(b)　　　　　(c)　　　　　(d)　　　　　(e)

图 15-22　窗口遮阳（二）

图 15-23　墙面遮阳

图 15-24　入口遮阳

第16章 变 形 缝

变形缝是保证房屋在温度变化、基础不均匀沉降或地震时有一定的自由伸缩，以防止墙体开裂、结构破坏而预先在建筑上留的竖直的缝。

变形缝包括伸缩缝、沉降缝和防震缝。

预留变形缝会增加相应的构造措施，也不经济，又因设置通长缝影响建筑美观，故在设计时，通过简化平、立面形式、增加结构刚度，或通过验算温度应力、加强配筋、改进施工工艺（如分段浇筑混凝土）、适当加大基础面积等措施来解决。只有当采取上述措施仍不能防止结构变形的情况下才设置变形缝。

16.1 伸缩缝的设置条件及要求

建筑物因受温度变化的影响而产生热胀冷缩，在结构内部产生温度应力，当建筑物长度超过一定限度、建筑平面变化较多或结构类型变化较大时，建筑物会因热胀冷缩变形而产生开裂。为预防这种情况发生，常常沿建筑物长度方向每隔一定距离或结构变化较大处预留缝隙，将建筑物断开。这种因温度变化而设置的缝隙称为伸缩缝或温度缝。

建筑物设置伸缩缝的最大间距，应根据不同材料和结构而定，见表16-1、表16-2。

砌体结构伸缩缝的最大间距（m） 表16-1

房屋或楼盖类型	有无保温或隔热层	间距
整体式或装配整体式钢筋混凝土结构	有	50
	无	40
装配式无檩体系钢筋混凝土结构	有	60
	无	50
装配式有檩体系钢筋混凝土结构	有	75
	无	60
瓦材屋盖、木屋盖或楼盖、轻钢屋盖		100

注：本表引自《砌体结构设计规范》GB 50003—2011。

伸缩缝是将建筑基础以上的建筑构件全部断开，并在两个部分之间留出适当的缝隙，以保证伸缩缝两侧的建筑构件能在水平方向自由伸缩，缝宽20～30mm。

墙体伸缩缝一般做成平缝、错口缝、企口缝等截面形式（图16-1），主要视墙体材料、厚度及施工条件而定，但地震区只能用平缝。

钢筋混凝土伸缩缝最大间距（m） 表 16-2

结构类型	施工方法	室内或土中	露天
排架结构	装配式	100	70
框架结构	装配式	75	50
	现浇式	55	35
剪力墙结构	装配式	65	40
	现浇式	45	30
挡土墙及地下室墙壁等类结构	装配式	40	30
	现浇式	30	20

注：本表引自《混凝土结构设计标准》GB/T 50010—2010（2024 年版）。

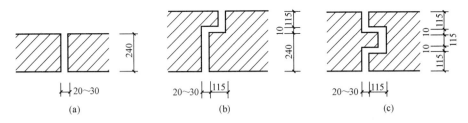

图 16-1　墙体伸缩缝的截面形式（mm）
(a) 平缝；(b) 错口缝；(c) 企口缝

16.2　沉降缝的设置条件及要求

沉降缝是为了预防建筑物各部分由于不均匀沉降引起的破坏而设置的变形缝。特别是处于软弱地基上的建筑，在满足使用和其他要求的前提下，建筑体形应力求简单。当建筑体形较复杂时，宜根据其平面形状和高度差异情况，在适当部位用沉降缝将其划分成若干个刚度较好的单元，当高度差异较大时，可将两者隔开一段距离，当拉开距离后的两个单元必须连接时，应采用能沉降的连接构造。图 16-2 为沉降缝设置部位示意。当建筑设置沉降缝时，应符合下列规定：

1）在建筑物的下列部位，宜设置沉降缝：
（1）建筑平面转折部位；
（2）高度差异或荷载差异处；
（3）长高比过大的钢筋混凝土框架结构的适当部位；
（4）地基土的压缩性有显著差异处；
（5）建筑结构或基础类型不同处；
（6）分期建造房屋的交界处。
2）沉降缝应有足够的宽度，可按照表 16-3 选用。

沉降缝构造复杂，给结构设计和施工都带来一定的难度，因此，在工程设计时，应尽可能通过合理的选址、地基处理、建筑体形优化、结构选型和计算方法的调整以及施工程序上的配合（如高层建筑与裙房之间采用后浇带的方法）避免或克服不均匀沉降，从而达

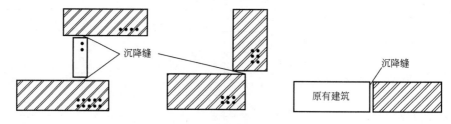

图 16-2 沉降缝设置部位示意

到不设或尽量少设缝的目的,并应根据不同情况区别对待。

沉降缝是将建筑物从基础到屋顶全部断开。同时沉降缝也应兼顾伸缩的作用,故应在构造设计时满足伸缩和沉降双重要求。

沉降缝的宽度随地基情况和建筑物的高度不同而定,可参见表 16-3。

房屋沉降缝的宽度 表 16-3

房屋层数	沉降缝宽度(mm)
2～3	50～80
4～5	80～120
5 层以上	不小于 120

注:本表引自《建筑地基基础设计规范》GB 50007—2011。

沉降缝与伸缩缝最大的区别在于:伸缩缝只需保证建筑物在水平方向的自由伸缩变形,而沉降缝主要应满足建筑物各部分在垂直方向的自由沉降变形。

16.3 防震缝的设置条件及要求

防震缝也称抗震缝,是将体形复杂的房屋划分为体形简单、刚度均匀的独立的建筑单元,以便减少地震力对建筑的破坏(图 16-3)。

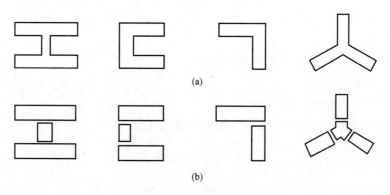

图 16-3 防震缝设置部位
(a) 对抗震不利的建筑平面;(b) 用抗震缝划分为独立的建筑单元

多层砌体结构房屋有下列情况之一的宜设防震缝,缝的两侧应设置墙体,缝宽应根据烈度和房屋高度确定。

1) 建筑立面高差在 6m 以上；
2) 建筑有错层，且错层楼板高差较大；
3) 建筑物相邻各部分结构刚度、质量截然不同。

钢筋混凝土结构遇到下列情况时，宜设置防震缝：
1) 建筑平面中，凹角长度较长或凸出部分较多；
2) 建筑有错层，且错层楼板高差较大；
3) 建筑物相邻各部分结构刚度或荷载相差悬殊；
4) 地基不均匀，各部分沉降差过大。

不同结构类型的建筑，防震缝的宽度不同，可参见表 16-4。

防震缝应沿房屋全高设置，基础可不设防震缝，但在防震缝处应加强上部结构和基础的连接。

防震缝最小宽度（mm） 表 16-4

结构体系	建筑高度 $H \leqslant 15m$	建筑高度 $H > 15m$ 宜加宽			
		6 度时每增高 5m	7 度时每增高 4m	8 度时每增高 3m	9 度时每增高 2m
钢筋混凝土框架	不小于 100	20	20	20	20
钢筋混凝土框架-剪力墙	不小于 70	14	14	14	14
钢筋混凝土剪力墙	不小于 100				
多层砌体	70～100				
钢结构	不小于相应钢筋混凝土结构房屋的 1.5 倍宽度				

注：防震缝两侧结构类型不同时，宜按需较宽防震缝的结构类型和较低房屋高度确定缝宽。
本表依据《建筑抗震设计标准》GB/T 50011—2010（2024 年版）计算得出数据。

防震缝应与伸缩缝、沉降缝统一布置，并满足防震缝的设计要求。一般情况下，防震缝处基础可不分开，但在平面复杂的建筑中，或建筑相邻部分刚度差别很大时，也需将基础分开。按沉降缝要求的防震缝处也应将基础分开。

16.4 变形缝处的结构处理

在建筑物设变形缝的部位，要使两边的结构满足断开的要求，又自成系统，其布置方法主要有以下几种：

按照建筑物承重系统的类型，可在变形缝的两侧设双墙或双柱。这种做法较为简单，但容易使缝两边的结构基础产生偏心。用于伸缩缝时则因为基础可以不断开，所以无此问题。

砖混结构的墙、楼板及屋顶结构布置通常采用双墙承重方案（图 16-4a）。

变形缝最好设置在平面图形有变化处，以利隐蔽处理，图 16-4（b）为悬臂梁方案。

框架结构的伸缩缝一般采用双柱方案（图 16-4c），也可采用悬臂梁方案（图 16-4d、e）、简支方案（图 16-4f、g）。

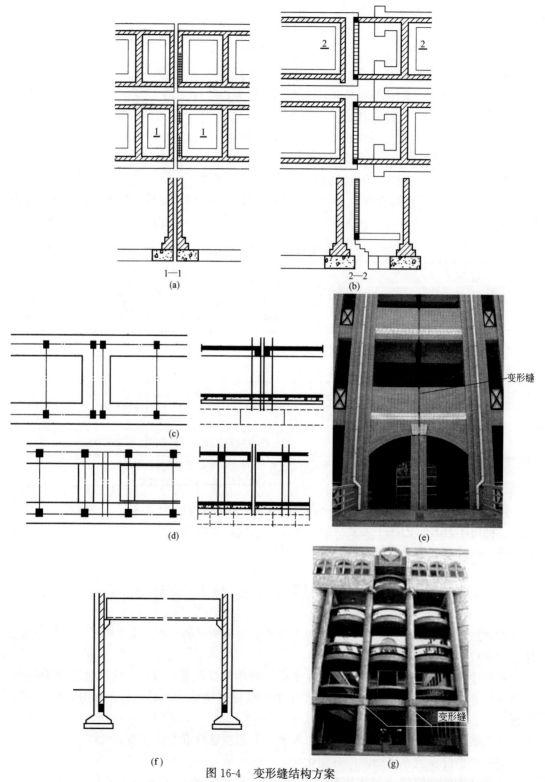

图 16-4 变形缝结构方案
(a) 双墙承重方案；(b) 悬臂梁方案；(c) 双柱方案；(d) 悬臂梁方案；(e) 悬臂梁方案实例；
(f) 简支方案示意；(g) 简支方案实例

16.5 变形缝的盖缝构造

变形缝应既满足建筑结构的变形要求，又满足建筑使用要求，变形缝盖缝板应具有防水、防火、保温、隔声、防老化、防腐、防虫害和防脱落等构造措施。

变形缝设置应能保障建筑物在产生位移或变形时主体结构不产生破坏，同时变形缝不应穿过厕所、盥洗室和浴室等用水房间，也不应穿过配电间等房间。

1）墙体变形缝构造

变形缝外墙一侧常用浸沥青的麻丝或木丝板及泡沫塑料条、橡胶条、油膏等有弹性的防水材料填充，当缝隙较宽时，缝口可用镀锌铁皮、彩色薄钢板、铝皮等金属调节片做盖缝处理。内墙可用具有一定装饰效果的金属片、塑料片或木盖条覆盖。所有填缝、盖缝材料和构造应保证结构在水平方向自由伸缩而不产生开裂（图16-5～图16-7）。

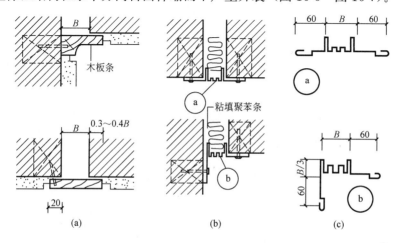

图 16-5 墙体伸缩缝构造（mm）
（a）内墙伸缩缝构造；（b）外墙伸缩缝构造；（c）外墙伸缩缝盖缝板

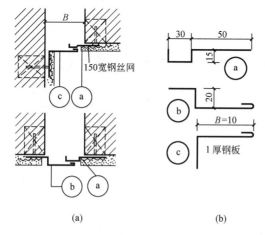

图 16-6 墙体沉降缝构造（mm）（一）
（a）内墙沉降缝构造；（b）内墙沉降缝盖缝板

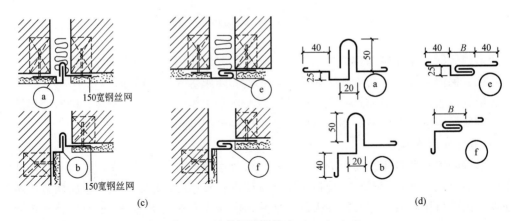

图 16-6 墙体沉降缝构造（mm）（二）
(c) 外墙沉降缝构造；(d) 外墙沉降缝盖缝板

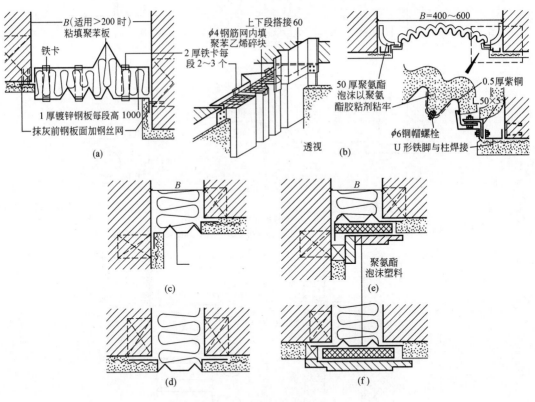

图 16-7 墙体抗震缝构造（mm）
(a)、(b)、(c)、(d) 外墙抗震缝；(e)、(f) 内墙抗震缝

2）楼地层变形缝构造

楼地层变形缝的位置、缝宽与墙体、屋顶变形缝一致，缝内常用可压缩变形的材料（如油膏、沥青麻丝、橡胶或塑料调节片等）做封缝处理，上铺活动盖板或橡胶、塑料地板等地面材料，以满足地面功能要求（图 16-8～图 16-10a）。

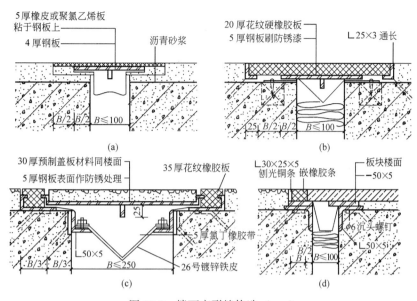

图 16-8 楼面变形缝构造（mm）

(a) 粘贴盖缝面板的做法；(b) 搁置盖缝面板的做法；(c) 采用与楼板面层同样材料盖缝的做法；(d) 单边挑出盖缝板的做法

图 16-9 顶棚变形缝盖板

3）屋顶变形缝构造

屋顶变形缝处的盖缝构造做法，其中的盖缝和塞缝材料可以另行选择，但防水构造必须同时满足屋面防水规范的要求。

对于建筑立面及构造美观要求较高的建筑，变形缝盖缝板常采用成品变形缝装置，变形缝装置是集实用性和装饰性于一体的工业化定型产品，是遮盖和装饰建筑物变形缝的建筑配件，该装置主要由铝合金型材"基座"、金属或橡胶"盖板"以及连接基座和盖板的金属"滑杆"组成。图 16-10 为变形缝装置。

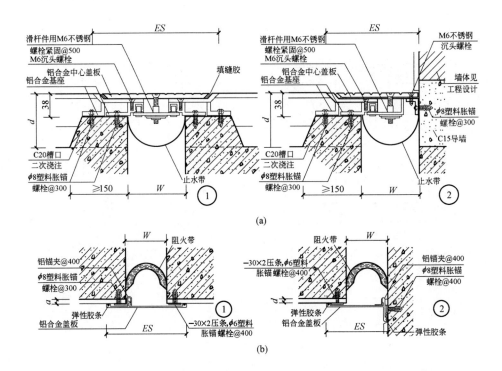

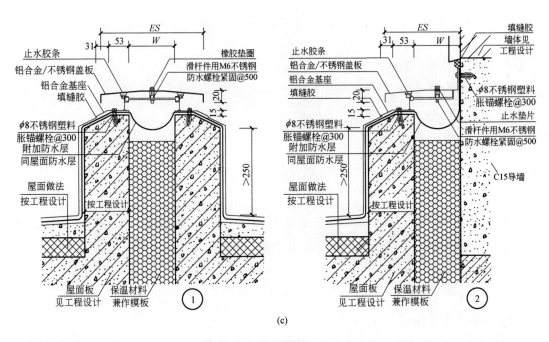

图 16-10 变形缝装置（mm）
(a) 地面变形缝装置；(b) 外墙变形缝装置；(c) 屋顶变形缝装置

4）三种变形缝的关系

伸缩缝、沉降缝和防震缝在构造上有一定的区别，但也有一定的联系。三种变形缝之比较见表 16-5。

三种变形缝之比较（mm） 表 16-5

缝的类型	伸缩缝	沉降缝	防震缝
对应变形原因	温度变化产生的变形	不均匀沉降	地震作用
墙体缝的形式	平缝、错口缝、企口缝	平缝	平缝
缝的宽度	20～30	≥50	≥70
盖缝板的允许变形方向	水平方向自由变形	垂直方向自由变形	水平与垂直方向自由变形
基础是否断开	可不断开	必须断开	宜断开

第17章 建筑饰面

17.1 概 述

17.1.1 建筑饰面的作用

1) 保护作用

建筑的结构构件如果暴露在空气中,在风、雨、雪、太阳辐射等作用下,结构中的水泥会逐渐碳化、结构老化、材料变得疏松,构件因热胀冷缩的缘故节点会开裂,这些作用都会影响建筑的安全。用抹灰、油漆等饰面对构件表面进行处理,可以提高构件和建筑物对外界各种不利因素的抵抗能力,从而提高结构构件的耐久性,延长建筑物的使用年限。

2) 改善环境条件,满足房屋的使用功能要求

为了创造良好的生产、生活和工作环境,建筑物一般都需进行装修。装修就是对建筑构件进行饰面,既改善建筑的室内外卫生条件,又增强建筑物的保温、隔热及隔声等性能。如:砖砌体抹灰后,能提高室内环境照度的均匀度,也能防止冬天墙体的砖缝可能引起的冷风渗透,有一定厚度和重量的抹灰能提高隔墙的隔声能力;有噪声的房间,还可以通过饰面吸收噪声。

3) 美观作用

通过建筑装修处理,可创造出优美的建筑环境,满足人们心理上对美的需求,如图 17-1 所示。

图 17-1 建筑不同部位的饰面
(a) 外墙饰面;(b) 地面饰面;(c) 室内墙面和顶棚饰面

17.1.2 建筑饰面的基层

1) 基层处理原则

对饰面起支托和附着作用的骨架或结构层称为饰面的基层,如墙体、楼地板、吊顶骨

架等。这些构件应满足以下要求：

（1）基层应具有足够的强度和刚度

为了保证饰面层不开裂、起壳、脱落，要求基层应具有足够的强度和刚度。如地面基层强度不够，饰面层会开裂；若构件的刚度不足，饰面层特别是整体面层可能开裂和脱落。

（2）基层表面必须平整

饰面层平整均匀是饰面美观的必要条件，基层表面的平整均匀又是使饰面层平整均匀的前提。基层表面凸凹不平，使找平材料层厚度过大，既浪费材料，又会因找平层材料的胀缩变形积累过大而引起饰面层开裂、起壳、脱落，影响建筑的美观和正常使用，还会危及人身安全。

（3）确保饰面层附着牢固

饰面层应该牢固可靠地附着于基层。在实际工程中，面层和基层附着不牢固的主要原因有：

① 构造方法不正确

不同的材料，不同的装饰部位，不同的基层，应采用粘、钉、抹、涂、挂、裱等适用的连接措施。若连接方法不当，就会出现开裂、起壳、脱落等现象。如大型石板材用于地面时可铺贴，用于墙面时须挂贴或干挂。

② 面层与基层材料性质差异过大

对于墙面和顶棚，如果在混凝土表面上抹石灰砂浆，会因为基层与抹灰的材料性能差异大而出现开裂和脱落。

2）基层类型

饰面基层可分为实体基层和骨架基层两类。

实体基层指用砖石等材料组砌、用混凝土现浇或预制的墙体和楼地板等，这种基层表面可以做各种饰面。

骨架基层指骨架隔墙、架空木地板、各种形式吊顶等。骨架又称为龙骨，有木骨架和金属骨架，木龙骨多为木方，金属龙骨多为钢薄壁型材和铝合金型材。

17.2 墙体饰面

墙体饰面对提高建筑物的使用功能和艺术效果起着重要作用。按照墙体所处的位置，可分为外墙面饰面和内墙面饰面。

17.2.1 墙体饰面分类

按照材料和施工方式的不同，常见的墙体饰面可分为抹灰类、贴面类、涂料类、裱糊类、铺钉类和清水墙六类，见表17-1。

墙面饰面分类　　　　　　　　表17-1

类型	室外装修	室内装修
抹灰类	水泥砂浆、混合砂浆、聚合物水泥砂浆、拉毛、水刷石、干粘石、斩假石、拉假石、喷涂、滚涂等	纸筋灰、麻刀灰、石膏、膨胀珍珠岩灰浆、混合砂浆、拉毛、拉条等

续表

类型	室外装修	室内装修
贴面类	外墙面砖、陶瓷马赛克、玻璃马赛克、人造石板、天然石板等	釉面砖、人造石板、天然石板等
涂料类	石灰浆、水泥浆、溶剂型涂料、乳液涂料、彩色胶砂涂料、彩色弹涂等	大白浆、石灰浆、油漆、乳胶漆、水溶性涂料、弹涂等
裱糊类		塑料墙纸、金属面墙纸、木纹壁纸、花纹玻璃纤维布、纺织面墙纸等
铺钉类	各种金属饰面板、石棉水泥板、玻璃等	各种木夹板、木纤维板、石膏板等
清水墙	砖墙、混凝土墙	砖墙、混凝土墙

17.2.2 墙体饰面构造

1) 抹灰类

抹灰又称粉刷，以水泥、石灰为胶结料加入砂或石碴，与水拌和成砂浆或石碴浆，然后抹到墙体上。抹灰是一种传统的墙体装修方式，主要优点是材料广，施工简便，造价低廉；缺点是饰面的耐久性较差、易开裂、易变色。因为多系手工操作，且湿作业施工，工效较低。

墙体抹灰应有一定厚度，外墙一般为20~25mm；内墙为15~20mm。为避免抹灰出现裂缝，保证抹灰与基层粘结牢固，墙体抹灰层不宜太厚，而且需分层施工，构造如图17-2所示。普通标准的装修，抹灰由底层和面层组成。高级标准的装修，在面层和底层之间，应增设一层至多层中间层。

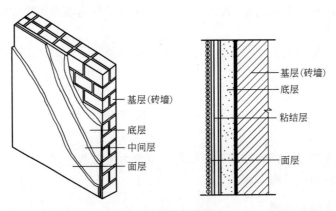

图17-2 抹灰构造

底层抹灰具有粘结饰面层与墙体和初步找平的作用，又称找平层或打底层，在施工中俗称刮糙。普通砖墙常用石灰砂浆或混合砂浆打底，混凝土墙体或有防潮、防水要求的墙体则需用水泥砂浆打底。

面层抹灰又称罩面。面层抹灰要表面平整、无裂痕、颜色均匀。面层抹灰按所处部位和装修质量要求可用纸筋灰、麻刀灰、砂浆或石碴浆等材料罩面。

中间层用作进一步找平，减少底层砂浆干缩导致面层开裂的可能，同时作为底层与面层之间的粘结层。

根据面层材料的不同，常用的抹灰做法，包括构造、材料配合比以及适用范围，参考表 17-2。

常用的抹灰做法 (mm)　　　　　　　　　　　表 17-2

抹灰名称	构造及材料配合比	适用范围
纸筋(麻刀)灰	12～17 厚 1:2～1:2.5 石灰砂浆(加草筋)打底； 2～3 厚纸筋(麻刀)灰粉面	普通内墙抹灰
混合砂浆	12～15 厚 1:1:6(水泥、石灰膏、砂)混合砂浆打底； 5～10 厚 1:1:6(水泥、石灰膏、砂)混合砂浆粉面	外墙、内墙均可
水泥砂浆	15 厚 1:3 水泥砂浆打底； 10 厚 1:2～1:2.5 水泥砂浆粉面	多用于外墙或内墙易受潮湿侵蚀部位
水刷石	15 厚 1:3 水泥砂浆打底； 10 厚 1:1.2～1:1.4 水泥石碴抹面后水刷	用于外墙
干粘石	10～12 厚 1:3 水泥砂浆打底； 7～8 厚 1:0.5:2 外加 5%107 胶的混合砂浆粘结层； 3～5 厚彩色石碴面层(用喷或甩的方式进行)	用于外墙
斩假石	15 厚 1:3 水泥砂浆打底； 刷素水泥浆一道； 8～10 厚水泥石碴粉面； 用剁斧斩去表面层水泥浆和石尖部分使其显出凿纹	用于外墙或局部内墙
水磨石	15 厚 1:3 水泥砂浆打底； 10 厚 1:1.5 水泥石碴粉面，磨光、打蜡	多用于室内潮湿部位
膨胀珍珠岩	12 厚 1:3 水泥砂浆打底； 9 厚 1:16 膨胀珍珠岩灰浆粉面(面层分 2 次操作)	多用于室内有保温或吸声要求的房间

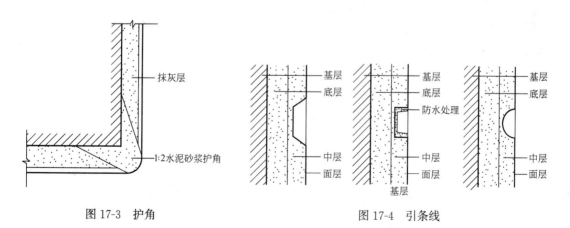

图 17-3　护角　　　　　　　　图 17-4　引条线

对经常易受碰撞的内墙凸出的转角处或门洞的两侧，常用 1:2 水泥砂浆抹 1.5m 高，以素水泥浆对小圆角进行处理，俗称护角，如图 17-3 所示。

在外墙抹灰中，由于墙面抹灰面积较大，为避免面层产生裂纹和方便施工操作，以及立面处理的需要，常对抹灰面层作分格处理，俗称引条线。为防止雨水通过引条线渗透至室内，必须做好防水处理，通常用防水砂浆或其他防水材料做勾缝处理，其构造如图 17-4 所示。

2) 贴面类

贴面类饰面，是利用各种天然的或人造的板、块对墙体进行装修处理。贴面类饰面具有耐久性强、施工方便、质量高、装饰效果好等优点。常见的贴面材料包括锦砖、陶瓷面砖、玻璃锦砖和预制水泥石、水磨石板以及花岗岩、大理石等天然石板。其中质感细腻的瓷砖、大理石板多用作室内装修；而质感粗放、耐候性好的陶瓷锦砖、面砖、墙砖、花岗岩板等多用作室外装修。

(1) 陶瓷面砖、锦砖贴面

① 陶瓷面砖、锦砖饰面材料种类

A. 陶瓷面砖，色彩艳丽、装饰性强。具有强度高、表面光滑、美观耐用、吸水率低等特点，多用作内、外墙及柱的饰面。

B. 陶土无釉面砖，质地坚固、防冻、耐腐蚀。主要用作外墙面装修，有光面、毛面或各种纹理饰面。

C. 瓷土釉面砖，常见的有瓷砖、彩釉墙砖。瓷砖系薄板制品故又称瓷片。瓷砖多用作厨房、卫生间或卫生要求较高的墙体贴面。

D. 瓷土无釉砖，主要包括锦砖及无釉砖。锦砖又名马赛克，系由各种颜色，方形或多种几何形的小瓷片拼制而成。生产时将小瓷片拼贴在 300mm×300mm 或 400mm×400mm 的牛皮纸上，又称纸皮砖。用作墙面、地面装修。

E. 玻璃锦砖，又称玻璃马赛克，是半透明的玻璃质饰面材料。它质地坚硬、色调柔和典雅，性能稳定，具有耐热、耐寒、耐腐蚀，不龟裂、表面光滑，雨后自洁、不褪色和自重轻等特点。

② 贴面饰面构造做法

陶瓷砖作为外墙面装修，其构造多采用 10～15mm 厚 1∶3 水泥砂浆打底，5mm 厚 1∶1 水泥砂浆粘结层，粘贴各类面砖材料。在外墙面砖之间粘贴时留出约 13mm 缝隙，以增加材料的透气性，如图 17-5 (a) 所示。

作为内墙面装修，其构造多采用 10～15mm 厚 1∶3 水泥砂浆或 1∶3∶9 水泥、石灰膏、砂浆打底，8～10mm 厚 1∶0.3∶3 水泥、石灰膏砂浆粘结层，粘贴瓷砖，如图 17-5 (b) 所示。

图 17-5 陶瓷面砖贴面构造 (mm)
(a) 外墙贴面；(b) 内墙贴面

(2) 天然石板、人造石板贴面

用于墙面装修的天然石板有大理石板和花岗岩板，属于高级墙体饰面装修。

① 石材的种类

A. 大理石，又称云石，表面经磨光后纹理雅致，色泽图案美丽如画。

B. 花岗岩，质地坚硬、不易风化、能适应各种气候变化，故多用作室外装修。根据对石板表面加工方式的不同可分为剁斧石、火爆石、蘑菇石和磨光石四种。剁斧石外表纹理可细可粗，多用作室外台阶踏步铺面，也可用作台阶或墙面。火爆石系花岗岩石板表面经喷灯火爆后，表面呈自然粗糙面，有特定的装饰效果。蘑菇石表面呈蘑菇状凸起，多用作室外墙面装修。磨光石表面光滑如镜，可作室外墙面装修，也可用作室内墙面、地面装修。

C. 软瓷材料，以天然原始土、城建废弃土、水泥弃块及瓷渣、石粉等无机物为原料，经分类混合、复合改性制成的墙体饰面板材，符合环保节能的发展趋势，是建筑垃圾再利用的一种新型低碳环保装饰材料。软瓷材料用作墙面装饰，具有质轻、柔性好、外观造型多样、耐候性好等特点，适用于外墙、内墙、地面等建筑装饰，特别适用于高层建筑外饰面工程、建筑外立面装饰改造工程、外墙外保温体系的饰面层及弧形墙、弧形柱等异型建筑的饰面工程。

软瓷材料其颜色由泥土成分决定，主要以复合灰色为主。如图 17-6 所示为仿青砖材质和仿天然石材的软瓷饰面。

D. 人造石板常见的有人造大理石、水磨石板等。

② 石材饰面的构造做法

A. 挂贴法施工：对于平面尺寸不大、厚度较薄的石板，先在墙面或柱面上固定钢筋网，再用钢丝或镀锌铁丝穿过事先在石板上钻好的孔眼，将石板绑扎在钢筋网上。固定石板的水平钢筋的间距应与石板高度尺寸一致。当石板就位、校正、绑扎

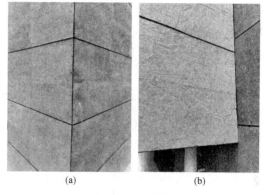

图 17-6 软瓷饰面
(a) 仿青砖材质；(b) 仿天然石材

牢固后，在石板与墙或柱之间，浇注 1：3 水泥砂浆或石膏浆，厚 30mm 左右，如图 17-7 所示。

B. 干挂法施工：对于平面尺寸和厚度较大的石板，用专用卡具、射钉或螺钉，把它与固定于墙上的角钢或铝合金骨架进行可靠连接，石板表面用硅胶嵌缝，不需要在内部再浇注砂浆，称为石材幕墙，如图 17-8 所示。

人造石板的施工构造与天然石材相似，预制板背面埋设有钢筋，不必在预制板上钻孔，将板用铅丝在水平钢筋上绑牢即可。

(3) 外墙保温装饰一体化系统

保温装饰一体板是一种融装饰、节能、防火、防水、环保等功能为一体的一种新型建筑材料，其最重要的特点是把传统的必须在现场施工的工艺部分改为在工厂完成，实现了工厂生产机械化，最终实现质量优越而且稳定。保温板的类型多种多样，组成材料决定了保温板的性能。

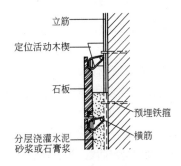

图 17-7 挂贴法施工

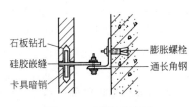

图 17-8 干挂法施工

① 保温装饰一体板的种类

饰面板根据装饰板的不同可分为漆面板和非漆面板。

漆面板型：面板可以为铝板、钢板、铝塑复合板、无机纤维板。

非漆面板型：面板可以为天然薄石材、墙砖、陶板等，此类材料装饰性能与传统幕墙相似。

饰面涂层：根据饰面板涂层的不同可分为氟碳漆、多彩涂料、聚氨酯漆等。

② 保温装饰一体板构造做法

锚粘体系施工：基层检查→处理→弹线、挂线→配制粘结砂浆→粘贴装饰板→机械固定件固定→特殊部位处理→嵌缝处理、硅酮建筑密封胶勾缝→表面清理→交付验收。

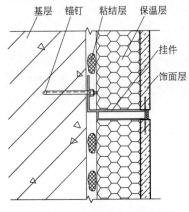

图 17-9 保温装饰一体板构造示意

机械固定件固定消除了保温装饰一体板分层剥离的现象，提高保温装饰一体板的整体安全性。使用锚固件，紧扣饰面层，再次将保温装饰一体板与墙体牢固地连接在一起。这种复式固定模式，为高层建筑的外立面装饰提供了保障，也是目前装饰一体板主要以锚粘结合体系施工方法为主的主要原因，如图 17-9 所示。

3) 涂料类

涂料是涂敷于物体表面后，与基层紧密粘结，形成完整而牢固的保护膜的面层物质。这种物质对被涂物体有保护、装饰作用。涂料作为墙面饰面材料，与贴面饰面相比，有材料来源广、装饰效果好、造价低、操作简单、施工工期短、工效高、自重轻、维修更新方便等特点。

建筑涂料种类繁多，应根据建筑物的使用功能、建筑环境、建筑构件所处部位等条件来选择装饰效果好、粘结力强、耐久性高、无污染和经济性好的材料。

建筑涂料按其主要成膜物质的不同可分为有机涂料、无机涂料及有机和无机复合涂料三大类。

（1）无机涂料，是最早的一种涂料。传统的无机涂料有石灰水、大白浆和可赛银等，以生石灰、碳酸钙、滑石粉等为主要原料，适量加入动物胶而配制的内墙涂刷材料。

(2) 有机涂料，有机高分子涂料依其主要成膜物质和稀释剂的不同可分为几类：

① 溶剂型涂料，以合成树脂为主要成膜物质，有机溶剂为稀释剂的涂料。它形成的涂膜细腻、光洁而坚韧，有较好的硬度、光泽和耐水性，耐候性、气密性好。但有机溶剂在施工时会挥发有害气体，污染环境。如果在潮湿的基层上施工，会有起鼓脱皮问题。

② 水溶型涂料，以水溶性合成树脂为主要成膜物质，以水为稀释剂的涂料。它的耐水性差、耐候性不强、耐洗刷性亦差，故只适用作内墙涂料。

③ 乳胶涂料，又称乳胶漆，它是由合成树脂借助乳化剂的作用，以极细微粒子溶于水中形成乳液为主要成膜物质的涂料。以水为稀释剂，具有无毒、无味、不易燃烧、不污染环境等特点。同时还有一定的透气性，可在潮湿基层上施工。

④ 氟碳涂料，在氟树脂基础上经改性、加工而成的涂料，简称氟涂料，又称氟碳漆，属新型高档高科技全能涂料。按固化温度的不同，氟碳涂料可分为高温固化型、中温固化型和常温固化型。按组成和应用特点，氟碳涂料可分为溶剂型氟涂料、水性氟涂料、粉末氟涂料和仿金属氟涂料等。氟碳涂料具有优异的耐候性、耐污性、自洁性、耐酸碱、耐腐蚀、耐高低温、涂层硬度高，与各种材质的基层有良好的黏结性能，色彩丰富有光泽，装饰性好，施工方便，使用寿命长，广泛用于多种高档饰面。

(3) 有机和无机复合涂料

有机涂料和无机涂料各有特点，但在单独作用时，都存在着各自的问题。为取长补短，研究出有机、无机相结合的复合涂料。以硅溶液、丙烯酸系列复合的外墙涂料在涂膜的柔韧性及耐候性方面能更适应温度变化。

在外墙面使用较多的是彩色胶砂涂料。彩色胶砂涂料简称彩砂涂料，是以丙烯酸酯类涂料与骨料混合配制而成的一种珠粒状的外墙饰面材料。彩砂涂料具有粘结强度高，耐水性、耐碱性、耐候性以及保色性均较好等特点。我国目前所采用的彩色胶砂涂料可用于水泥砂浆、混凝土板、石棉水泥板、加气混凝土板等多种基层上，可以取代水刷石、干粘石等饰面装修。

4) 铺钉类

铺钉类饰面指天然木板或各种人造薄板，借助于钉、胶粘等固定方式对墙面进行的饰面处理，属于干作业。铺钉类饰面因所用材料质感细腻、美观大方、装饰效果好，给人以亲切感。同时材料多系薄板结构或多孔性材料，对改善室内音质有一定作用，但是防潮、防火性能欠佳。一般多用作宾馆、大型公共建筑大厅等的墙面或墙裙的装修。铺钉类装修和隔墙构造相似，由骨架和面板两部分组成。

(1) 骨架

木骨架由墙筋和横档（横筋）组成，依托预埋在墙内的木砖固定到墙身上。墙筋的截面一般为 50mm×50mm，横档的截面为 50mm×50mm、50mm×40mm。墙筋和横档的间距应与面板的长度和宽度尺寸相配合。金属骨架一般采用冷轧薄钢板构成槽形截面，截面尺寸与木骨架相近。为防止骨架与面板受潮而损坏，常在立墙筋前，在墙面抹一层 10mm 厚混合砂浆抹灰，并涂刷热沥青两道，或不做抹灰，直接在砖墙上涂刷热沥青。

(2) 面板

装饰面板多为人造板，包括硬木条板、石膏板、胶合板、硬质纤维板、软质纤维板、金属板、装饰吸声板、钙塑板、水泥纤维装饰板以及铝方通等。

硬木条或硬木板装修是将装饰性木条或凹凸型木板竖直铺钉在墙筋或横筋上，背面衬胶合板，使墙面产生凹凸感，其构造如图 17-10 所示。

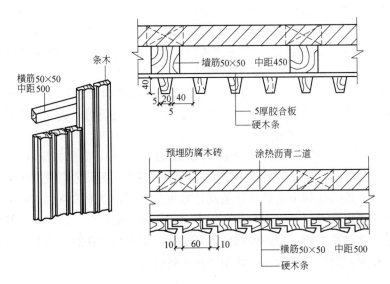

图 17-10　木质面板墙面构造（mm）

石膏板是以建筑石膏为原料，加入各种辅助材料，经拌和后，两面用纸板辊压成薄板，故称纸面石膏板。石膏板具有质量轻、变形小，施工时可钉、可锯、可粘贴等优点。胶合板是利用原木经旋切、分层、胶合等工序制成的，有三合板（又称三夹板）、五合板（五夹板）、七合板（七夹板）和九合板（九夹板）。硬质纤维板是用碎木加工而成的。

石膏板、胶合板、纤维板、软质纤维板、装饰吸声板等与木质墙筋和横档的连接均以圆钉（镀锌铁钉）或木螺钉与墙筋和横档固定。为保证面板有微量伸缩的可能，在钉面板时，在板与板间需留出 5～8mm 的缝隙，缝隙可以是方形、也可是三角形，对要求较高的装修可用木压条或金属压条嵌固，如图 17-10、图 17-11 所示。

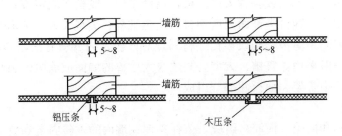

图 17-11　胶合板、纤维板等的缝隙处理（mm）

石膏板、软质纤维板、胶合板、纤维板、各种装饰面板等与金属骨架的连结主要靠自攻螺钉、膨胀铆钉或预先用电钻打孔，后用镀锌螺钉固定。

纤维水泥板是以水泥为基本材料和胶粘剂，矿物纤维和其他纤维为增强材料，加入水和化学助剂，经混合搅拌、铺装、加压成型、养护等工序制成的一种人造板材。纤维水泥板的安装主要是在板材上直接运用铆钉与龙骨进行固定，适用于任何厚度。当采用 12mm

的厚款板材时，也可采用类似干挂石材幕墙的背栓式固定法，或采用搭接式固定法，在板材上下做企口，插入金属构件固定，如图17-12所示。

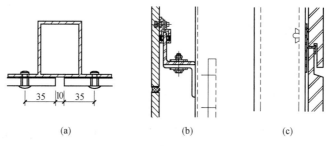

图17-12　纤维水泥板安装（mm）
(a) 铆钉法；(b) 背栓法；(c) 搭接法

铝方通具有视野开放、通风、通气、层次分明等作用。有铝板铝方通，通常为室内装饰。型材铝方通，防风性强，通常为户外装饰。

5）裱糊类

裱糊类饰面是将墙纸、墙布等卷材裱糊在墙面上的一种装修饰面。

(1) 墙纸

墙纸又称壁纸。国内外生产的各种新型复合墙纸种类很多，依其构成材料和生产方式不同，墙纸有以下几类：

① PVC塑料墙纸，由面层和衬底层在高温下复合而成。面层以聚氯乙烯塑料或发泡塑料为原料，经配色、喷花或压花等工序与衬底进行复合。衬底分纸底与布底两类。

② 纺织物面墙纸，采用各种动、植物纤维（如羊毛、兔毛、棉、麻、丝等纺织物）以及人造纤维等纺织物为面料，复合于纸质衬底而制成的墙纸。

③ 金属面墙纸，由面层和底层组成。面层系以铝箔、金粉、金银线等为原料，制成各种花纹、图案，并与衬托金属效果的漆面（或油墨）相间配制而成，然后将面层与纸质衬底复合压制成墙纸。

④ 天然木纹面墙纸，采用名贵木材剥出极薄的木皮，贴于布质衬底上面制成的墙纸。

(2) 墙布

墙布是指以纤维织物直接作为墙面装饰材料。它包括玻璃纤维墙面装饰布和织锦等材料。

① 玻璃纤维装饰墙布，以玻璃纤维织物为基材，表面涂布合成树脂、印花而成的装饰材料。

② 织锦墙布，采用锦缎裱糊于墙面的一种装饰材料。

墙纸与墙布的粘贴主要在抹灰的基层上进行，抹灰以混合砂浆面层为好。它要求基底平整、致密，不平的基层需用腻子刮平，粘贴墙纸、墙布时，一般采用墙纸、墙布胶粘剂。

6）清水墙

清水墙指墙体砌筑或浇筑成型后，利用原墙体结构的表面色彩机理，形成的一种墙体装饰方法，可分为清水砖墙和清水混凝土墙。清水砖墙的效果淡雅、朴实，清水混凝土墙显得浑厚、粗犷，耐久性好，没有明显的褪色和风化现象。

(1) 清水砖墙

黏土砖是清水砖墙的主要材料,根据制作工艺不同可分为青砖、红砖及过火砖三种。过火砖是由于温度过高而烧成的次品砖,颜色深红,质地坚硬,却是装饰用的上好佳品,常被用来砌筑建筑小品或局部的清水墙。

清水砖墙的装饰方法

① 灰缝的处理,因为灰缝的面积约占清水砖墙面的1/6,改变灰缝的颜色能够有效地影响整个墙面的色调与明暗程度,改变整个墙面的效果。另外,通过勾凹缝的办法,也会产生一定的阴影,形成鲜明的线条与质感。

② 色彩变化,是靠烧结程度不同的过火砖和欠火砖形成的深色和浅色穿插在普通砖当中,形成不规则的色彩排列,达到丰富的装饰效果。

③ 肌理变化,通过部分砖块有规律地突出或凹进,形成一定的线型和肌理,创造特殊的光影效果,犹如浮雕的感觉。

使用清水砖墙饰面时,还有以下几个问题:

建筑的某些部位,如勒脚、檐口、门套、窗台等处可以用粉刷或天然石板进行装饰。门窗过梁如采用钢筋混凝土过梁,可将过梁往里收1/4砖左右,外表再镶砖饰以形成砖拱形式的外观。

勾缝多采用质量比为1:1.5水泥砂浆,也可勾缝后再涂色。灰缝的处理形式,主要有平缝、平凹缝、斜缝和圆弧凹缝等形式,见图17-13。

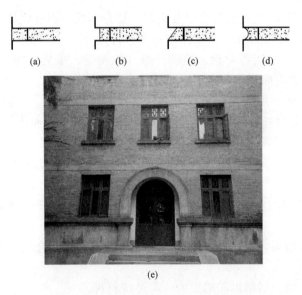

图 17-13 清水砖墙灰缝的处理及实景
(a) 平缝;(b) 平凹缝;(c) 斜缝;(d) 圆弧凹缝;(e) 某高校图书馆清水砖墙实景

(2) 清水混凝土墙

清水混凝土墙的墙面涂刷透明隔离剂与空气分隔避免水泥发生碳化反应。精心挑选木质花纹的模板或特制的钢模板浇筑,经设计排列,浇注出具有特色的清水混凝土。清水混凝土墙外表朴实、自然、坚固、耐久,不易发生冻胀、剥离、褪色等问题,如图17-14所示。

（a） （b）

图 17-14　清水混凝土墙

（a）鹿野苑石刻博物馆；（b）普利策艺术基金会

模板的挑选与排列是清水混凝土墙装饰效果好坏的关键，模板上对拉螺杆的定位要整齐有规律；为了脱模时不损坏边角，墙柱的转角部位应处理成斜角或圆角。可以将模板面设计成各种形状，如条纹状、波纹状、格状、点状等，也可将壁面进行斩刻，修饰成毛面等，加强墙面的肌理变化。

17.3　楼地面饰面

楼层和地坪层的结构受力层不同，但饰面层的构造和要求是一样的。室外地面的饰面层要有良好的抗冻性能。

17.3.1　地面饰面的要求

地面是人们日常生活、生产时必须接触的部分，也是建筑中直接承受荷载、经常受到摩擦、清扫和冲洗的部分，因此，其要求是：

1）具有足够的坚固性。在外力作用下不易磨损、破坏，且表面平整、光滑、易清洁和不起灰；

2）面层的保温性能要好。作为地面，要求材料导热系数要小，以便冬季接触时不致感到寒冷；

3）面层应具有一定弹性和防滑性能。行走时不致滑倒或过硬的感觉，有弹性的地面对减少噪声有利；

4）有特殊用途的地面则应有如下要求：对有水作用的房间，要求地面能抗潮湿，不透水；对有火源的房间，要求地面防火、耐燃；对有酸、碱腐蚀的房间，则要求地面具有防腐蚀的能力。

17.3.2　地面饰面的分类

地面饰面的名称是依据面层所用材料而命名的，常见的地面饰面可分为以下几类：

1）整体地面：包括水泥砂浆、细石混凝土、水磨石及菱苦土等地面；

2）块材地面：包括黏土砖、大阶砖、水泥花砖、缸砖、陶瓷锦砖、地砖、人造石板、PC 砖、透水砖、天然石板及木地板等地面；

3）卷材地面：包括橡胶地毡、塑料地毡及无纺织地毯等地面；

4）涂料地面：包括各种高分子合成涂料所形成的地面。

17.3.3 地面饰面构造

1）整体地面

(1) 水泥砂浆地面

水泥砂浆地面简称水泥地面，它构造简单，坚固耐磨，防潮防水，造价低廉，如图 17-15 所示。但它导热系数大，对不采暖的建筑，在冬季走上去感到冰冷；另外，它吸水性差、容易返潮，还存在易起灰等问题。

水泥砂浆地面的做法有双层和单层构造之分。双层做法分为面层和底层，常以 15～20mm 厚 1:3 水泥砂浆打底，找平，再用 5～10mm 厚 1:1.5 或 1:2 的水泥砂浆抹面。单层构造是在结构层上抹水泥砂浆结合层一道后，直接抹 15～20mm 厚 1:2 或 1:2.5 的水泥砂浆一道，抹平，终凝前用铁板压光。双层构造的做法地面质量较好。

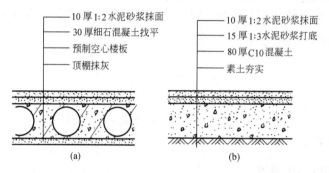

图 17-15 水泥砂浆地面（mm）
（a）楼层地面，单层做法；（b）底层地面，双层做法

(2) 细石混凝土地面

在楼地面结构层铺 30～40mm 厚细石混凝土一层，在初凝时用铁辊压出浆，抹平，终凝前再用铁抹子压光做成地面。

(3) 水磨石地面

水磨石地面又称磨石子地面，其特点是表面光洁、美观、不易起灰，如图 17-16 所示。在梅雨季节容易反潮。水磨石地面常用作公共建筑的大厅、走廊、楼梯以及卫生间的地面。

水磨石地面的构造是：在结构层上用 10～15mm 厚 1:3 水泥砂浆打底，10mm 厚 1:1.5～1:2 水泥、石碴粉面。石碴要求颜色美观，中等硬度，易磨光，多用白云石或彩色大理石石碴，粒径为 3～20mm。水磨石有水泥本色和彩色两种。后者采用彩色水泥或白水泥加入颜料以构成美术图案，颜料以水泥重的 4%～5%，颜料添加不宜太多，否则会影响地面强度。面层的做法是先在基底上按图案嵌固玻璃条（也可嵌铜条或铝条）进行分格，一是为了分大面为小块，以防面层开裂，使用过程中如有局部损坏，维修比较方便；二是可按设计图案分区，定出不同颜色，以增添美观。分格形状有正方形、矩形及多边形等，尺寸 400～1000mm，视需要而定。分格条高 10mm，用 1:1 水泥砂浆嵌固，然后将拌和好的石碴浆浇入，石碴浆应比分格条高出 2mm。最后洒水养护 6～7 天后用磨石机磨光，最后打蜡保护。

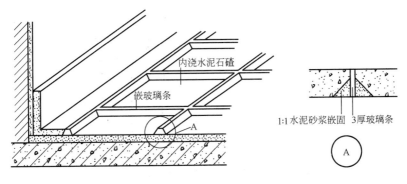

图 17-16 水磨石地面（mm）

整体地面的导热系数大，热惰性小，表面吸水性较差，在空气湿度大的天气条件下，容易出现表面结露现象。为了解决这个问题，可采取以下几种构造措施会有所改善：在面层与结构层之间加一层保温层；加一层炉渣；改换面层材料；在原地面上做架空层、加透气孔（图 17-17）。

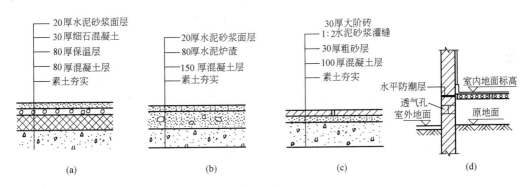

图 17-17 改善地面结露现象的构造措施（mm）
(a) 加保温层；(b) 加炉渣层；(c) 改换面层材料；(d) 做架空层

2）块材地面

块材地面是利用各种预制块材或板材镶铺在基层上的地面，常见的有以下几种：

(1) 砖地面

由普通黏土砖或大阶砖铺砌的地面，大阶砖也系黏土烧制而成，规格常为 30mm×350mm×350mm。可直接铺在素土夯实的地基上，为了铺砌方便和易于找平，常用砂或细炉渣做结合层。普通黏土砖可以平铺，也可以侧铺，砖缝之间以水泥砂浆或石灰砂浆嵌缝，如图 17-18 所示。砖材造价低廉，能吸湿，对黄梅天返潮地区有利，但不耐磨。

(2) 陶瓷砖地面

陶瓷砖包括缸砖和马赛克。缸砖系陶土烧制而成，两者均质地坚硬、经久耐用、色泽多样、耐磨、防水、耐腐蚀、易于清洁。适用于卫生间、厨房、实验室等的地面。铺贴方式为在结构层找平的基础上，用 5～8mm 厚 1:1 水泥砂浆粘贴。砖块间有 3mm 左右的灰缝。其构造做法，如图 17-19 所示。

(3) 人造石板和天然石板地面

人造石板有水泥花砖、水磨石板和人造大理石板等。天然石板包括大理石、花岗岩

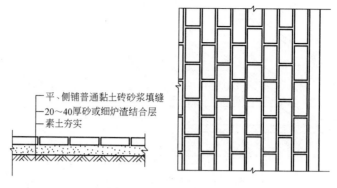

图 17-18 砖地面（mm）

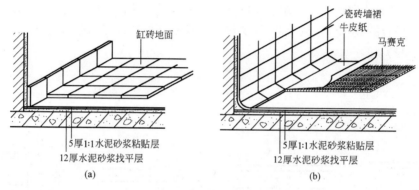

图 17-19 缸砖、马赛克地面（mm）
(a) 缸砖地面；(b) 马赛克地面

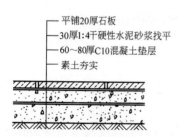

图 17-20 石材地面（mm）

板，由于其质地坚硬、色泽艳丽、美观，属高档地面装修材料。常用的为 600mm×600mm，厚 20mm。尺寸也可另行加工。一般多用作宾馆、公共建筑的大厅，影剧院、体育馆的入口处等地面，石材构造如图 17-20 所示。

（4）木地面

木地面具有弹性好、导热系数小、不起尘、易清洁等特点，是理想的地面材料。木地面一般铺设的是长条企口地板，左右板缝具有凹凸企口，用暗钉钉于基层木格栅上。要求较高的房间如舞厅、会客室等可采用拼花地板，它是由窄条硬木地板纵横穿插镶铺而成，故又名芦席纹地板，简称席纹地板。考究的席纹地板采用双层铺法，第一层为毛板，直接斜铺在格栅上，上面再铺席纹地板，如图 17-21 所示。

木地面的基层是木格栅，有空铺和实铺两种。空铺多用于建筑底层楼板，耗木料较多，又不防火，除产木地区已很少用。现以实铺木地面为主介绍。

实铺木地面是在实体基层上铺设木材的地面。将木格栅直接放在结构层上，格栅截面一般为 50mm×50mm，中距 400mm。格栅借预埋在结构层内的 U 形铁件嵌固或镀锌铁丝扎牢。底层地面为了防潮，须在结构层上涂刷冷底子油和热沥青各一道（图 17-22）。

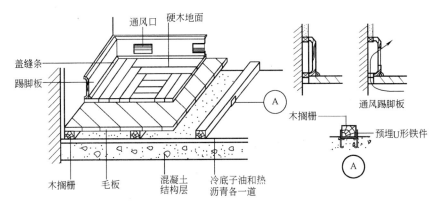

图 17-21 双层木地面

为保证格栅层通风干燥，常采取在踢脚板处开设通风口的办法解决。

实铺木地面也可采用粘贴式做法，条形、席纹均可（图 17-23）。将木板直接粘贴在找平层上，如用沥青粘贴，找平层宜采用沥青砂浆找平层，粘结材料一般有沥青胶、环氧树脂、乳胶等。粘贴式木地面防潮性能好、施工简便。

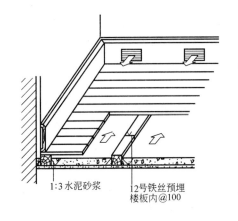

图 17-22 单层木地面（mm）

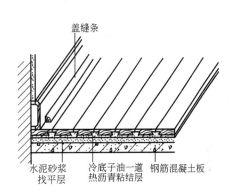

图 17-23 粘贴式木地面

在地面与墙面交接处，通常按地面做法进行处理，即作为地面的延伸部分，称踢脚线或踢脚板。踢脚线的主要功能是保护室内墙脚，防止墙面因受外界的碰撞而损坏，也可避免清洗地面时污损墙面。

踢脚线的高度一般为 100～150mm，材料构造基本与地面一致，通常比墙面抹灰突出 4～6mm。踢脚线构造，如图 17-24 所示。

(5) 透水砖地面

透水砖原材料多采用水泥、砂、矿渣、粉煤灰等环保材料，高压成形，具有透水性好、防滑功能强、色泽自然、持久、使用寿命长、抗冻性能和抗盐碱性高、维护成本低，易于更换的优点，主要用于室外地面。透水砖地面构造，如图 17-25 所示。

3) 卷材地面

卷材地面是以卷材粘贴在基层上。常用的卷材有塑料地毡、橡胶地毡以及地毯。材料

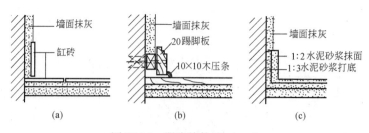

图 17-24 踢脚线构造（mm）

(a) 缸砖踢脚线；(b) 木踢脚线；(c) 水泥踢脚线

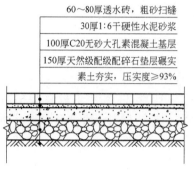

图 17-25 透水砖地面构造（mm）

表面美观、光滑、装饰效果好，有良好的保温、消声性能，广泛用于公共建筑和居住建筑。

塑料地毡是以聚乙烯树脂为基料，加入增塑剂、稳定剂、石棉绒等材料，经塑化热压而成。有卷材，也有片材可在现场拼花。卷材可以干铺，也可同片材一样，用胶粘剂粘贴到水泥砂浆找平层上。它具有步感舒适、富有弹性、防滑、防水、耐磨、绝缘、防腐、消声、阻燃、易清洁等特点。

橡胶地毡是以橡胶粉为基料，掺入软化剂，在高温、高压下解聚后，再加入着色补强剂，经混炼、塑化压延成卷的地面装修材料，有耐磨、柔软、防滑、消声以及富有弹性等特点，可以干铺，亦可用胶粘剂粘贴在水泥砂浆面层上，如图 17-26 所示。

无纺织地毯类型较多，常见的有化纤无纺织针刺地毯、黄洋麻纤维针刺地毯和纯羊毛无纺织地毯等。这类地毯加工精细，平整丰满，具有柔软舒适、清洁吸声，美观适用等特点。有局部、满铺和干铺、固定等不同铺法。固定式一般用胶粘剂满贴或在四周用倒刺条挂住。

图 17-26 卷材地面

(a) 厂房用卷材地面；(b) 地下车库用卷材地面；(c) 医院用卷材地面

4）涂料地面

涂料地面主要是对水泥砂浆或混凝土地面的表面处理，解决水泥地面易起灰和不美观的问题。常见的涂料包括水乳型、水溶型和溶剂型涂料。

这些涂料与水泥表面的粘结力强，具有良好的耐磨、抗冲击、耐酸、耐碱等性能，水乳型涂料与溶剂型涂料还具有良好的防水性能。例如，环氧树脂厚质涂层和聚氨酯厚质地面涂层素有"树脂水磨石"之称。

涂料地面要求水泥地面坚实、平整；涂料与面层粘结牢固，不得有掉粉、脱皮、开裂等。同时，涂层的色彩要均匀，表面要光滑，洁净。

17.4 顶棚饰面

顶棚要求表面光洁、美观，且能起反射光照的作用，以改善室内的亮度。对某些有特殊要求的房间，还要求顶棚具有隔声、防火、保温、隔热等功能。

依构造方式的不同，顶棚有直接式顶棚和悬吊式顶棚。一般顶棚多为水平式，但根据房间用途的不同，顶棚可做成弧形、凹凸形、高低形、折线形等。

1) 直接式顶棚

直接式顶棚指直接在钢筋混凝土楼板下喷、刷、粘贴装修材料的一种构造方式，常见的有以下几种处理：

(1) 直接喷、刷涂料，当楼板底面平整时，可用腻子嵌平板缝，直接在楼板底面喷或刷装饰涂料，以增加顶棚的光反射作用。

(2) 抹灰装修，当楼板底面不够平整，或室内装修要求较高，可在板底进行抹灰。水泥砂浆抹灰系将板底清洗干净，打毛或刷素水泥浆一道后，抹5mm厚1：3水泥砂浆打底，用5mm厚1：2.5水泥砂浆粉面，再喷刷涂料，如图17-27（a）所示。纸筋灰抹灰系先以6mm厚混合砂浆打底，再以3mm厚纸筋灰粉面，然后喷、刷涂料。

图17-27 直接式顶棚
(a) 抹灰装修；(b) 贴面装修

(3) 贴面装修，对某些装修要求较高或有保温、隔热、吸声要求的建筑物，可于楼板底面直接粘贴适用顶棚装饰的墙纸、装饰吸声板以及泡沫塑胶板等（图17-27b）。

2) 悬吊式顶棚

悬吊式顶棚简称吊顶，在现代建筑中，为充分使用建筑的内部空间，除一部分照明、给排水管道安装在楼板层内，大部分空调管、灭火喷淋、传感器、广播设备等管线及其装置，均需安装在顶棚上。吊顶有木骨架吊顶和金属骨架吊顶，如图17-28所示。

(1) 木骨架吊顶

木骨架吊顶是借预埋于楼板内的金属吊件或锚栓将吊筋固定在楼板下部，吊筋间距一般为900~1000mm，吊筋下固定主龙骨，其截面为45mm×45mm或50mm×50mm。主龙骨下钉次龙骨（又称平顶筋或吊顶格栅）。次龙骨截面为40mm×40mm，间距的确定视装饰面材的规格而定（图17-29）。

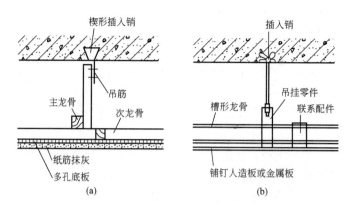

图 17-28 悬吊式顶棚
(a) 木骨架吊顶；(b) 金属骨架吊顶

木骨架吊顶材料具有可燃性，安装方式多系铁钉固定，使顶棚表面很难做到水平，因此在一些重要的工程或防火要求较高的建筑中，已极少采用。

(2) 金属骨架吊顶

根据《建筑设计防火规范》GB 50016—2014（2018 年版）要求，顶棚宜采用不燃材料或难燃材料，目前金属架骨吊顶已被广泛采用。

金属架骨吊顶主要由金属龙骨基层与装饰面板所构成。金属龙骨由吊筋、主龙骨、次龙骨和横撑龙骨组成。吊筋一般中距 900～1200mm，固定在楼板下，吊筋头与楼板的固定方式可分为吊钩式、钉入式和预埋件式。然后在吊筋的下端悬吊主龙骨，再于主龙骨下悬吊次龙骨。为铺、钉装饰面板，还应在龙骨之间增设横撑，横撑间距视面板规格而定。最后在吊顶次龙骨和横撑上铺、钉装饰面板，如图 17-30 所示。

装饰面板有人造板和金属板。人造板包括纸面石膏板、矿棉吸声板、各种空孔板和纤维水泥板等。装饰面板可借沉头自攻螺钉固定在龙骨和横撑上，亦可放置在倒 T 形龙骨的翼缘上。

金属面板包括铝板、铝合金型板、彩色涂层薄钢板和不锈钢薄板等。面板形式有条形、方形、长方形、折棱形等，颜色多样。金属面板靠螺钉、自攻螺钉、膨胀铆钉或专用卡具固定于吊顶的金属龙骨上。

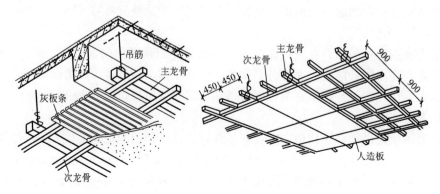

图 17-29 木骨架吊顶（mm）

第17章 建筑饰面 297

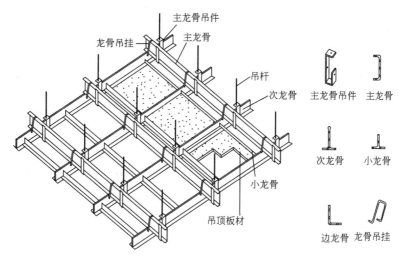

图 17-30 金属骨架吊顶

第18章 建筑隔声

噪声对人们的身心健康和正常生活有极大影响，可引起多种疾病、使人体听觉器官受到损害、也会降低劳动生产率。

按声音传播规律分析，声波在围护结构中的传播可分为三种途径：

1) 经由空气直接传播，即通过围护结构的缝隙和孔洞传播。例如敞开的门窗、通风管道、电缆管道以及门窗的缝隙等。

2) 通过围护结构传播。经由空气传播的声音遇到密实的墙壁时，在声波的作用下，墙壁将受到激发而产生振动，使声音透过墙壁而传到邻室。

3) 由于建筑物中机械的撞击或振动的直接作用，使围护结构产生振动而发声。

前两种情况，声音是在空气中传播的，一般称为"空气声"或"空气传声"。而第三种情况的声音传播方式称为"固体声"或"固体传声"，但最终仍是经空气传至接收者。空气声与固体声在建筑物中的传播途径，见图18-1。

噪声控制可以通过吸声和隔声两种途径实现。吸声是利用吸声材料及其构造做法吸收声波能量，隔声是利用构造方式阻绝声音传播途径。

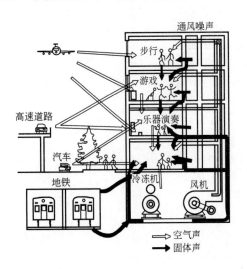

图 18-1 空气声与固体声在建筑物中的传播途径

18.1 墙体隔声构造

18.1.1 空气声隔绝要求

声音在传播过程中，遇到构件时，声能的一部分将被反射，另一部分被吸收，最后一部分传到另一空间中去。构件隔声性能越好，隔声量越大。在工程中用分贝表示构件的隔声能力，即构件隔声量（或称透射损失），隔声量一般是在标准隔声实验室内测试得出。

由于同一结构对不同频率的隔声性能不同，在工程实践中常以中心频率为125、250、500、1000、2000、4000Hz的6个倍频带或100~4000Hz的17个1/3倍频带的隔声量来表示某一构件的隔声性能，有时常用单一数值表示某一构件的隔声性能。

各种用途的房间皆有其允许的噪声标准，但由于噪声源是各式各样的，声级也经常变化,很难在隔声设计中确定一些参数以达到规定的允许噪声级。因此,许多国家都以规定隔墙的隔声能力,来间接表示一个房间的允许噪声标准。如果建筑中某房间采用了合乎规范要求的墙或楼板,则认为此房间满足允许的噪声标准。

18.1.2 单层匀质密实墙隔声

单层匀质密实墙是没有孔隙传声的,它通过墙体本身的振动,将入射声能的一部分传播到墙体的另一侧去。严格从理论上研究单层匀质密实墙的声音透射过程是相当复杂和困难的。作为比较近似的研究,假定了一定的简化条件,如假设墙面积是无限大,故可忽略边界条件的影响,同时认为墙是柔顺的板,不具有刚度,从而可以忽略墙的弹性与内应力。因此,墙体被声波激发后其振动的大小只与墙的惯性,即墙的质量有关。

1)质量定律

声波引起墙板的振动与板的质量成反比,这一规律称为"质量定律",即墙的单位面积质量越大,隔声量越大,隔声效果越好。质量或频率每增加一倍,墙体垂直入射声的隔声量增加 6dB。如图 18-2 为单层墙隔声构造。

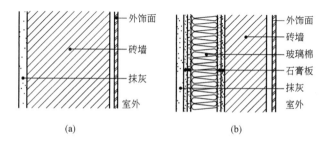

图 18-2 单层墙隔声构造
(a) 单层砖砌隔声墙;(b) 复合单层墙

2)吻合效应

实际上的墙体都是有一定刚度的弹性板,板被声音激发振动后,要发生沿板面传播的弯曲波和其他的振动方式。设某一时刻斜入射声波到达墙板上 A 点,使之产生振动,经过时间 t 后,弯曲波到达 B 点,其波长为 λ_B,传播速度为 c_B。这时如声波的斜入射角度合适,空气波 b 以声速 c 经同样一段时间 t 也正好到达 B 点,在 B 点也激发了墙产生了新的弯曲波,恰好与 A 点传来的弯曲波相吻合,使总的弯曲波振动达到最大。这时墙板将向其另一侧辐射大量的声能,此即称为"吻合效应"。

墙板产生吻合效应时将使隔声量大幅度下降,不再符合质量定律。吻合效应只发生在一定频率范围,这一范围的下限频率,称为临界频率,与构件厚度、材料的密度和弹性模量等有关。考虑噪声对人影响的频率范围主要在 100~2500Hz,故应设法使吻合效应不发生在这一范围。通常可采用硬而厚的墙板来降低临界频率,或者用软而薄的墙板来提高临界频率,以防止吻合效应。如图 18-3 为轻质吸声材料组成的墙吸声构造。

18.1.3 双层匀质密实墙隔声

从质量定律可知,墙的单位面积质量每增加一倍,其隔声量约增加 6dB,例如

240mm 砖墙 $M_0=480\text{kg/m}^2$；而 490mm 砖墙 $M_0=960\text{kg/m}^2$。因此，依靠增加墙的重量来提高其隔声量是不合理的，也是不经济的。当某些墙有较高隔声要求时，可以采用有空气间层（或在间层中填充吸声材料）的双层墙或多层墙。与单层墙相比，同样重的双层墙具有较大的隔声量；或是达到同样的隔声量而减轻结构的重量。

双层墙能提高隔声能力的主要原因在于空气间层的作用。空气间层可以看作是与两层墙板相连的"弹簧"，声波射到第一层墙板时，使其发生振动，此振动通过空气层传至第二层墙板，再由第二层墙板向邻室辐射声能。由于空气间层的弹性变形，具有减振作用，传递给第二层墙板的振动大为减弱，从而提高墙体总的隔声量。由空气间层附加的隔声量与空气间层的厚度成正比。如图 18-4 为双层墙隔声构造。

双层匀质密实墙隔声构造的要点有：
1) 双层砖墙、混凝土墙：固有振动频率<25Hz，故可不考虑其共振。
2) 利用空气间层吸声、减振，空气间层的厚度≥50mm；最佳厚度：80～120mm。
3) 两个墙体的重量和厚度应有差别，以免出现"吻合效应"。

18.1.4　轻质墙隔声

轻质墙目前国内主要的材料是纸面石膏板、圆孔珍珠岩石膏板、加气混凝土板以及碳化板等。这些板材的单位面积质量一般较小，如按照质量定律，无法满足隔声要求。根据国内外的经验，都是通过增加空气层的厚度或在其中增加吸声材料以及增加结构的阻尼等方法加以解决的，采取的主要措施与效果如下：

1) 将多层密实材料用多孔弹性材料（如玻璃棉或泡沫塑料等）分隔，做成夹层结构，则其隔声量比材料重量相同的单层墙可以提高很多。
2) 将空气间层的厚度增加到 75mm 以上时，在大多数的频带内可增加隔声量 8～10dB。
3) 用松软的吸声材料填充空气间层，一般可以提高轻质墙的隔声量 2～8dB。

对于轻质双层墙，当空气层厚度<30mm 时，固有振动频率≥200Hz，易产生共振。因此，可以在空气层中悬挂或铺放玻璃棉毡等多孔材料，以增强其吸声能力。

根据国内实验室测定的轻质墙隔声资料（表 18-1）的分析，可以看出每增加一层纸面石膏板，其隔声量可以提高 3～6dB，空气间层中填充吸声材料可以提高 3～8dB。如图 18-5 为轻质墙隔声构造。

不同构造的纸面石膏板（厚 12mm）轻质墙隔声量的比较（dB）　　　　表 18-1

板间的介质	石膏板层数	钢龙骨	木龙骨
空气层	1-1	36	37
	1-2	42	40
	2-2	48	43
玻璃棉	1-1	44	39
	1-2	50	43
	2-2	53	46
矿棉板	1-1	44	42
	1-2	48	45
	2-2	52	47

注：1-1 表示龙骨两边各有一层石膏板；1-2 为一边一层，另一边两层；2-2 为两边各两层。

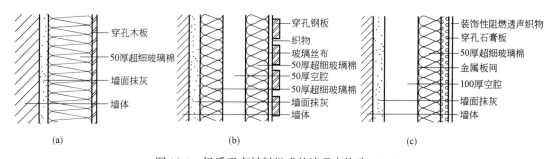

图 18-3　轻质吸声材料组成的墙吸声构造（mm）
(a) 玻璃棉＋穿孔木板；(b) 玻璃棉＋穿孔钢板；(c) 玻璃棉＋穿孔石膏板

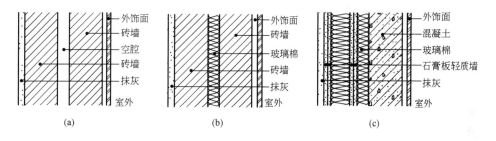

图 18-4　双层墙隔声构造
(a) 双层砖砌隔声墙；(b) 双层混合墙（砖墙＋玻璃棉＋砖墙）；(c) 混凝土＋玻璃棉＋石膏板轻质墙

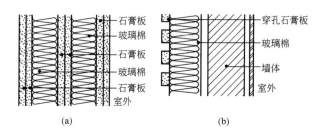

图 18-5　轻质墙隔声构造
(a) 双层石膏板＋玻璃棉；(b) 玻璃棉＋穿孔石膏板

18.2　楼板隔声构造

18.2.1　楼板隔绝撞击声标准

当物体与楼板发生撞击时，将使楼板成为声源而直接向四周辐射声能。因此不能以隔声量等指标来衡量隔绝撞击声的效果。目前，很多国家采用标准撞击声级 L_N 作为评价指标。标准撞击声级 L_N 是用合乎国际标准的打击器在预测的楼板上撞击，在楼板下的房间中距地板 1.5m 高度处测出 100～4000Hz 的撞击声级 L，然后根据接收室的吸声量对 L 进行修正，得到标准撞击声级。

18.2.2 楼板隔声措施

撞击声的产生是由于振源撞击楼板，楼板受迫振动而发声；同时由于楼板与四周墙体的刚性连接，将振动能量沿结构向四处传播，导致其他结构也辐射声能。因此，要降低撞击声的声级，首先应对振源进行控制，其次是改善楼板隔绝撞击声的性能。

1) 楼板设弹性面层

在楼板表面（即结构层表面）铺设柔软材料（地毯、橡皮布、软木板、再生橡胶板、塑料板等）以减弱撞击楼板的能量，从而减弱楼板本身的振动。在楼板面层处进行处理，使撞击声能减弱，以降低楼板本身的振动。如图 18-6 为楼板面层的几种处理做法。

面层处理的措施，一般对降低高频声的效果最显著。

2) 楼板设弹性垫层

在楼板结构层与面层之间做弹性垫层，以降低结构层的振动。弹性垫层可做成片状、条状或块状，将其放在面层或龙骨的下面。图 18-7 所示为两种"浮筑式"楼板，它们比普通楼板的隔声性能有显著的改善。但应注意这种楼板在面层和墙的交接处也要采用隔离措施，以免引起墙体的振动。

3) 楼板做吊顶处理

当楼板整体已被撞击而产生振动时，则可用空气声隔绝的办法设吊顶来降低楼板产生的固体声。吊顶的隔声能力可按质量定律估算，其单位面积质量大一些较好，如一般抹灰吊顶就比轻质纤维板吊顶好。同时，吊顶的隔声作用还决定于它与楼板刚性连接的程度如何，如采用弹性连接，则隔声能力可以提高。图 18-8 为一种隔声吊顶构造。在隔声要求较高的房间中，可以同时采用"浮筑式楼板"与"分离式吊顶"。

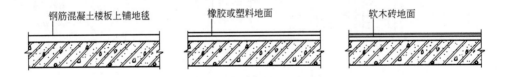

图 18-6 楼板面层的几种处理做法

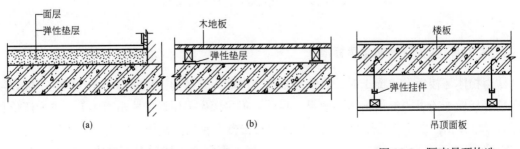

图 18-7 "浮筑式"楼板
(a) 实铺弹性垫层；(b) 龙骨下放弹性垫层

图 18-8 隔声吊顶构造

18.3 顶棚吸声构造

顶棚除造型外,在功能和技术上也常常要处理好声学问题。尤其对于空间较大、人员密集和音质要求较高的建筑,通过顶棚的合理设计是改善室内声环境的有效途径。

顶棚的面板材料和构造对声学效果影响最大。现代顶棚的发展已导向体系化,面板也逐渐采用装配式体系,常见的形式有条形、方形、矩形、蜂窝和网格平面板及垂直的条形和格子形板等。材料有铝合金、压型薄钢板、石膏板、各种纤维板(包括不燃的矿棉、岩棉、玻璃纤维板和木质纤维板如木丝板、刨花板、木屑板等)以及塑料板如钙塑板、塑料贴面纤维板、贴面泡沫塑料板等。

根据室内音质的要求,面层可以处理成反射顶棚和吸声顶棚两种。

反射顶棚用于有听音要求的大空间(图 18-9),如剧院、音乐厅等,这些场所除要求高的清晰度和减少回声及噪声外,还要求有合适的响度和足够的丰满度。须保证厅堂有合适的混响时间,要设法提高直达声和前次反射声的水平,并与墙面和其他部位的声学处理相结合,应用几何声学的设计方法综合解决。

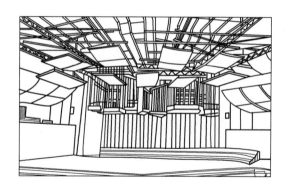

图 18-9 慕尼黑音乐厅反射顶棚

吸声顶棚用于人员较多容易产生噪声甚至容易出现回声的大空间,如报告厅、大型会议室、体育馆等,这些场所主要保证较高的清晰度,并要尽量减少回声和噪声,其顶棚面层要进行吸声处理。

1) 石膏或矿棉板吸声顶棚

一般为方板或矩形板,采用打孔或压纹(如蚁纹板)使其具有吸声性能,又有装饰效果。多数为平放,也可竖放成格子形能够双面吸声。

2) 穿孔板吸声顶棚

利用穿孔板共振器原理,依靠板上打孔,再设吸声的矿棉或玻璃棉实现吸声效果。通常的穿孔板有金属板、石膏板、钙塑板及木质纤维板等材料。

3) 条板吸声顶棚

利用窄缝共振器原理,将木、金属或硬塑料做成条板,板之间离缝 16~20mm,板上放置毛毡、矿棉或玻璃棉等多孔吸声材料,构成一种窄缝共振吸声构造(图 18-10)。

4）格子吸声顶棚

将木板、金属板及其他板材垂直设置，构成三角形、方形及蜂窝状格子，形成吸声顶棚（图18-11）。

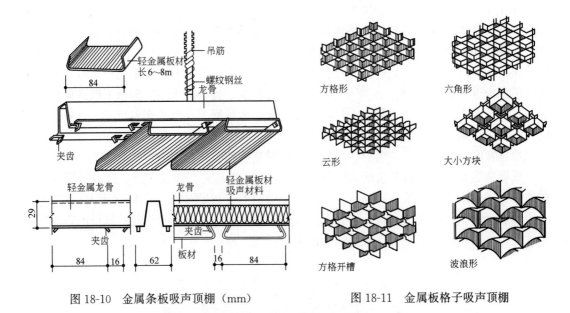

图18-10 金属条板吸声顶棚（mm）　　　图18-11 金属板格子吸声顶棚

18.4 门窗隔声构造

门窗受空气声影响较大，同时门窗还存在较多的缝隙，因此，门窗的隔声能力要从门窗结构厚度和密封性两方面加以提高。

18.4.1 隔声门

对于隔声要求较高的门（30~45dB），可以采用构造简单的钢筋混凝土门扇，它有足够的隔声能力并能防火，但通常使用复合结构，这种结构由于阻抗的变化而使声波反射，从而提高了隔声量。

此外，严密堵缝也是提高门隔声能力的重要措施。门缝通常使用工业毡密封，其效果较乳胶条为佳，图18-12为隔声门的构造大样。

对于工厂或特殊建筑的隔声门，如需经常开启而门缝难以处理时，则可采用狭缝消声的隔声门，其构造示意如图18-13所示。

18.4.2 隔声窗

有设计要求较高的隔声窗时，首先要保证窗玻璃有足够的厚度，层数应在两层以上。同时，两层玻璃不应平行，以免引起共振。其次是保证玻璃与窗框、窗框与墙壁之间要密封。两层玻璃之间的窗樘上，应布置强吸声材料，可增加窗的隔声量。图18-14是一般隔声窗的构造示意图。为了避免隔声窗的吻合效应，双层玻璃的厚度应不相同，否则，在吻合的临界频率处，隔声值将出现低谷，图18-15是演播室的隔声窗构造大样。

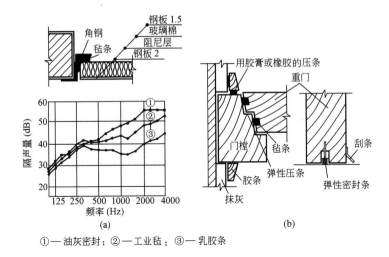

①—油灰密封；②—工业毡；③—乳胶条

图 18-12　隔声门的构造大样（mm）

(a) 门的隔声量与缝隙处理的关系；(b) 隔声门构造大样

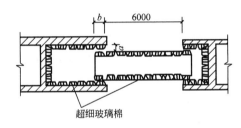

图 18-13　狭缝消声的隔声门构造示意图（mm）

a—狭缝宽度；b—门的掩盖宽度

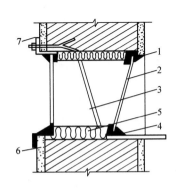

图 18-14　隔声窗的构造示意图

1—油灰；2—5mm玻璃；3—附加玻璃；4—角钢
5—吸声材料；6—合页；7—燕尾螺栓

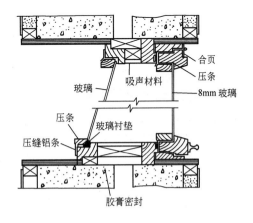

图 18-15　演播室的隔声窗构造大样

第 19 章 工业建筑构造

19.1 单层工业建筑基本构造

单层工业建筑的构造包括很多内容,本章重点叙述外墙、屋面、地面和大门及侧窗的构造。多层工业建筑的构造与民用建筑相似,本教材不再赘述。

19.1.1 外墙构造

单层厂房的外墙,根据使用要求、材料和构造形式等不同可采用砖墙、砌块墙、板材墙以及开敞式外墙等。

1) 砖墙与砌块墙

(1) 承重砖墙

由承重砖墙(包括墙垛)直接承担屋盖与起重运输设备等荷载的厂房(图 19-1),经济实用,但整体性差,抗震能力弱,使用范围受到很大的限制。

根据《建筑抗震设计标准》GB/T 50011—2010(2024 年版)的规定,6~8 度抗震设防地区,砖柱承重结构仅适用于下列中小型单层厂房:①单跨和等高多跨且无桥式起重机;②跨度不大于 15m 且柱顶标高不大于 6.600m。

(2) 自承重砖墙与砌块墙

当厂房跨度及高度较大、起重运输设备较重时,外墙只承担自重,仅起围护作用,这种墙称为自承重墙(图 19-2)。自承重墙可采用砖砌体或砌块砌筑,是单层厂房常用的外墙形式之一。

① 墙和柱的相对位置及连结构造

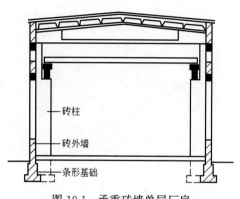

图 19-1 承重砖墙单层厂房

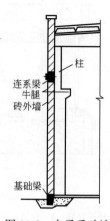

图 19-2 自承重砖墙

A. 墙和柱的相对位置：外墙与柱的相对位置通常有四种构造方案（图 19-3）。其中方案（a）构造简单、施工方便、热工性能好，便于厂房构配件的定型化和统一化，采用最多，其余 3 种方案很少采用。

B. 墙和柱的连结构造：为使自承重墙与排架柱保持一定的整体性与稳定性，必须加强墙与柱的连结。其中最常见的做法是采用钢筋拉结（图 19-4～图 19-6）。

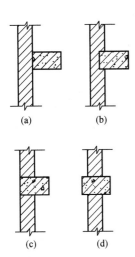

图 19-3 外墙与柱的相对位置
(a) 外墙贴靠柱子；(b) 外墙咬合柱子；(c) 外墙镶嵌柱子（外平）；(d) 外墙镶嵌柱子（柱外凸）

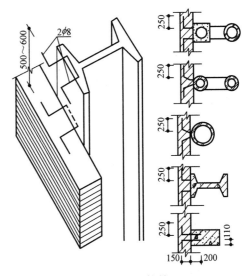

图 19-4 墙和柱的拉结（mm）

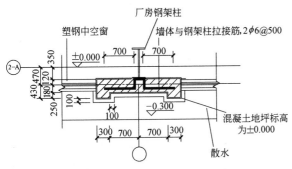

图 19-5 武汉钢厂某厂房外墙与柱的拉结（mm）

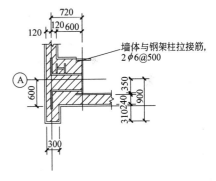

图 19-6 武汉钢厂某厂房外墙角与柱的拉结（mm）

C. 女儿墙的拉结构造：女儿墙的厚度一般不小于 240mm，其高度应满足安全和抗震的要求。非出入口无锚固的女儿墙高度，6～8 度时不宜超过 0.5m。女儿墙与屋面的拉结见图 19-7。

D. 抗风柱的连结构造：山墙承受水平风荷载作用，应设置钢筋混凝土抗风柱来保证自承重山墙的刚度和稳定性（图 19-8）。抗风柱的间距以 6m 为宜，个别可采用 4.5m 和 7.5m 柱距。抗风柱的下端插入基础杯口，其上端通过特制的"弹簧"钢板与屋架上弦节点相连结，使二者之间只传递水平力而不传递垂直力（图 19-9）。

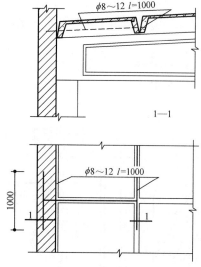

图 19-7 女儿墙与屋面的拉结（mm）

图 19-8 山墙抗风柱的实照

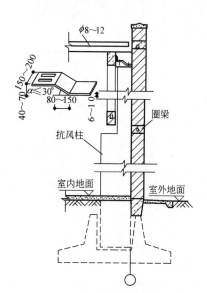

图 19-9 抗风柱与屋架的连结（mm）

② 自承重砖墙基础梁构造

自承重墙的基础：单层厂房中自承重墙直接支承在基础梁上，基础梁支承在杯形基础的杯口上，这样可以保证墙、柱、基础之间的变形协调一致，简化构造，加快施工进度，方便构件的定型化和统一化。

根据基础埋深不同，基础梁有 3 种搁置方式（图 19-10）。

基础梁顶标高通常较室内地面低 50～60mm，并高于室外地面。单层厂房室内外地面高差一般为 150mm，可以防止雨水倒流，也便于设置坡道，方便运输车辆出入。

③ 连系梁构造：连系梁是连系排架柱并增强厂房纵向刚度的重要措施之一，同时它还承担着上部墙体荷载。连系梁跨度同柱距，支承在排架柱的牛腿上，通过螺栓或焊接与柱子连结（图 19-11）。若连系梁的位置与门窗过梁一致，并在同一水平面上能交圈封闭时，可兼作过梁和圈梁。

2）钢筋混凝土大型板材墙

采用大型板材墙可成倍地提高工程效率，加快建设速度。同时它还具有良好的抗震性能。因此大型板材墙是我国工业建筑应优先采用的外墙类型之一。

(1) 墙板的类型

墙板的类型按其保温性能分为保温墙板和非保温墙板；按其所用材料分为单一材料墙板和复合材料墙板；按其规格分为基本板、异形板和各种辅助构件；按其在墙面的位置可分为一般板、檐下板和山尖板等。

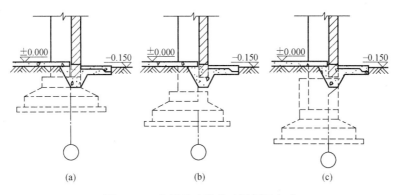

图 19-10　自承重砖墙基础梁搁置方式
(a) 基础梁搁置在杯口上；(b) 基础梁搁置在垫块上；
(c) 基础梁搁置在小牛腿（或高杯基础的杯口）上

(2) 墙板的布置

墙板的布置方式，广泛采用的是横向布置，其次是混合布置，竖向布置采用较少（图 19-12）。

横向布置时板型少，以柱距为板长，板柱相连，板缝处理较方便。山墙板布置与侧墙相同，山尖部位可布置成台阶形、人字形、折线形（图 19-13）等。台阶形山尖异形墙板少，但连接用钢较多，人字形则相反，折线形介于两者之间。

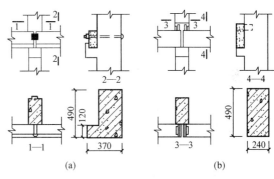

图 19-11　连系梁构造
(a) 螺栓连接；(b) 焊接连接

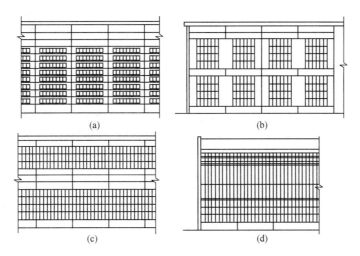

图 19-12　墙板的布置方式
(a) 横向布置（有带窗板）；(b) 混合布置；
(c) 横向布置（通长带形窗）；(d) 竖向布置

(3) 墙板的规格

厂房墙体基本板的长度应符合《厂房建筑模数协调标准》GB/T 50006—2010 的规定,外墙墙板的两端面宜与横向定位轴线或抗风柱中心线相重合,一般有 4.5m、6.0m、7.5m、12.0m 等规格。根据生产工艺的需要,也可采用 9.0m 的板长。基本板的宽度应符合 3M 模数,一般为 1.8m、1.5m、1.2m 和 0.9m 四种。基本板厚度应根据围护需要和结构计算确定。

(4) 墙板连接

① 板柱连接

板柱连接一般分柔性连接和刚性连接两类。

柔性连接的特点是：墙板与厂房骨架以及板与板之间在一定范围内可相对独立位移,能较好地适应振动引起的变形。设防烈度高于 7 度的地震区宜用此法连接墙板。图 19-14 (a) 为螺栓挂钩柔性连接。图 19-14 (b) 为角钢挂钩柔性连接。

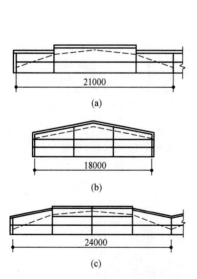

图 19-13 山墙山尖部位布置 (mm)
(a) 台阶形；(b) 人字形；(c) 折线形

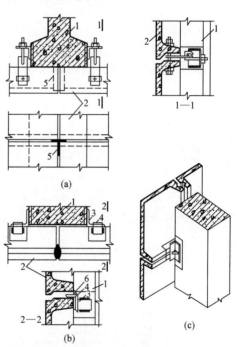

图 19-14 板柱连接
(a) 螺栓挂钩柔性连接；(b) 角钢挂钩柔性连接；
(c) 刚性连接
1—柱；2—墙板；3—柱侧预焊角钢；4—墙板上预焊角钢；5—钢支托；6—上下板连接筋(焊接)

刚性连接（图 19-14c）是将每块板材与柱子用型钢焊接在一起,由于丧失了相对位移,对不均匀沉降和振动较敏感,主要用在地基条件较好,振动影响小和地震烈度小于 7 度的地区。

② 板缝构造

板缝构造首先要求是防水,保温墙板应注意满足保温要求。水平缝（图 19-15a）宜选用滴水平缝，高低缝和肋朝外的平缝。对防水要求不严或雨水很少的地方也可采用平缝。较常用的垂直缝有直缝、喇叭缝、单腔缝、双腔缝等，见图19-15（b）。

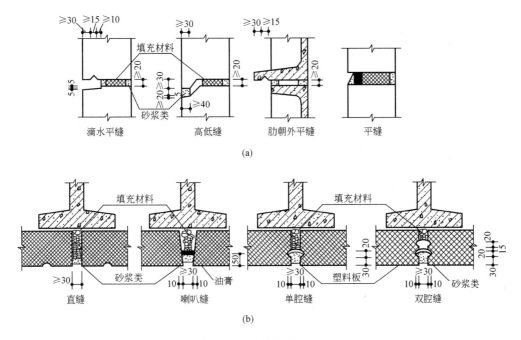

图 19-15 板缝构造（mm）
(a) 水平缝；(b) 垂直缝

3) 压型钢板外墙

压型钢板外墙板、石棉水泥波瓦等轻质板材的使用日益广泛（图19-16）。它们的连接构造基本相同，以压型钢板外墙板为例简要介绍如下。

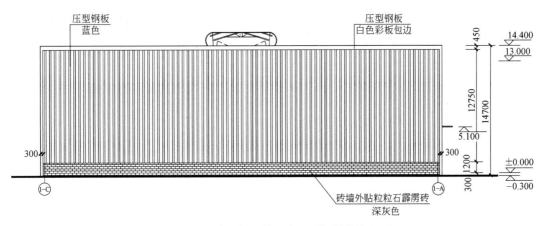

图 19-16 武汉钢厂某厂房压型钢板外墙立面

压型钢板外墙构造力求简单，施工方便，与墙梁连接可靠，转角等细部构造应有足够的搭接长度，以保证防水效果。压型钢板外墙在构造上增设了墙梁等构件。图19-17和图19-18分别为非保温外墙和保温外墙转角构造，图19-19～图19-22为武汉钢厂某厂房外墙板的几个节点构造，图 19-23 为窗的包角构造，图 19-24 为山墙与屋面处泛水构造，图 19-25 为墙板与砖墙节点构造。

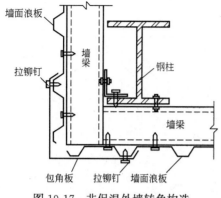

图 19-17　非保温外墙转角构造

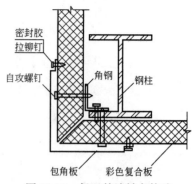

图 19-18　保温外墙转角构造

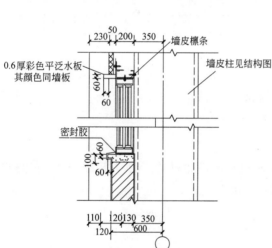

图 19-19　武汉钢厂某厂房外墙板与窗顶节点构造（mm）

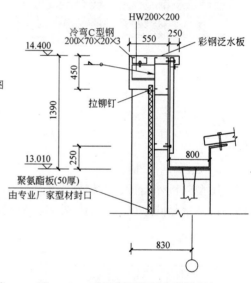

图 19-20　武汉钢厂某厂房外墙板与檐沟处节点构造

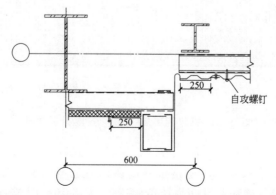

图 19-21　武汉钢厂某厂房外墙板接缝处节点构造（mm）

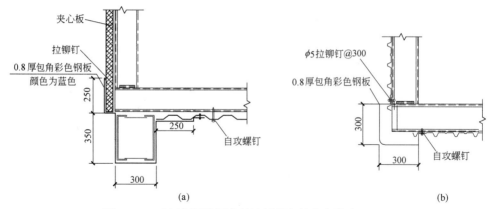

图 19-22 武汉钢厂某厂房外墙板拐角处节点构造（mm）

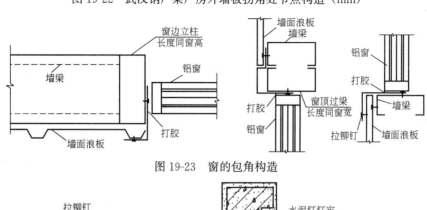

图 19-23 窗的包角构造

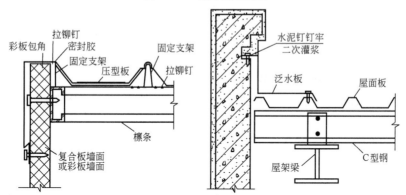

图 19-24 山墙与屋面处泛水构造

寒冷和严寒地区冷加工车间冬季室内温度较低，一般应考虑采暖要求。为节约能源，外墙、屋面及门窗应采取保温措施。外墙及屋面的保温能力可简单地以其热阻的大小来衡量。热阻越大，其保温性能越好。但热阻过大，会增加土建投资。因此，对围护结构热阻的取值大小有一个最低限值的要求，即最小总热阻，见下式（公式 19-1）：

$$R_{o \cdot min} = \frac{t_i - t_e}{[\Delta t]} R_i n \quad \text{（公式 19-1）}$$

式中 $R_{o \cdot min}$——围护结构最小传热阻，$m^2 \cdot K/W$；

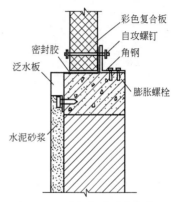

图 19-25 墙板与砖墙节点构造

t_i、t_e——分别为冬季室内、外计算温度，℃；

$[\Delta t]$——室内空气与围护结构内表面温度的允许温差值，℃，见表 19-1；

R_i——围护结构内表面换热阻，$m^2 \cdot K/W$；

n——温度修正系数，一般取 1。

室内空气与围护结构内表面之间的允许温差 $[\Delta t]$　　　　表 19-1

房间类型	外墙	屋顶
室内相对湿度 $\phi < 50\%$ 车间	10	8
$\phi = 50\% \sim 60\%$ 车间	7.5	7

围护结构总热阻不应小于最小传热阻，即 $R_o \geqslant R_{o \cdot min}$。同时，根据国家节能标准和各地气候条件，围护结构总热阻还不应小于各地区对其热阻的限值要求，即 $R_o \geqslant R'_{o \cdot min}$，二者取大值。

对于保温复合式围护结构，其热阻为：

$$R_o = R_i + R_1 + R_2 + \cdots + R_e \quad \text{（公式 19-2）}$$

式中　R_o——围护结构总热阻，$m^2 \cdot K/W$；

R_i、R_e——围护结构内、外表面换热阻，$m^2 \cdot K/W$；

一般 $R_i = 0.11 m^2 \cdot K/W$，$R_e = 0.04 m^2 \cdot K/W$；

R_1、R_2——分别为各材料层的热阻，$m^2 \cdot K/W$；

$$R_1 = d_1 / \lambda_1 \quad R_2 = d_2 / \lambda_2 \quad \text{（公式 19-3）}$$

式中　d——为材料层厚度，m；

λ——为材料的导热系数，$W/(m \cdot K)$

围护结构材料类型一旦确定，可根据公式 19-1、公式 19-2 和公式 19-3 确定出保温层所需厚度。

4) 开敞式外墙

图 19-26　开敞式外墙

南方炎热地区热加工车间常采用开敞式或半开敞式外墙（图 19-26），既能通风又能防雨，故其外墙构造主要就是挡雨板的构造，常用的有：

(1) 石棉水泥波瓦挡雨板：特点是轻，图 19-27（a）即其构造示例，该例中基本构件有：型钢支架（或钢筋支架）、型钢檩条、石棉水泥波瓦挡雨板及防溅板。挡雨板垂直间距视车间挡雨要求与飘雨角而定。

(2) 钢筋混凝土挡雨板（图 19-27b、c）：(b) 图式基本构件有三：支架、挡雨板、防溅板。(c) 图式构件最少，但风大雨多时飘雨多。室外气温很高，风沙大的干热带地区不应采用开敞式外墙。

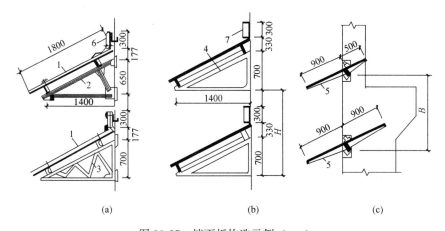

图 19-27 挡雨板构造示例（mm）
1—石棉水泥波瓦；2—型钢支架；3—圆钢筋轻型支架；4—轻型混凝土挡雨板及支架
5—无支架钢筋混凝土挡雨板；6—水泥石棉瓦防溅板；7—钢筋混凝土防溅板

19.1.2 屋面构造

厂房屋面体系根据屋面构造可分为无檩体系和有檩体系。

1）无檩体系：将大型屋面板直接搁置在屋架上，见图 19-28。大型屋面板的长度是柱子的间距，多为 6m 及以上。厂房屋顶应满足防水、保温隔热等基本围护要求。同时，根据厂房需要设置天窗解决厂房采光问题。

2）有檩体系：由搁置在屋架上的檩条支承小型屋面板构成的，见图 19-29。小型屋面板的长度为檩条的间距。当采用轻型屋面板时，为避免屋面板产生挠度和屋面结构稳定，也采用在屋面板下铺设檩条。

钢结构厂房屋面采用压型钢板有檩体系，即在刚架斜梁上设置 C 形或 Z 形冷轧薄壁钢檩条，再铺设压型钢板屋面。压型钢板屋面施工速度快，重量轻，表面带有彩色涂层，防锈、耐腐、美观，并可根据需要设置保温、隔热、防结露涂层等，适应性较强。压型钢板屋面构造做法与墙体做法有相似之处。图 19-30 为压型钢板屋面及檐沟构造，图 19-31 为屋脊节点构造，图 19-32 为檐沟构造，图 19-33 为武汉钢厂某厂房檐沟处节点构造，图 19-34 为武汉钢厂某厂房屋面与墙体泛水处节点构造，图 19-35 为内天沟构造，图 19-36 为屋面变形缝构造。

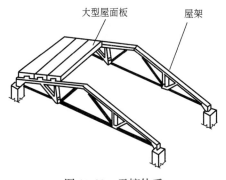

图 19-28 无檩体系

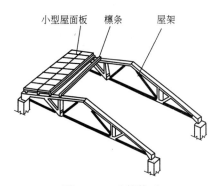

图 19-29 有檩体系

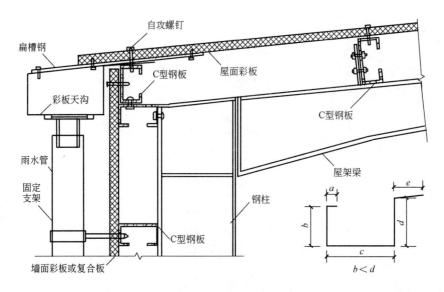

图 19-30 压型钢板屋面及檐沟构造

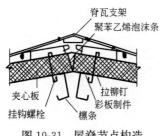

图 19-31 屋脊节点构造

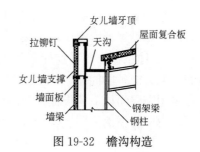

图 19-32 檐沟构造

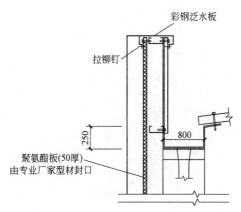

图 19-33 武汉钢厂某厂房檐沟
处节点构造（mm）

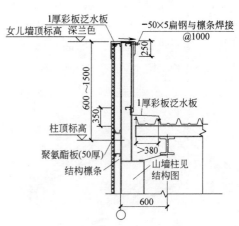

图 19-34 武汉钢厂某厂房屋面与
墙体泛水处节点构造（mm）

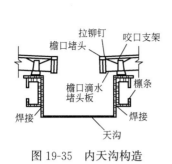

图 19-35 内天沟构造

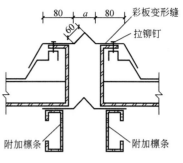

图 19-36 屋面变形缝构造（mm）

19.1.3 地面构造

工业建筑的地面不仅面积大、荷载重，还要满足各种生产使用要求。因此，合理地选择地面材料及构造，不仅对生产，而且对投资都有较大的影响。工业建筑地面与民用建筑地面构造基本相同，一般由面层、垫层和地基组成。

1）面层选择

面层是直接承受各种物理和化学作用的表面层，应根据生产特征、使用要求和影响地面的各种因素来选择地面。面层选择见表 19-2。

地面面层选择　　　　　　　表 19-2

生产特征及对垫层使用要求	适宜的面层	生产特征举例
机动车行驶、受坚硬物体磨损	混凝土、铁屑水泥、粗石	车行通道、仓库、钢绳车间等
坚硬物体对地面产生冲击（10kg以内）	混凝土、块石、缸砖	机械加工车间、金属结构车间等
坚硬物体对地面有较大冲击（50kg以上）	矿渣、碎石、素土	铸造、锻压、冲压、废钢处理等
受高温作用地段（500℃以上）	矿渣、凸缘铸铁板、素土	铸造车间的熔化浇铸工段、轧钢车间加热和轧机工段、玻璃熔制工段
有水和其他中性液体作用地段	混凝土、水磨石、陶板	选矿车间、造纸车间
有防爆要求	菱苦土、木砖沥青砂浆	精苯车间、氢气车间、火药仓库等
有酸性介质作用	耐酸陶板、聚氯乙烯塑料	硫酸车间的净化、硝酸车间的吸收浓缩
有碱性介质作用	耐碱沥青混凝土、陶板	纯碱车间、液氨车间、碱熔炉工体段
不导电地面	石油沥青混凝土、聚氯乙烯塑料	电解车间
要求高度清洁	水磨石、陶板、马赛克、拼花木地板、聚氯乙烯塑料、地漆布	光学精密机械、仪器仪表、钟表、通信器材装配

2）垫层的设置与选择

垫层可分为刚性和柔性两类。刚性垫层整体性好、不透水、强度大，适用于荷载大且要求变形小的地面；柔性垫层在荷载作用下产生一定的塑性变形，适用于承受冲击和强振动作用的地面。

垫层的厚度主要由作用在地面上的荷载确定，地基的承载能力对它也有一定的影响，对于较大荷载需经计算确定。地面垫层的最小厚度应满足表 19-3 的规定。

垫层最小厚度　　　　　　　　　　　表 19-3

垫层名称	材料强度等级或配合比	厚度(mm)
混凝土	≥C20	60
四合土	1:1:6:12(水泥:石灰膏:砂:碎砖)	80
三合土	1:3:6(熟化石灰:砂:碎砖)	100
灰土	3:7 或 2:8(熟化石灰:黏性土)	100
砂、炉渣、碎(卵)石		60
矿渣		80

3）地基的要求

地面应铺设在均匀密实的地基上。当地基土层不够密实时，应用夯实、掺骨料、铺设灰土层等措施加强。地面垫层下的填土应选用砂土、粉土、黏性土及其他有效填料，不得使用过湿土、淤泥、腐殖土、冻土、膨胀土及有机物含量大于 8% 的土。

4）细部构造

（1）缩缝：混凝土垫层需考虑温度变化产生的附加应力的影响，同时防止因混凝土收缩变形所导致的地面裂缝。一般厂房内混凝土垫层按 3~6m 间距设置纵向缩缝，6~12m 间距设置横向缩缝，设置防冻胀层的地面纵横向缩缝间距不宜大于 3m。缩缝的构造形式有平头缝、企口缝、假缝（图 19-37），一般多为平头缝。企口缝适合于垫层厚度大于 150mm 的情况，假缝只能用于横向缩缝。

（2）变形缝：地面变形缝的位置应与建筑物的变形缝一致。同时在地面荷载差异较大和受局部冲击荷载的部分亦应设变形缝。变形缝应贯穿地面各构造层次，并用嵌缝材料填充（图 19-38）。

（3）交接缝：两种不同材料的地面，由于强度不同，接缝处易遭受破坏，应根据不同情况采取措施。

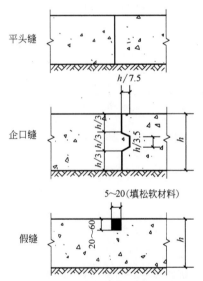

图 19-37　缩缝的构造形式（mm）

图 19-39 为不同地面交接缝构造示例。

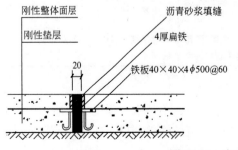
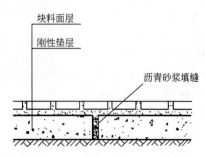

图 19-38　变形缝（mm）

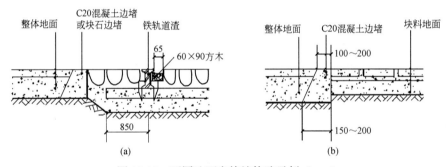

图 19-39 不同地面交接缝构造示例（mm）

19.1.4 大门及侧窗构造

1）大门的尺寸与类型

工业厂房大门主要是供人流、货流通行及疏散之用，因此大门的尺寸应根据所需运输工具类型、规格、运输货物的外形并考虑通行方便等因素来确定，一般大门的宽度应比满装货物时的车辆宽 600~1000mm，高度应高出 400~600mm。常用厂房大门的尺寸见图 19-40。

一般大门的材料有木、钢木、普通型钢和空腹薄壁钢等几种。大门宽 1.8m 以内时可采用木制大门。当门洞尺寸较大时，常采用钢木大门或钢板大门。高大的门洞需采用各种钢门或空腹薄壁钢门。大门的开启方式有平开、推拉、折叠、升降、上翻、卷帘等，见图 19-41、图 19-42。

运输工具 \ 洞口宽	2100	2100	3000	3300	3600	3900	4200 4600	洞口高
3t矿车	□							2100
电瓶车		 ⛟						2400
轻型卡车			🚗					2700
中型卡车				 🚚				3000
重型卡车					 🚛			3900
汽车起重机						 🚜		4200
火车							 🚂	5100 5400

图 19-40 常用厂房大门的尺寸（mm）

2）平开大门的构造

平开大门是由门扇、铰链及门框组成。门洞尺寸一般不宜大于 3.6m×3.6m，门扇可由木、钢或钢木组合而成。门框有钢筋混凝土和砖砌两种（图 19-43）。当门洞宽度大于

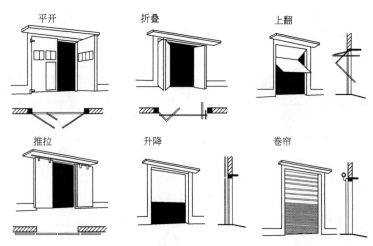

图 19-41　大门的开启方式

图 19-42　大门的实物图例

3m 时，设钢筋混凝土门框。洞口较小时可采用砖砌门框，墙内砌入有预埋铁件的混凝土块。一般每个门扇设两个铰链。图 19-44 为钢木平开大门构造示例。

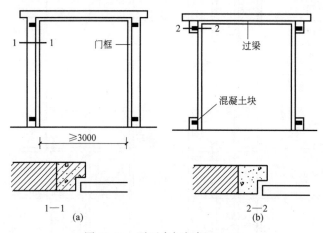

图 19-43　平开大门门框（mm）

3）侧窗及其构造

工业厂房侧窗面积大，多采用拼框组合窗，其不仅要满足采光和通风的要求，还应满足与生产工艺有关的一些特殊要求（图 19-45）。有爆炸危险的厂房，侧窗应便于泄压；要求恒温、恒湿和洁净的厂房，侧窗应有足够的保温、隔热性能等。

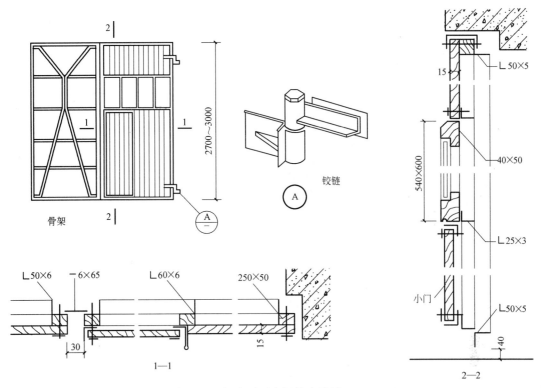

图 19-44 钢木平开大门构造示例（mm）

在钢组合窗中，需采用拼框构件来联系相邻的基本窗，以加强窗的整体刚度和稳定性。两个基本窗左右拼接，称为横向拼框；两个基本窗上下拼接，称为竖向拼框。横向拼接时加竖梃，竖向拼接时加横档。

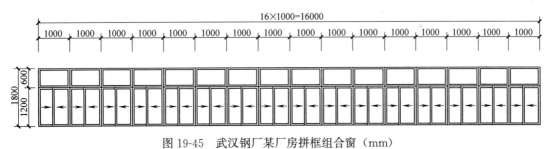

图 19-45 武汉钢厂某厂房拼框组合窗（mm）

19.2 单层工业建筑天窗构造

天窗在单层厂房中应用非常广泛，主要作用是厂房的天然采光和自然通风。在工业厂房中，以天然采光为主的天窗称为采光天窗，以通风排烟为主的天窗称为通风天窗。

19.2.1 采光天窗

1）矩形天窗

矩形天窗（图 19-46）具有采光好、光线均匀、防雨较好、窗扇可开启以兼作通风的优点,故在冷加工车间广泛应用。其缺点是构件类型多、造价高、抗震性能差。

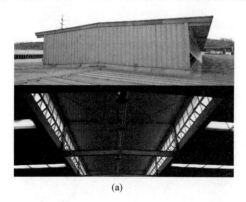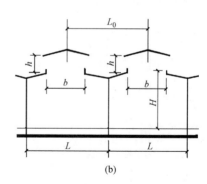

图 19-46 矩形天窗
(a) 矩形天窗内、外景观;(b) 矩形天窗的几何尺寸

为了获得良好的采光效率,矩形天窗的宽度 b 宜等于厂房跨度 L 的 $1/3\sim1/2$,天窗高宽比 h/b 为 0.3 左右,相邻两天窗的轴线间距 L_0 不宜大于工作面至天窗下缘高度 H 的四倍(图 19-46b)。

矩形天窗主要由天窗架、天窗扇、天窗端壁、天窗屋顶及天窗侧板等组成(图 19-47)。

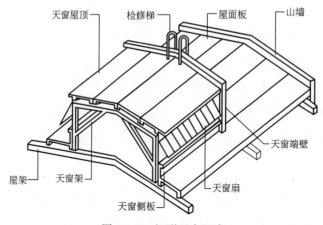

图 19-47 矩形天窗组成

(1) 天窗架

天窗架是天窗的承重构件,支承在屋架上弦上,常用钢筋混凝土或型钢制作。钢天窗架重量轻、制作及吊装方便,除用于钢屋架外,也可用于钢筋混凝土屋架。钢天窗架常用的形式有桁架式和多压杆式两种(图 19-48a)。钢筋混凝土天窗架与钢筋混凝土屋架配合使用,一般为 Π 形或 W 形,也可做成双 Y 形(图 19-48b)。

(2) 天窗扇

天窗扇的主要作用是采光、通风和挡雨。用钢材制作。它的开启方式有两种:上悬式和中悬式。前者防雨性能较好,但开启角度不能大于 45°,故通风较差;后者开启角度可达 60°~80°,故通风流畅,但防雨性能欠佳。

① 上悬式钢天窗扇

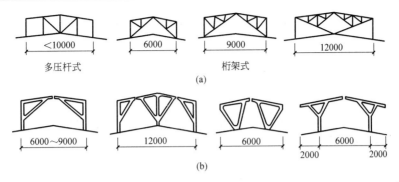

图 19-48 天窗架形式（mm）
(a) 钢天窗架；(b) 钢筋混凝土天窗架

我国定型上悬式钢天窗扇的基准高度有三种：900mm、1200mm、1500mm，由此可组合成不同高度的天窗。上悬式钢天窗扇可采用通长布置和分段布置两种。

A. 通长天窗扇（图 19-49a），它由两个端部固定窗扇和若干个中间开启窗扇连接而成，其组合长度应根据矩形天窗的长度和选用天窗扇开关器的启动能力来确定。

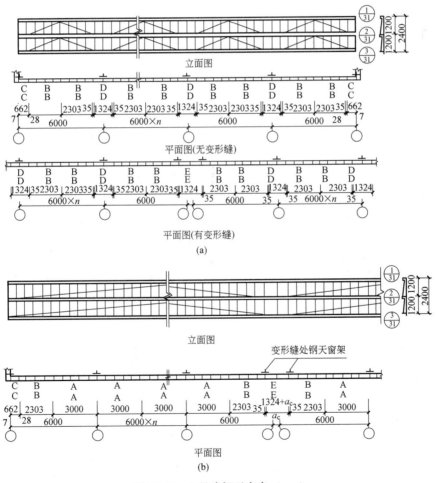

图 19-49 上悬式钢天窗扇（mm）
(a) 通长天窗扇；(b) 分段天窗扇

B. 分段天窗扇（图 19-49b），它是在每个柱距内分别设置天窗扇，其特点是开启及关闭灵活，但窗扇用钢量较多。

② 中悬式钢天窗扇

中悬式钢天窗扇因受天窗架的阻挡只能分段设置，一个柱距内仅设一樘窗扇。我国定型产品的中悬式钢天窗扇高度有三种：900mm、1200mm 和 1500mm，可按需要组合。窗扇的上冒头、下冒头及边梃均为角钢，窗芯为 T 型钢，窗扇转轴固定在两侧的竖框上，其构造如图 19-50 所示。

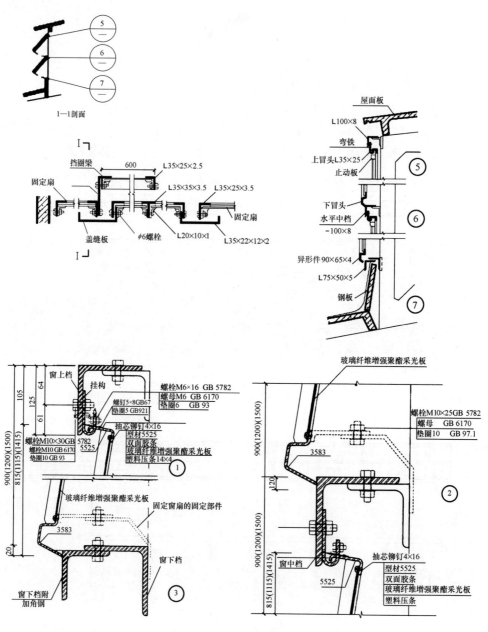

图 19-50 中悬式钢天窗扇构造 (mm)
1—窗上档；2—窗中档；3—窗下档

（3）天窗端壁

天窗两端的承重围护构件称为天窗端壁（图 19-51）。通常，钢筋混凝土端壁用于钢筋混凝土屋架，见图 19-52（a）；而钢天窗架采用压型钢板端壁，见图 19-52（b），用于钢屋架。为了节省材料，钢筋混凝土天窗端壁常做成肋形板代替天窗架，支承天窗屋面板。端壁板及天窗架与屋架上弦的连接均通过预埋铁件焊接。

（4）天窗屋顶

天窗屋顶构造一般与厂房屋顶构造相同。当采用钢筋混凝土天窗架，无檩体系

图 19-51 天窗端壁

大型屋面板时，其檐口构造有两类：①带挑檐的屋面板：无组织排水的挑檐出挑长度一般为 500mm，见图 19-53（a）；②设檐沟板：有组织排水可采用带檐沟屋面板，见图 19-53（b），或者在天窗架端部预埋铁件焊接钢牛腿，支撑天沟，见图 19-53（c）。

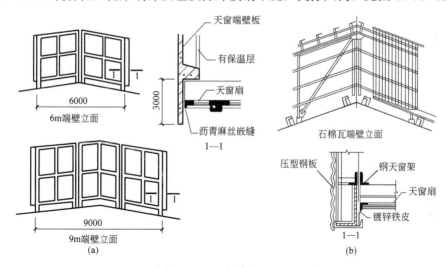

图 19-52 天窗端壁（mm）
（a）钢筋混凝土端壁；(b) 压型钢板端壁

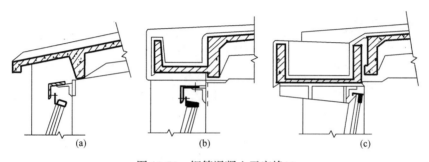

图 19-53 钢筋混凝土天窗檐口
（a）带挑檐的屋面板；(b) 带檐沟屋面板；(c) 牛腿支撑天沟

钢结构天窗的屋顶、檐口与厂房的屋顶、檐口构造相同，可参见本教材相关内容。

(5) 天窗侧板

在天窗扇下部需设置天窗侧板，侧板的作用是防止雨水溅入车间及防止因屋面积雪挡住天窗扇。从屋面至侧板上缘的距离一般为 300mm，积雪较深的地区，可采用 500mm。侧板的形式应与屋面板构造相适应。当屋面为无檩体系时，侧板可采用钢筋混凝土槽型板（图 19-54a）或钢筋混凝土小型平板（图 19-54b）。当屋面为有檩体系时，侧板常采用石棉瓦、压型钢板等轻质材料，如图 19-55 所示。

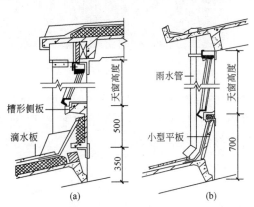

图 19-54 钢筋混凝土天窗侧板（mm）

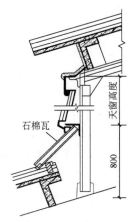

图 19-55 轻质材料侧板（mm）

2）平天窗

平天窗采光效率高，且布置灵活、构造简单、适应性强。但应注意避免眩光，做好玻璃的安全防护，及时清理积尘，选用合适的通风措施。它一般适用于冷加工车间。

(1) 平天窗类型

平天窗的类型有采光罩、采光板、采光带等三种（图 19-56）。采光罩是在屋面板的孔洞上设置锥形、弧形透光材料，图 19-57（a）为弧形采光罩。采光板是在屋面板的孔洞上设置平板透光材料，见图 19-57（b）。采光带是在屋面的通长（横向或纵向）孔洞上设置平板透光材料（图 19-57c）。

图 19-56 采光带和采光罩

(2) 平天窗的构造

平天窗可分别用于钢结构屋面和钢筋混凝土屋面。用于钢结构屋面的平天窗根据屋面板材的不同，其构造也有所差异。图 19-58 是适用于压型钢板夹芯复合屋面板的构造。

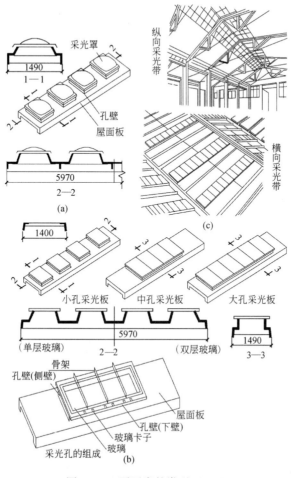

图 19-57 平天窗的类型（mm）
(a) 采光罩；(b) 采光板；(c) 采光带

① 钢结构屋面的平天窗

图中平天窗的井壁由钢板基座、夹芯板、聚氨酯泡沫填充材料组成；其外侧覆泛水板，并采用拉铆钉涂密封胶锚钉在夹芯板屋面上。

② 透光材料及安全措施

透光材料可采用玻璃、有机玻璃和玻璃钢等。玻璃的透光率高，光线质量好，采用最多。从安全性能看，可考虑选择钢化玻璃、夹层玻璃、夹丝玻璃等。从热工性能看，可考虑选择吸热玻璃、反射玻璃、中空玻璃等。如果采用非安全玻璃应在其下设金属安全网。若采用普通平板玻璃，应避免直射阳光产生眩光及辐射热，可在平板玻璃下方设遮阳格片。

③ 通风措施

平天窗的作用主要是采光，若需兼作自然通风时，有以下几种方式：采光板或采光罩的窗扇做成能开启和关闭的形式（图19-59a）；带通风百页的采光罩（图19-59b）；组合式通风采光罩，它是在两个采光罩之间设挡风板，两个采光罩之间的垂直口是开敞的，并设有挡雨板,既可通风,又可防雨(图 19-59c);在南方炎热地区,可采用平天窗结合通风屋脊进行通风的方式(图 19-59d)。

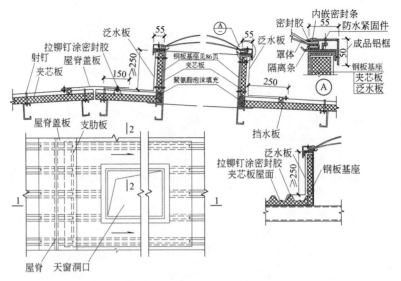

图 19-58 压型钢板夹芯复合屋面板的平天窗构造(mm)

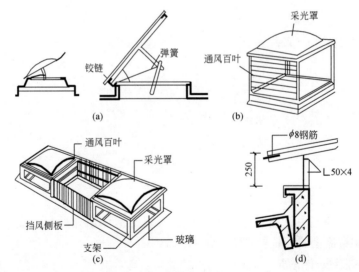

图 19-59 平天窗的通风方式(mm)

3)锯齿形天窗

锯齿形天窗(图 19-60)是将厂房屋盖做成锯齿形,在其垂直面或倾斜面设置采光天窗(图 19-60a、b)。它具有采光效率高、光线稳定等特点,但应注意其采光方向性强,车间内的机械设备宜与天窗垂直布置。锯齿形天窗多用于要求光线稳定和需要调节温、湿度的厂房(如纺织、精密机械等类型的单层厂房)。

为了保证采光均匀,锯齿形天窗的轴线间距不宜超过工作面至天窗下缘高度的 2 倍。因此,在跨度较大的厂房中设锯齿形天窗时,宜在一跨内设多排锯齿形天窗(图 19-61c)。锯齿形天窗的构成与屋盖结构有密切的关系。

图 19-60　锯齿形天窗外观

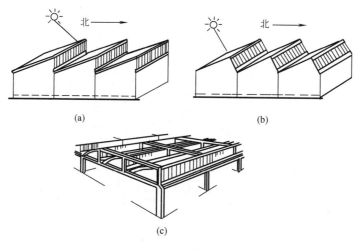

图 19-61　锯齿形天窗
(a) 垂直面设置采光天窗；(b) 倾斜面设置采光天窗；(c) 一跨内设多排锯齿形天窗

19.2.2　通风天窗

通风天窗，主要用于热加工车间，亦称排风天窗。为使天窗能稳定排风，应在天窗口外加设挡风板。除寒冷地区采暖的车间外，其窗口开敞，不装设窗扇，为了防止飘雨，须设置挡雨设施，图 19-62 为钢筋混凝土矩形通风天窗。

1) 钢结构通风天窗

主要分为弧线形通风天窗和折线形通风天窗、薄型通风天窗及通风帽等几种形式，此处仅对前两种天窗介绍其基本特点。

(1) 折线型通风天窗

折线型通风天窗如图 19-63 所示。折线型通风天窗的屋面采用 0.6mm 厚压型钢板或 1.5mm 厚玻璃钢采光板，主要起防雨作用。其下部设一层启闭盖，主要作用是调节通风开口的大小。

图 19-62 钢筋混凝土矩形通风天窗

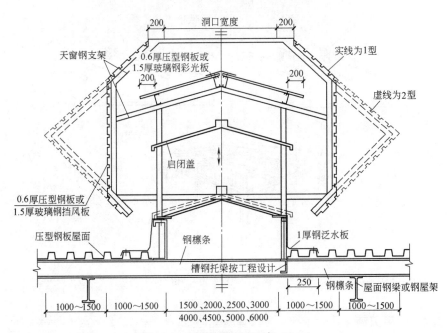

图 19-63 折线型通风天窗（mm）

天窗钢支架由专业厂家生产，可采用角钢、方钢管或 C 型钢。折线型通风天窗既可用于横向天窗，也可用于屋脊的纵向天窗，仅天窗钢支架的连接节点不同。

(2) 弧线型通风天窗

弧线型天窗由于其外形采用了曲线，对自然风阻力较小，能形成较好的气流，使厂房结构受风荷载较小，通风排烟更流畅。图 19-64 是弧线型通风天窗（用于屋脊的纵向通风天窗），选用不同的连接节点，亦可用于厂房横向天窗。

弧线形通风天窗的屋面板、侧板均采用 0.6mm 厚压型钢板或 1.5mm 厚玻璃钢采光板；与折线形通风天窗不同的是，弧线型通风天窗通风口的调节是由升降拉索操作活动风板（1.5mm 厚玻璃钢板）实现的。

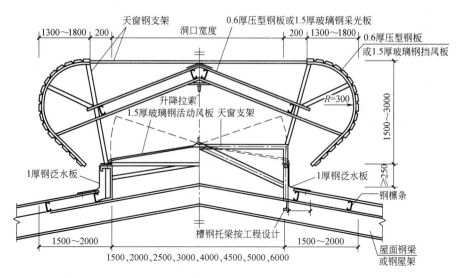

图 19-64 弧线型通风天窗（mm）

2）钢筋混凝土通风天窗

（1）挡风板的形式及构造

挡风板由面板和支架两部分组成。面板材料常采用石棉水泥瓦、玻璃钢瓦、压型钢板等轻质材料，可做成垂直的、倾斜的、折线形和曲线形等几种形式（图 19-65）。向外倾斜的挡风板通风性能最好。折线形和曲线形挡风板的通风性能介于外倾与垂直挡风板之间。内倾挡风板通风性能较差，但有利于挡雨。

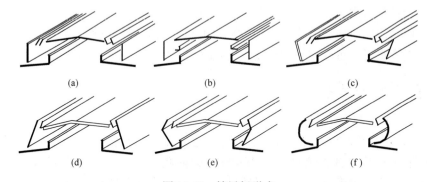

图 19-65 挡风板形式

(a) 垂直挡风板水平口挡雨；(b) 垂直挡风板垂直口挡雨；(c) 外倾挡风板
(d) 内倾挡风板；(e) 折线形挡风板；(f) 曲线形挡风板

挡风板支架的材料主要采用型钢及钢筋混凝土。其构造形式如下：

① 立柱式

当屋面为无檩体系时，立柱支承在屋面板纵肋处的柱墩上，并用支撑与天窗架连接，挡风板与天窗架的距离会受到屋面板布置的限制。当屋面为有檩体系时，立柱可支承在檩条上。

② 悬挑式

挡风板支架固定在天窗架上，屋面不承受挡风板的荷载，因此挡风板与天窗之间的距离不受屋面板的限制，布置灵活，但悬挑式挡风板增加了天窗架的荷载，且对抗震不利。

(2) 挡雨设施

天窗的挡雨方式可分为水平口、垂直口设挡雨片以及大挑檐挡雨三种（图19-66）。

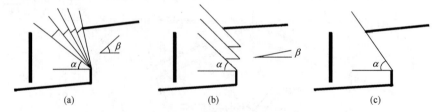

图 19-66　天窗的挡雨方式
(a) 水平口设挡雨片；(b) 垂直口设挡雨片；(c) 大挑檐挡雨
α—挡雨角；β—挡雨片与水平夹角

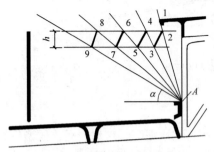

图 19-67　水平口挡雨片的作图法

挡雨片的间距和数量，可用作图法求出。图 19-67 为水平口挡雨片的作图法：先定出挡雨片的宽度与水平夹角，画出高度范围 h，然后以天窗口下缘"A"点为作图基点，按图中的1、2、3等各点作图，顺序求出挡雨片的间距，直至等于或略小于挡雨角为止，即可定出挡雨片应采用的数量。

挡雨角 α 的大小，应根据当地的飘雨角及生产工艺对防雨的要求确定。有挡风板的天窗，挡雨角可增加约 10°，一般按 35°～45°选用；风雨较大地区按 30°～35°选用；生产上对防雨要求较高的车间及台风暴雨地区，α 可酌情减小或使排风区完全处于遮挡区内。

挡雨片所采用的材料有石棉瓦、钢丝网水泥板、钢筋混凝土板、薄钢板、瓦楞铁等。当天窗有采光要求时，可改用铅丝玻璃、钢化玻璃、玻璃钢波形瓦等透光材料。

19.2.3　其他形式的天窗

1) 梯形天窗与 M 形天窗

梯形天窗与 M 形天窗的构造与矩形天窗构造类似，外形有所不同，因而在采光、通风性能方面有所区别。梯形天窗（图 19-68a）的两侧采光面与水平面倾斜，一般呈 60°角。它的采光率比矩形天窗高 60%，但均匀性较差，并有大量直射阳光，防雨性能也较差。M 形天窗（图 19-68b）是将矩形天窗的顶盖向内倾斜而成。倾斜的顶盖便于疏导气流及增强光线反射，故其通风、采光效率比矩形天窗高，但排水处理较复杂。

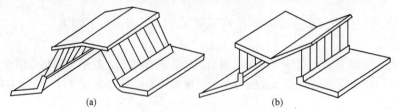

图 19-68　梯形天窗与 M 形天窗
(a) 梯形天窗；(b) M 形天窗

2) 三角形天窗

三角形天窗（图 19-69）与采光带类似，但三角形天窗的玻璃顶盖呈三角形，通常与水平面成 30°～40°角，宽度较宽（一般为 3～6m），须设置天窗架，常采用钢天窗架。三角形天窗同样具有采光效率高的特点，但其照度的均匀性比平天窗差，构造也复杂一些。

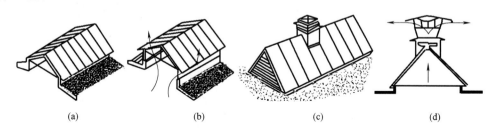

图 19-69 三角形天窗
(a) 单纯采光的；(b) 天窗檐口下带通风口的；(c) 端部设通风百叶及顶部设通风塔；
(d) 顶部设有通风机的风帽

3) 通风屋脊

通风屋脊是在屋脊处留出一条狭长的喉口，然后将此处的脊瓦或屋面板架空，形成脊状的通风口。喉口宽度小时，可用砖墩或混凝土墩子架空（图 19-70a）；喉口宽度大时，可用简单的钢筋混凝土或钢支架支承（图 19-70b）。在两侧通风口处需设挡雨片挡雨；也可设置挡风板，使排风较为稳定。通风屋脊的构造简单、省工省料，缺点是易飘雨、飘灰，主要用于通风要求不高的冷加工车间。

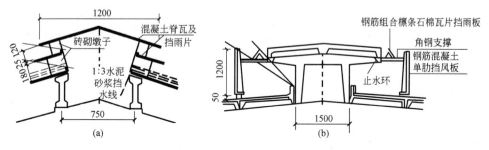

图 19-70 通风屋脊（mm）

4) 下沉式天窗

下沉式天窗是在拟设置天窗的部位，把屋面板下移铺在屋架的下弦上，从而利用屋架上下弦之间的空间构成天窗。与矩形通风天窗相比，省去了天窗架和挡风板，降低了高度、减轻了荷载，但增加了构造、防水和施工的复杂程度。

根据其下沉部位的不同，可分为井式天窗、纵向下沉式天窗和横向下沉式天窗三种类型。

(1) 井式天窗

井式天窗是将屋面拟设天窗位置的屋面板下沉铺在屋架下弦上，形成一个个凹嵌在屋架空间内的井式天窗（图 19-71）。它具有布置灵活、排风路径短捷、通风性能好、采光均匀等特点。多用在热加工车间及一些局部有热源的冷加工车间。

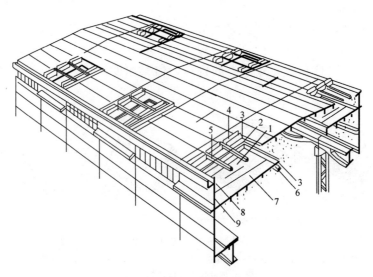

图 19-71 井式天窗

1—水平口；2—垂直口；3—泛水口；4—挡雨片；5—空格板；6—檩条
7—井底板；8—天沟；9—挡风侧壁

(2) 纵向下沉式天窗

纵向下沉式天窗（图 19-72）是将下沉的屋面板沿厂房纵轴方向通长地搁置在屋架上、下弦上。根据其下沉位置的不同分为：两侧下沉、中间单下沉和中间双下沉三种形式。

(3) 横向下沉式天窗

横向下沉式天窗（图 19-73）是将相邻柱距的整跨屋面板上下交替布置在屋架的上、下弦。横向下沉式天窗可根据采光要求及热源位置灵活布置。特别是当厂房的跨间为东西向时，横向天窗为南北向，可避免东西晒。

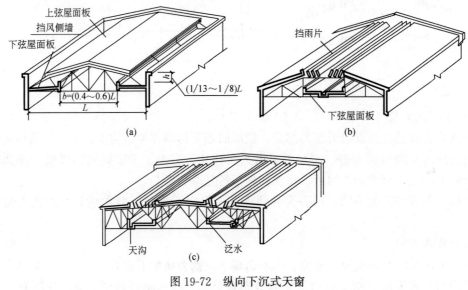

图 19-72 纵向下沉式天窗

(a) 两侧下沉；(b) 中间单下沉；(c) 中间双下沉

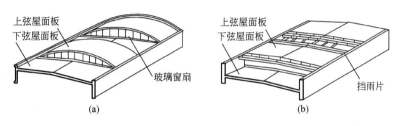

图 19-73 横向下沉式天窗
(a) 带玻璃窗扇;(b) 带挡雨片的开敞式

19.3 工业建筑的特殊构造

在工业建筑设计中,还应考虑生产中使用的金属梯与走道板以及防火、防爆、防腐蚀、防振等有关内容,涉及大量的专业技术问题。本节仅针对与建筑设计有关的方面予以简要的叙述。

19.3.1 金属梯与走道板

1) 金属梯

在厂房中需要设置各种钢梯,如从地面到工作平台的工作梯,到吊车操纵室的吊车梯,以及上屋面的消防检修梯等,其宽度一般为600~800mm,梯级每步高为300mm,其形式有直梯和斜梯两种。金属梯一端支承在地面上,另一端则支承在墙或柱或工作平台上(图19-74)。与墙结合时,应在墙内预留孔洞,钢材伸入墙后用C20混凝土嵌固;与钢筋混凝土构件结合时,应与构件内预埋件进行焊接,或采用螺栓固定。斜梯还须设置钢栏杆。

图 19-74 金属梯实例

(1) 作业平台梯

作业平台梯的坡度有45°、59°、73°及90°等,前三种均为斜梯,后一种为直梯。

45°坡度较小,宽度采用800mm,其休息平台高度不大于4800mm;59°宽度有600和800mm两种,休息平台高度不超过5400mm;73°梯休息平台高度不超过5400mm,当工作平台高于斜梯第一个休息平台时,可做成双跑或多跑梯;90°梯的休息平台高度不超过4800mm。

作业平台梯的形式如图19-75所示。

(2) 吊车梯

吊车梯是为吊车司机上下吊车而设,其位置一般设在第二个柱距。厂房一跨内有二台吊车时,每台吊车需设一个吊车梯。有时,相邻跨的两台吊车可考虑共用一个吊车梯。

吊车梯均用型钢制作,采用斜梯,梯段有直跑和双跑两种。吊车梯梯段的坡度为63°,宽度为600mm。为避免平台处与吊车梁碰头,梯平台一般低于桥式吊车操纵室约

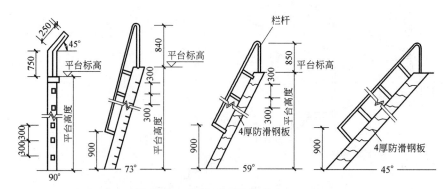

图 19-75 作业平台梯的形式（mm）

1000mm 左右，再从梯平台设置爬梯上吊车操纵室。当梯平台的高度在 5～6m 时，其中间须设休息平台。当梯平台的高度在 7m 以上，则应采取双跑梯。

吊车梯的设置情况有三种：吊车梯位于厂房边柱；吊车梯位于厂房中柱，柱一侧有平台；吊车梯位于厂房中柱，柱两侧有平台。如厂房设有双层吊车，则可在低层吊车走道板上设置上层吊车梯（图 19-76）。吊车梯的设计，如图 19-77 所示。

(3) 消防检修梯

单层厂房为了消防及屋面检修、清灰等，且相邻屋面高差在 2m 以上时，应设置消防检修梯。其位置一般沿外墙设置。消防检修梯有直钢梯和斜钢梯两种。当厂房檐口高度小于 15m 时选用直钢梯，见图 19-78；大于 15m 时宜选用斜钢梯。

图 19-76 吊车梯实景

直钢梯的宽度一般为 600mm；斜钢梯的宽度为 800mm。为了便于管理，梯的下端距室外地面宜≤2m，梯与外墙的表面距离通常不小于 250mm。梯梁用焊接的角钢埋入墙内，墙预留 260mm×260mm 孔，深度最小为 240mm，然后用 C20 混凝土嵌固或做成带角钢的预制块随墙砌固。

2）走道板

走道板又称安全走道板，是为维修吊车轨道和检修吊车而设。走道板沿吊车梁顶面铺设，见图 19-79。走道板在厂房中的位置有以下几种：

(1) 在边柱位置：利用吊车梁与外墙间的空隙设走道板。

(2) 在中柱位置：当中列柱上只有一列吊车梁时，设一列走道板；当有两列吊车梁，且标高相同时，可设一列走道板；当其标高相差很大或为双层吊车，则根据需要设两层走道板。

走道板的构造一般均由支架、走道板及栏杆三部分组成。支架及栏杆均采用钢材。走道板多采用防滑钢板或钢筋混凝土板。

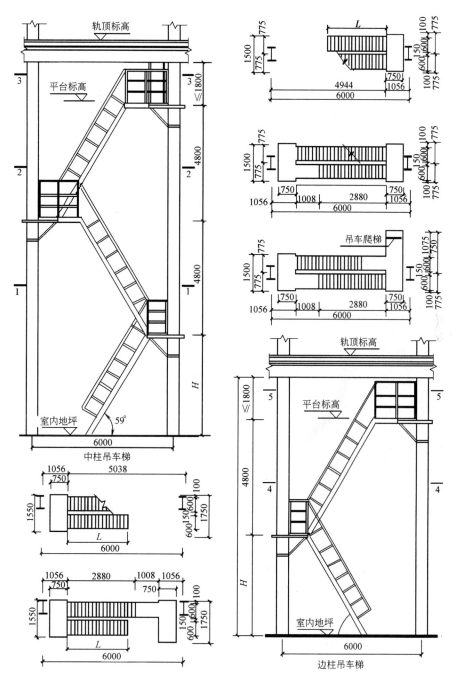

图 19-77 吊车梯的设计（mm）

走道板上的栏杆高度为 900mm。当走道宽度未满 500mm 者，中柱的走道板栏杆应改为单面栏杆；边柱走道板的栏杆改为靠墙扶手。

走道板的支架采用角钢制作，当走道板在中柱，而中柱两侧吊车梁轨顶同高时，走道板直接放在两侧的吊车梁上，可不用支架。

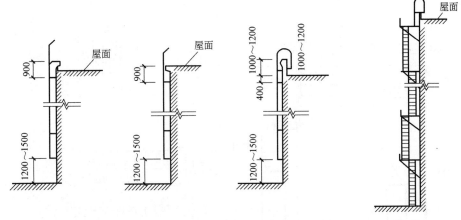

图 19-78 消防检修梯(直钢梯)(mm)

图 19-79 走道板

19.3.2 钢结构厂房防火构造

1) 钢结构防火保护材料

(1) 混凝土

混凝土广泛用作钢结构的防火保护层，其防火性能特点是：

① 混凝土可以延缓金属构件的升温，而且可承受与其面积和刚度成比例的一部分荷载。

② 根据耐火试验，耐火性能最佳的粗集料为石灰岩碎石集料；花岗岩、砂岩和硬煤渣集料次之；由石英和燧石颗粒组成的粗集料最差。

③ 厚度是决定混凝土防火能力的主要因素。

H 型钢柱混凝土防火层的做法，见图 19-80。

(2) 石膏

石膏具有较好的耐火性能。当其暴露在高温下时，可释放出 20％ 的结晶水而被火灾的热量所汽化(每蒸发 1kg 的水，吸收 232.4×10^4J 的热)。所以，火灾中石膏一直保持相对稳定的状态，直至被完全煅烧脱水为止。石膏作为防火材料，既可做成板材，粘贴于钢构件表面；也可制成灰浆，喷涂或手工抹灰到钢构件表面上(图 19-81)。

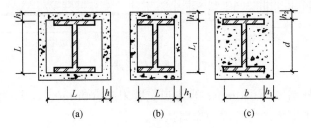

图 19-80 H 型钢柱混凝土防火层的做法
(a) 正方形截面，四边宽度相同；(b) 长方形截面宽度不同；
(c) 长方形截面，混凝土灌满

① 石膏板 分普通和加筋的两类，后一种含有机纤维，结构整体性有一定提高。石膏板重量轻，施工快而简便，不需专用机械，表面平整可做装饰层。

② 石膏灰浆 既可机械喷涂，也可手工抹灰。这类灰浆大多用矿物石膏（经过煅烧）做胶结料，用膨胀珍珠岩或蛭石作轻骨料，其绝热性能使石膏灰浆耐火性能更为优越。喷涂施工时，把混合干料加水拌合，密度为 $2.4 \sim 4.0 \text{kg/m}^3$。

(3) 矿物纤维

矿物纤维是最有效的轻质防火材料，它不燃烧，抗化学侵蚀，导热性低，隔声性能好。矿物纤维的原材料为岩石或矿渣，在上千度高温下制成，主要包括矿物纤维涂料和矿棉板、岩棉板。矿棉板防火层一般做成箱形，固定方法和固定件如图 19-82 所示。

(4) 膨胀涂料

膨胀涂料是一种有发展前景的防火材料，它极似油漆，直接喷涂于金属表面，粘结和硬化与油漆相同。涂料层上可直接喷涂装饰油漆，不透水，抗机械破坏性能好，耐火极限可达 2h。

2) 钢结构防火构造

根据钢结构耐火等级要求不同，采用的防火材料不同，施工方法随之而异。钢结构通常采用的防火保护做法见表 19-4。

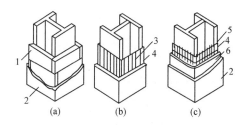

图 19-81 石膏防火层的几种做法
1—圆孔石膏板；2—装饰层；3—钢丝网或其他基层；
4—角钢；5—钢筋网；6—石膏抹灰层

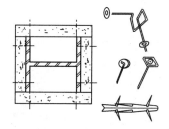

图 19-82 矿棉板防火层的固定方法和固定件

钢结构柱、梁、桁架通常采用的防火保护做法　　表 19-4

	现场施工		工厂预制		
钢柱	●	○	●	●	●
实腹钢梁	○	●	○	—	●
钢桁架	●	●	—	●	—
施工法	现场施工		工厂预制		
	浇灌	喷涂（射）	板材	异形板	毡子
形状	工字形	工字形或箱形		箱形	
材料	石膏混凝土*	喷射混凝土蛭石灰浆* 矿物纤维灰浆* 珍珠岩灰浆 蛭石珍珠岩灰浆	石膏板 灰泥板 石棉硅酸盐板* 纤维硅酸盐板 蛭石水泥板 石棉硅酸钙板	石膏件 珍珠岩石膏件 硅酸钙件	矿物纤维毡

注：●—很适用；○—比较适用；带 * 者为经常采用的材料。

(1) 现浇法

现浇法（图19-83）一般用普通混凝土、轻质混凝土或加气混凝土，是可靠的钢结构防火方法。其防护材料费低，且具有一定的防锈作用，无接缝，表面装饰方便，耐冲击，可以预制，但是施工周期长，用普通混凝土时，自重较大。

(2) 喷涂法

喷涂法（图19-84）是目前钢结构防火使用最多的方法，可分为直接喷涂和先在工字型钢构件上焊接钢丝网，再将防火保护材料喷涂在钢丝网上，形成中空层的方法。

喷涂法适合于形状复杂的钢构件，施工快，并可形成装饰层，但是养护、清扫麻烦，涂层厚度难以掌握，因工人技术水平而质量有差异，表面较粗糙。

喷涂法首先要严格控制喷涂厚度，每次不超过20mm，否则会出现滑落或剥落；其次是在一周之内不得使喷涂结构发生振动，否则会发生剥落或造成日后剥落。

(3) 粘贴法

粘贴法（图19-85）是将防火保护板材，用胶粘剂粘贴在钢结构构件上，当构件的结合部有螺栓、铆钉等不平整时，可先在螺栓、铆钉等附近粘垫衬板材，然后将保护板材再粘到垫衬板材上。

粘贴法的材质、厚度等容易掌握，对周围无污染，容易修复，对于质地好的石棉硅酸钙板，可以直接用作装饰层，但是这种成型板材不耐撞击，易受潮吸水，降低胶粘剂的粘结强度。

图 19-83　现浇法

图 19-84　喷涂法

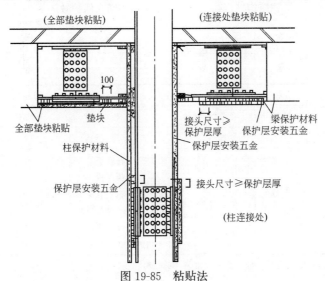

图 19-85　粘贴法

防火板材与钢构件的粘贴,关键要注意胶粘剂的涂刷方法。钢构件与防火板材之间的粘贴涂刷面积应在30%以上,且涂成不少于3条带状,下层垫衬板与上层板之间应全面涂刷,不应采用金属件加强。

(4) 吊顶法

用轻质、薄型、耐火的材料,制作吊顶,使吊顶成为具有防火性能的构件(图19-86)。采用滑槽式连接,可有效防止防火保护板的热变形。吊顶法省略了吊顶空间内的耐火保护层施工(但主梁还要做保护层),施工速度快,应注意竣工后要有可靠的维护管理。

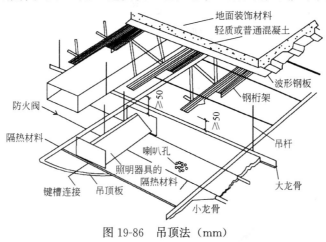

图 19-86 吊顶法 (mm)

(5) 组合法

用两种以上的防火保护材料组合成的防火方法。将预应力混凝土幕墙及蒸压轻质混凝土板作为防火保护材料的一部分加以利用,从而可加快工期,减少费用(图19-87、图19-88)。

这种防火保护方法,对于高度很大的超高层建筑物,可以减少较危险的外部作业,并可减少粉尘等飞散在高空,有利于环境保护。

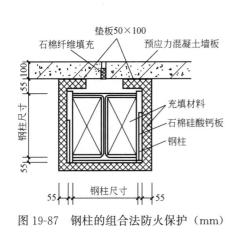

图 19-87 钢柱的组合法防火保护 (mm)

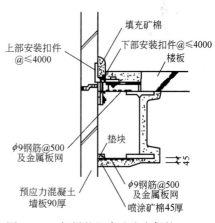

图 19-88 钢梁的组合法防火保护 (mm)

19.3.3 厂房防爆

建筑物内物质发生爆炸时,在极短时间内释放出大量的"能",产生大量高温高压的气体，使周围空气发生猛烈震荡，这种空气震荡的现象称为"冲击波"；它迅速向各个方向传播，在离爆炸中心一定范围内，人将会遭受冲击波、被炸裂的碎片伤害，建筑物将遭受倒塌和燃烧破坏。

爆炸冲击波的强度以大气压表示。人遭受冲击波伤害的情况与冲击波强度的关系如下：

0.2～0.3 大气压　　　　人受轻伤；　　　　0.3～0.5 大气压　　　　人受中等伤；
0.5～1.0 大气压　　　　人受重伤或死亡；　1.0 大气压以上　　　　人大部分死亡

对于有爆炸危险的厂房，防爆技术设施分为两大类：一类是预防性技术措施；另一类是防护性技术措施。厂房防爆除应注意建筑平面布置和结构外，还可考虑采取以下构造措施。

1）不发火地面

常用的几种不发火地面如下：

（1）不发火沥青砂浆地面

不发火沥青砂浆所用的砂子、碎石可选用石灰石、白云石、大理石等。为了增强不发火沥青砂浆的抗裂性、抗张拉强度、韧性及密实性，可于浆料中掺入少量粉状石棉和硅藻土等。

（2）不发火混凝土地面或不发火水泥砂浆地面

不发火混凝土及砂浆的制作与普通混凝土及砂浆相同，只是注意选取不发火碎石及砂子作骨料即可。

（3）不发火水磨石地面

不发火水磨石地面的性能比不发火水泥砂浆地面更好，它不仅强度及耐磨性高，而且表面光滑平整，不易起灰尘，便于冲洗，又有导电性。用于既要求防爆又要求清洁的厂房地面。

图 19-89　正在施工的不发火地面

在实际设计过程中，应根据所设计房屋的用途以及当地建筑材料市场情况，进行设计和选材。如图 19-89 为施工人员正在施工不发火地面。

2）防爆墙

有爆炸危险的厂房和仓库，在发生爆炸时，往往引起火灾，因而建筑防爆墙的材料，除应具有高强度外，还应具有不燃烧性，如黏土砖、混凝土、钢筋混凝土、钢板及型钢、钢绳防爆幕、沙袋等都是建造防爆墙的合适材料。

防爆墙不宜穿管留洞，当必须穿越管道或设备时，需采用密封措施；如需设防爆观察窗时，应采用钢窗并安装夹层玻璃；开设门洞时，应设置双门斗，并采用带有密封措施和自动关闭装置的防火门。防爆墙不可用作承重墙。防爆墙的厚度由结构计算决定，且还应分不同情况满足防火、施工、维修等要求。防爆砖墙构造设计如下：

防爆砖墙配置钢筋有两种做法，一种是水平配置钢筋，一种是垂直配置钢筋。水平配置钢筋施工方便。如图 19-90 某厂二乙胺车间二层平面，整个车间只有合成工段属于有爆炸危险的甲类生产，因此厂房结构选型分别处理，合成工段选用现浇钢筋混凝土框架结构，其他工段房间则按一般要求，选用砖混结构。

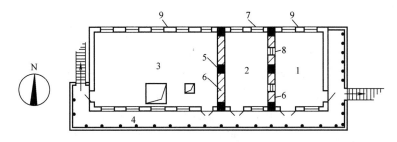

图 19-90　某厂二乙胺车间二层平面

1—仪表控制室；2—有爆炸危险生产工序；3—一般生产工序；4—外走廊；5—钢筋混凝土框架结构；
6—防爆墙（500mm 厚砖墙）；7—泄压窗；8—防爆观察窗；9—承重结构

3）防爆观察窗

在有爆炸危险的建筑操作室内，为了观察工艺生产情况，往往需要设置防爆观察窗。一般尺寸以 300mm×500mm 为宜。

4）泄压构造

建造泄压轻质屋盖和外墙的材料，除应具有一定强度的脆性外，还应具有重量轻、耐水、不燃烧的特性。

图 19-91 为泄压外墙、窗、轻质屋盖构造举例。其中泄压轻质屋盖的自重（包括保温层、找平层、防水层）应作严格控制，在一般情况下不宜大于 $1.176kN/m^2$。有保温层泄压轻质屋盖构造设计是在石棉水泥波形瓦或金属波形板上面铺设轻质水泥砂浆找平层和保温层、防水层等，保温层必须选用容重小的保温材料。

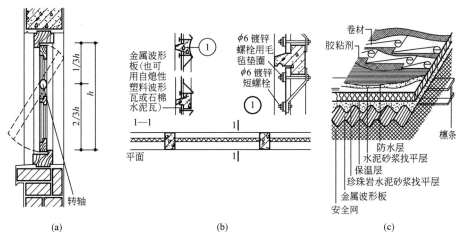

图 19-91　泄压构造举例

(a) 泄压外墙；(b) 泄压窗；(c) 泄压轻质屋盖

在泄压构造中，优先设置泄压轻质屋盖，以朝向天空泄压，避免碎片直接击中人员。设置泄压外墙时，分布要合理，应靠近可能发生爆炸的部位，不要朝向人员较多的地方和主要交通道路。

19.3.4 厂房防振

厂房产生振动的原因，主要有两方面。一是来自厂房以外，如交通工具、冲压车间以及空压站、冷冻站等所发出的振动波，由地面或空气传递而来。二是由于厂房内部生产设备的运转、吊车的运行以及风管送风等引起的振动。振动会对厂房建筑产生有害作用，例如产生共振，将影响厂房的正常使用。

由于实际工作中所采取的防振措施，都无法使传来的振动完全消失，而只能将振幅限制在一定的允许范围以内，以保证精密生产的正常运行（亦就是各类精密仪器、精密生产设备、精密生产操作的允许振幅）。因而厂房的建筑防振，主要就是考虑防止振动对精密生产的有害影响。

厂房的防振措施基本上分为两类，一类是积极防振，在振源附近采用隔振或消振措施，使振源发出的振动能量就地削弱或消失。另一类为消极隔振，由于振源范围很广，振动情况多变，无法对振源进行积极隔振，而只能在生产车间或精密生产设备自身采取一些隔振措施，称作消极隔振。

在做厂房平面、剖面设计时，为了避免厂房内部振动的干扰，应尽量把内部振源集中起来并与精密生产部分隔离布置，使其具有一定的防振间距。尽量使振源和精密生产房间分别布置在变形缝的两侧，这样可以获得较好的隔振效果。图 19-92～图 19-96 是积极防振技术中建筑设备及基础隔振示意。

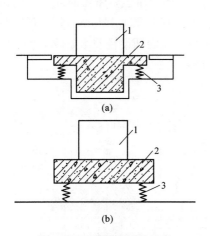

图 19-92 支撑式隔振示意
1—精密设备；2—隔振台座；3—隔振器

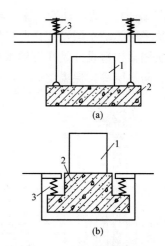

图 19-93 悬挂式隔振示意
1—精密设备；2—隔振台座；3—隔振器

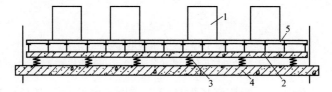

图 19-94 地（楼）板整体式隔振示意
1—精密设备；2—隔振台座；3—隔振器；4—楼（地）板；5—活动地板

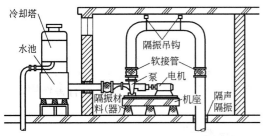
图 19-95　给水系统隔振示意

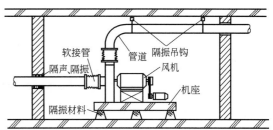
图 19-96　通风系统隔振示意

附录一 某办公楼建筑课程设计任务书

一、设计题目

××市×中等专业学校办公楼建筑设计

二、设计原始资料

（一）设计依据：××市×中等专业学校报经上级主管部门批准在原校址内建设办公楼一栋。要求楼层以四层为主，局部可三层或五层。建筑总面积为3260m²。楼内使用人数为420人，男女比例为3∶1。建设用地见附图局部总平面图示意（一）、（二）。

（二）房间组成及面积

序号	房间名称	自然间数	面积(m²)	备注
1	学校办公室	2	38.80	套间
2	校长办公室	6	116.40	2个套间、2个单间
3	总务办公室	2	38.80	套间
4	基建办公室	3	58.20	1个单间、另两间为通间
5	保卫办公室	3	58.20	1个单间、另两间为套间
6	财务办公室	3	58.20	1个单间、另两间为通间
7	房产办公室	2	38.80	通间
8	工会办公室	2	38.80	通间
9	档案办公室	2	38.80	套间
10	人事办公室	3	58.20	一明两套间
11	团委办公室	2	38.80	套间
12	网信办公室	1	19.40	
13	党委办公室	4	77.60	2个套间
14	宣传办公室	1	19.40	
15	统战办公室	1	19.40	
16	组织办公室	2	38.80	套间
17	大会议室	4	77.60	通间
18	小会议室	4	77.60	2个通间
19	教务办公室	10	194.00	2个套间、其余单间
20	教研组办公室	30	582.00	5个套间、2个通间、其余单间
21	资料室	10	194.00	2个两间通套一间 1个三间通套一间
22	传达收发室	4	77.60	2个套间
23	总值班室	2	38.80	套间
24	门卫	1	19.40	
25	合计	104	2017.60	

其办公楼的门厅、过厅、楼梯、盥洗室、男女厕所、走廊等其他所用面积，按设计方案的不同合理确定，但总建筑面积不应超过3260±5%。

（三）该地区气象资料

1. 冬季采暖室外计算温度－5℃；
2. 主导风向为东北，基本风压 35kg/m²；
3. 最大积雪厚度 220mm；
4. 年降雨量 632mm，日最大降雨量 92mm，时最大降雨量 56mm；
5. 土壤最大冻结深度 450mm。

（四）工程地质

1. 土壤性质：Ⅱ级湿陷性黄土，较均匀；
2. 地基承载力 15t/m²；
3. 地震按八度设防；
4. 地下水在－6m 以下，水质对混凝土无侵蚀作用。

（五）施工条件

1. 地形：建设场地平坦，道路通畅，水、电附近可以接通；
2. 施工单位技术力量和机械化水平均较高。

三、设计任务及要求

按设计原始资料、房间组成、面积要求和建设用地的实际状况，完成本办公楼的建筑设计，方案达到初步设计深度，构造详图达施工图要求。具体完成下列各图样：

（一）底层平面图 1：100

1. 标出三道尺寸线；
2. 确定门厅、走廊等的面积和布置形式；
3. 绘出门、窗的位置、大小及门的开启方向；
4. 确定厕所、盥洗室的位置及内部设施的布置形式等；
5. 绘出办公楼入口处的踏步、花台、花池等；
6. 确定楼梯间的位置，画出踏步、标示出上下关系、平台的标高和各层的标高等；
7. 画出散水宽度、坡度、剖视位置等，注明房间名称；
8. 画出指北针。

（二）其他各层平面：1：200～1：300

可用单粗线画出墙体，按比例留出门、窗洞口，标出房间的名称或依据任务书房间编序写出房间序号。

（三）立面图：正立面、侧立面各一个，1：100

1. 绘出门、窗形式及布置；
2. 绘出踏步、花台、花池、大门入口、雨篷及装饰处理等；
3. 局部表示材料做法。

（四）剖面图：1：100

1. 绘出剖到的墙体、梁板等结构的断面形式；
2. 标出±0.000、室内外地面、各楼面标高及门窗洞口过梁、窗台檐口等的尺寸；
3. 此部分内容可与楼梯设计合并为一图。

（五）楼梯设计（选作内容）：1：50

1. 楼梯各层平面图，标示出楼梯上下关系，各梯段的踏步尺寸，平台宽度及标高等；

2. 楼梯的剖面图：绘出所剖到的梯段、外墙、休息平台、门、窗、栏杆（板）扶手等，标出标高、尺寸及轴线。

（六）外墙构造详图（选作内容）：1∶20

1. 檐口构造详图；

2. 楼板、圈梁处外墙构造详图；

3. 底层窗台、地梁、防潮层、室内外地面，散水勒脚等的详图；

4. 注明屋顶、楼板层、地面的构造做法。

（七）建筑总平面设计（选作内容）：1∶500～1∶1000（1∶500 比例画建设用地范围图，1∶1000 比例画局部总平面图）

绘出新、老建筑的位置、室外道路、绿化、活动场地等，标示出建筑层数及总入口等。

四、设计主要参考资料

（一）《建筑设计资料集》（Ⅰ、Ⅱ），中国建筑工业出版社；

（二）《公共建筑设计原理》，中国建筑工业出版社；

（三）《房屋建筑制图统一标准》GB/T 50001—2017，中国建筑工业出版社；

（四）《房屋建筑学》教材，中国建筑工业出版社；

（五）省、市颁布的建筑通用配件图集有关图册；

（六）《建筑学报》、《新建筑》等刊物。

五、设计周时间安排

设计时间：2 周

1. 方案草图　2 天

2. 工具草图　3 天

3. 正式图　　5 天

六、附图：局部总平面示意图

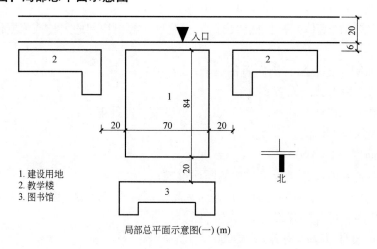

1. 建设用地
2. 教学楼
3. 图书馆

局部总平面示意图(一)(m)

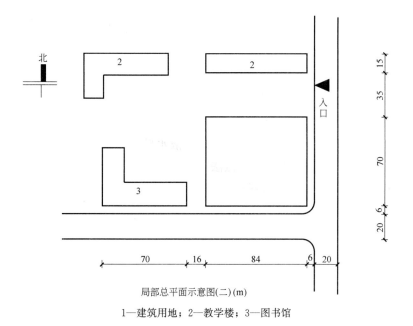

局部总平面示意图(二)(m)

1—建筑用地；2—教学楼；3—图书馆

附录二　某宿舍楼课程设计任务书

设计题目：××市××学院学生宿舍楼设计

一、概况

某学院根据需要，建设一学生宿舍楼；拟建四层，建设地点如附图所示，楼内使用人数为380人，均为男生；除设置宿舍外，每层设置活动室、公共厕所及盥洗室，每间设阳台及晾晒设施等。该设计的气象资料和工程地质资料等可参考附录一或当地参数。

二、房间类型及要求：

1. 居室：6人/间、设双层床、书架、储藏空间等；
2. 管理室：1间（也可2～4间）；
3. 活动室：每层2间，通间；
4. 每间居室外带阳台，阳台宽取1.2～1.5m；
5. 公共厕所及盥洗室：2～3间，设蹲位、淋浴喷头及盥洗池。

三、设计要求

1. 底层平面图：1∶100

要求标出三道尺寸线；确定门厅、走廊等的面积和布置形式；门、窗的位置，大小及门的开启方向；确定厕所、盥洗室的位置及内部设施的数量和布置形式；室外踏步、花台、花池、散水等；画出一间房子内的家具布置；楼梯上下关系；剖视位置、指北针等。

2. 标准层平面图：1∶300

用单粗线画出墙体，留出门、窗位置，标出房间的名称。

3. 正立面图：1∶100

绘出立面阳台、门窗、雨棚踏步等，局部表示材料做法。

4. 剖面图：1∶100

正确绘出剖到的墙体、梁板等结构的断面形式；标出±0.000、室内外地面、各楼面的标高及门窗洞口、窗台、檐口等的尺寸，要求从楼梯处剖。

5. 构造详图三个（供选择）：1∶10～1∶20

从平面图及剖面图中选三个节点，标出各细部尺寸及材料做法，如散水、檐口、窗台、泛水、屋面等构造详图。

6. 建筑总平面设计（供选择）：1∶500～1∶1000

绘出新老建筑的位置、室外道路、绿化、活动场地等，标示出建筑层数及总入口等。

四、设计主要参考资料：

1.《房屋建筑学》教材；
2.《宿舍建筑设计规范》JGJ 36—2016。

五、设计周时间安排

设计时间：1周
1. 方案草图　1.5天
2. 工具草图　1.5天
3. 正式图　　2天

六、设计任务提示

各学校在设计时可结合实际情况，考虑将原题目中的四层和380人适当调整。

附图：局部总平面

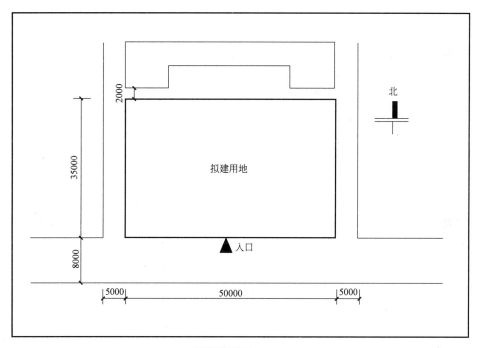

局部总平面（mm）

主要参考文献

[1] 同济大学，西安建筑科技大学，东南大学，等. 房屋建筑学［M］. 北京：中国建筑工业出版社，2018.
[2] 刘建荣. 房屋建筑学［M］. 武汉：武汉大学出版社，2007.
[3] 建筑设计资料集编委会. 建筑设计资料集［M］. 北京：中国建筑工业出版社，2017.
[4] 刘昭如. 建筑构造设计基础［M］. 北京：科学出版社，2008.
[5] 李必瑜. 建筑构造（上、下册）［M］. 北京：中国建筑工业出版社，2000.
[6] 张绮曼，郑曙旸. 室内设计资料集［M］. 北京：中国建筑工业出版社，1993.
[7] 彭一刚. 建筑空间组合论［M］. 北京：中国建筑工业出版社，1983.
[8] 武六元，杜高潮. 房屋建筑学［M］. 北京：中国建筑工业出版社，2001.
[9] 武克基，广士奎. 房屋建筑学［M］. 银川：宁夏人民出版社，1994.
[10] 刘加平. 建筑物理［M］. 北京：中国建筑工业出版社，2009.
[11] 李祥平，闫增峰，戴天兴. 建筑设备与环境控制［M］. 北京：中国建筑工业出版社，2005.
[12] 金招芬，朱颖心. 建筑环境学［M］. 北京：中国建筑工业出版社，2001.
[13] 戴天兴. 城市环境生态学［M］. 北京：中国建材工业出版社，2002.
[14] 卫生部卫生法制与监督司.《室内空气质量标准》（GB/T 18883—2002）实施指南［M］. 北京：中国标准出版社，2003.
[15] 清华大学建筑学院，清华大学建筑设计研究院. 建筑设计的生态策略［M］. 北京：中国计划出版社，2001.
[16] 绿色建筑评估体系编委会. 绿色建筑评估体系［M］. 北京：中国建筑工业出版社，2002.
[17] 中国建筑科学研究院. 绿色照明工程实施手册［M］. 北京：中国建筑工业出版社，2003.
[18] 布赖恩·爱德华兹. 可持续性建筑［M］. 北京：中国建筑工业出版社，2003.
[19] 夏云，等. 生态与可持续建筑［M］. 北京：中国建筑工业出版社，2001.
[20] 舒秋华. 房屋建筑学［M］. 武汉：武汉理工大学出版社，2002.
[21] P. L. 奈尔维. 建筑的艺术与技术［M］. 黄运升，译. 北京：中国建筑工业出版社，1981.
[22] 王瑞. 建筑节能设计［M］. 武汉：华中科技大学出版社，2013.
[23] 罗小未. 外国近现代建筑史［M］. 北京：中国建筑工业出版社，2004.
[24] 杜功焕. 声学基础［M］. 南京：南京大学出版社，2001.
[25] 王季卿. 建筑厅堂音质设计［M］. 天津：天津科学技术出版社，2001.
[26] 北京土木建筑学会. 建筑节能工程设计手册［M］. 北京：经济科学出版社，2005.
[27] 万晓峰，乐嘉龙. 高新技术开发区工业厂房设计标书图集［M］. 北京：中国电力出版社，2009.
[28] 吴硕贤，张三明，葛坚. 建筑声学设计原理［M］. 北京：中国建筑工业出版社，2000.
[29] 杜功焕，朱哲明，龚秀芬. 声学基础［M］. 上海：上海科学技术出版社，1981.